高职高专“十二五”规划教材
21 世纪全国高职高专土建系列技能型规划教材

建筑装饰材料
（第 2 版）

主　编　焦　涛　白　梅
副主编　于　娜
参　编　郭　爽　任长瑞
　　　　吴豫红　王晨宇
主　审　焦振宏

北京大学出版社
PEKING UNIVERSITY PRESS

内容简介

本书通过引例提出建筑装饰工程中材料应用的常见问题，在此基础上分析了常用建筑装饰材料的基本组成、技术性能指标、工程应用以及材料检验等基本理论及应用技术。全书共分为11章，内容包括绪论、胶凝材料与胶粘剂、建筑装饰石材、建筑装饰陶瓷、建筑装饰玻璃、塑料装饰材料、建筑涂料、装饰木材、金属装饰材料、其他装饰材料和建筑装饰材料检测。

本书采用了最新技术规范及标准，主要介绍装饰材料的种类、性能和应用，以常用建筑装饰材料的最新技术应用标准、装饰材料检测与选购为重点，结合应用案例与实用技术要点，增加了常用装饰材料检验环节，实用性强、适用面宽；可作为高职高专建筑装饰工程类专业的教学用书，也适用于环境艺术设计、室内设计、装饰艺术等专业教学，同时也可供从事建筑设计、室内装潢设计及建筑装饰工程施工的工程技术人员参考。

图书在版编目(CIP)数据

建筑装饰材料/焦涛，白梅主编. —2版. —北京：北京大学出版社，2013.5
(21世纪全国高职高专土建系列技能型规划教材)
ISBN 978-7-301-22356-7

Ⅰ. ①建… Ⅱ. ①焦…②白… Ⅲ. ①建筑材料—装饰材料—高等职业教育—教材 Ⅳ. ①TU56

中国版本图书馆CIP数据核字(2013)第070850号

书　　名：建筑装饰材料(第2版)
著作责任者：焦　涛　白　梅　主编
策 划 编 辑：赖　青　杨星璐
责 任 编 辑：邢　琛
标 准 书 号：ISBN 978-7-301-22356-7/TU・0318
出 版 发 行：北京大学出版社
地　　址：北京市海淀区成府路205号　100871
网　　址：http://www.pup.cn　新浪官方微博：@北京大学出版社
电 子 信 箱：pup_6@163.com
电　　话：邮购部62752015　发行部62750672　编辑部62750667　出版部62754962
印　刷　者：北京京华虎彩印刷有限公司
经　销　者：新华书店
787毫米×1092毫米　16开本　17.75印张　403千字
2009年5月第1版
2013年5月第2版　2018年1月第3次印刷(总第6次印刷)
定　　价：34.00元

第2版前言

本书根据高职高专建筑类专业装饰材料课程教学的基本要求，结合编者多年来的高职教学经验及装饰工程体验，注重最新装饰材料及技术规范、标准的应用，以建筑装饰工程实际应用为切入点，突出装饰材料的工程技术应用，并有代表地介绍了装饰工程材料新技术及其发展方向。

在编写过程中，根据装饰材料的工程应用设置【引例】及【应用性理论】，适当插入【应用案例】、【特别提示】和【知识链接】，并配以技能训练任务书；以期使学生既能掌握装饰材料的基本组成、技术性能指标和应用等知识技能，又熟知常用装饰材料的质量评价与检测方法，提高其职业技能。

本书第1版自发行以来，得到广大使用者的一致好评。在编写本书时，收集了第1版使用者的大量宝贵意见与建议，在遵循第1版框架结构的基础上，进行了以下修订：

(1) 对书中存在的问题进行了修订。

(2) 结合各章节内容，对书中引例进行了修订与调整，尽量使引例结合装饰工程中材料的选用环节。

(3) 理论知识编写时，既简要介绍装饰材料的种类、性能、功能，又适度介绍了常用装饰材料的应用和质量评价方法、品质辨识与选购方法。

(4) 在装饰材料的应用、检测方面尽量结合工程应用案例，陈述装饰材料的实用技术和常见的装饰材料检验。

(5) 对应用的标准、规范进行了修订，尽量引用最新技术标准及现行规范。

(6) 把课后习题改写为技能训练任务书，使学生不仅仅理解、掌握装饰材料的知识技能，更要掌握装饰材料的应用技能。

总之，本次修订尽量使本书更加紧密联系装饰工程，突出装饰材料的应用环节；以达到实用性强，适用面宽的目的。本书既可作为装饰工程类各专业的教学用书，也可供装饰工程设计、施工、工程管理及监理等装饰装修技术人员的参考用书。

本书建议安排64学时，各院校也可根据不同专业要求灵活安排，各章授课学时及实践学时建议如下。

序号	章目名称	学时	序号	章目名称	学时
1	绪论	4	7	建筑涂料	6
2	胶凝材料与胶粘剂	4	8	装饰木材	8
3	建筑装饰石材	8	9	金属装饰材料	4
4	建筑装饰陶瓷	6	10	其他装饰材料	4
5	建筑装饰玻璃	6	11	建筑装饰材料检验	6
6	塑料装饰材料	8			

本书由河南建筑职业技术学院焦涛、中建七局建筑装饰工程有限公司白梅任主编，河南建筑职业技术学院于娜任副主编；河南机电高等专科学校郭爽，河南建筑职业技术学院任长瑞，中建七局建筑装饰工程有限公司吴豫红、王晨宇参编。编写分工如下：焦涛编写第1章、第2章，吴豫红编写第3章、第9章，于娜、郭爽编写第4章、第6章和第7章，白梅编写第5章、第8章，任长瑞编写第10章，王晨宇编写第11章，全书由中建七局建筑装饰工程有限公司总工程师焦振宏主审。

由于建筑装饰材料发展很快，新材料、新工艺层出不穷，行业技术标准不断更新，限于编者水平和其他条件，对于书中存在的不妥和疏漏之处，恳请各位老师和读者批评指正，以便我们更进一步地改进和完善，不胜感激。

编 者

2013年1月

第1版前言

本书以全国高职高专教育土建类专业指导委员会制订的《装饰材料教学大纲》为依据编写，讲述了常用装饰工程材料的基本成分、原料及生产工艺、技术性质、应用、材料试验等基本理论及应用技术。通过认真学习使学生既能懂得装饰材料的性能、功能和应用等知识，又学会常用装饰材料的质量评价与检测方法，更有能力在各种建材市场上选购各种装饰材料，并能针对不同工程合理选用材料。

本书采用了最新技术标准，理论联系实际，突出应用性，并有代表性地介绍了装饰工程材料新技术和发展方向，既介绍装饰材料的种类、性能、功能和应用，又适当介绍了一些材料的质量评价方法、品质辨识与选购方法，并加入了大量的应用案例、著名建筑案例、实用技术和常见的装饰材料试验，实用性强，适用面宽，既可作为装饰工程类各专业的教学用书，也可供装饰工程设计、施工、科研、工程管理、监理人员学习参考，同时也可作为家装用户的参考读物。

本书建议安排70学时，各院校也可根据不同专业要求灵活安排，各章授课学时及试验学时建议如下。

序号	章目名称	学时	序号	章目名称	学时
1	绪论	6	7	建筑涂料	6
2	胶凝材料与胶粘剂	8	8	装饰木材	6
3	装饰石材	4	9	金属装饰材料	6
4	建筑装饰陶瓷	6	10	其他装饰材料	8
5	建筑玻璃	6	11	建筑装饰材料试验	8
6	塑料装饰材料	6			

本书由中山职业技术学院高军林任主编，河南工业职业技术学院郭红和黄世梅任副主编，河南建筑职业技术学院于娜、天津城市建设管理职业技术学院姜晓波、武汉职业技术学院唐宗洁和浙江广厦建设职业技术学院陈利闯参编。编写分工如下：黄世梅编写第1章和第2章，于娜编写第3章，陈利闯编写第4章，郭红编写第5章和第8章，高军林编写第6章和第7章，唐宗洁编写第9章，姜晓波编写第10章和第11章，全书由高军林统稿。

由于装饰工程材料发展很快，新材料、新工艺层出不穷，各行业的技术标准不统一，加之我们的水平所限，编写时间仓促，书中难免有不当、甚至错误之处，敬请读者批评指正。联系E-mail：gaojunl2002@163.com。

编　者

2009年2月

CONTENTS

目录

第1章 绪论 1

1.1 装饰材料的功能及发展趋势 2

1.1.1 装饰材料的功能 2

1.1.2 装饰材料的发展趋势 3

1.2 建筑装饰材料的分类 4

1.2.1 建筑装饰材料的分类概述 4

1.2.2 建筑装饰材料的组成、结构与构造 6

1.3 建筑装饰材料的基本性能 7

1.3.1 材料的基本物理性能 7

1.3.2 材料的力学性质 14

1.3.3 材料的耐久性 16

1.4 建筑装饰材料的选择 16

1.4.1 装饰材料的功能性 16

1.4.2 装饰材料的装饰性 17

1.4.3 装饰材料的环保性 17

1.4.4 装饰材料的经济性 18

1.4.5 建筑装饰材料的地区特点 18

本章小结 18

实训指导书 18

第2章 胶凝材料与胶粘剂 20

2.1 胶凝材料概述 21

2.1.1 胶凝材料的定义、分类 21

2.1.2 胶凝材料的发展 21

2.2 水泥 22

2.2.1 硅酸盐水泥 22

2.2.2 掺混合材料的硅酸盐水泥 25

2.2.3 白色水泥 26

2.2.4 彩色水泥 27

2.2.5 白色水泥、彩色水泥的应用 28

2.3 装饰混凝土与装饰砂浆 28

2.3.1 普通混凝土基本知识 28

2.3.2 装饰混凝土 30

2.3.3 砂浆基本知识 32

2.3.4 装饰砂浆 32

2.4 建筑石膏及其制品 34

2.4.1 建筑石膏概述 34

2.4.2 建筑石膏装饰制品 36

2.5 建筑胶粘剂 40

2.5.1 胶粘剂的组成与分类 40

2.5.2 常用胶粘剂的品种、特性及应用 42

本章小结 46

实训指导书 47

第3章 建筑装饰石材 48

3.1 石材的基本知识 49

3.1.1 岩石分类 49

3.1.2 石材的性能指标 50

3.1.3 石材的加工 51

3.1.4 石材的应用 51

3.2 天然大理石 52

3.2.1 大理石的特点 52

3.2.2 大理石的主要品种 52

3.2.3 大理石板材分类、等级和标记 54

3.2.4 大理石板材的技术要求 55

3.2.5 大理石板材的选用 57

3.3 天然花岗岩 57

3.3.1 花岗岩的特点 57

3.3.2 花岗岩的主要品种 58

3.3.3 天然花岗岩板材的分类、等级和标记 58

3.3.4 天然花岗岩板材的技术标准 59

3.3.5 天然花岗岩板材的选用 61

3.4 其他石材……………………………62
3.4.1 青石板……………………………62
3.4.2 人造石材……………………………62
本章小结……………………………65
实训指导书……………………………67

第4章 建筑装饰陶瓷……………………………69

4.1 陶瓷的基本知识……………………………70
4.1.1 陶瓷的概念与分类……………………………70
4.1.2 陶瓷的原料和基本工艺……………………………71
4.1.3 陶瓷的表面装饰……………………………72
4.2 陶瓷墙地砖……………………………74
4.2.1 陶瓷墙地砖的种类……………………………74
4.2.2 陶瓷墙地砖的技术性能……………………………76
4.2.3 陶瓷墙地砖的选用……………………………78
4.2.4 新型墙地砖……………………………79
4.3 釉面砖……………………………81
4.3.1 釉面砖的特点……………………………81
4.3.2 釉面砖的技术要求……………………………82
4.4 陶瓷砖质量检测……………………………83
4.4.1 釉面砖质量检测……………………………84
4.4.2 彩色釉面砖质量检测……………………………85
4.4.3 无釉陶瓷砖质量检测……………………………85
4.4.4 建筑陶瓷砖质量标准……………………………86
4.5 其他陶瓷装饰材料……………………………87
4.5.1 陶瓷锦砖……………………………87
4.5.2 陶瓷壁画……………………………88
4.5.3 建筑琉璃制品……………………………88
本章小结……………………………89
实训指导书……………………………89

第5章 建筑装饰玻璃……………………………90

5.1 玻璃基本知识……………………………91
5.1.1 玻璃的组成……………………………91
5.1.2 玻璃的分类……………………………92
5.1.3 玻璃的性质……………………………93
5.1.4 玻璃的选用……………………………94
5.2 平板玻璃……………………………94
5.2.1 平板玻璃的生产工艺……………………………94
5.2.2 平板玻璃的分类、规格及技术要求……………………………95
5.2.3 平板玻璃的选用……………………………98
5.2.4 玻璃的标志、包装、运输、储存……………………………98
5.3 安全玻璃……………………………98
5.3.1 钢化玻璃……………………………98
5.3.2 夹层玻璃……………………………103
5.3.3 夹丝玻璃……………………………106
5.3.4 防火玻璃……………………………108
5.4 节能玻璃……………………………111
5.4.1 吸热玻璃……………………………111
5.4.2 热反射玻璃……………………………112
5.4.3 中空玻璃……………………………114
5.5 装饰玻璃……………………………116
5.5.1 玻璃锦砖……………………………116
5.5.2 空心玻璃砖……………………………118
5.5.3 压花玻璃……………………………119
5.5.4 彩色玻璃……………………………121
5.5.5 磨砂玻璃……………………………121
5.5.6 冰裂纹玻璃……………………………121
5.5.7 镭射玻璃……………………………122
本章小结……………………………123
实训指导书……………………………123

第6章 塑料装饰材料……………………………125

6.1 概述……………………………126
6.1.1 塑料的组成……………………………126
6.1.2 塑料的主要特性……………………………127
6.1.3 常用塑料品种……………………………128
6.2 塑料板材……………………………129
6.2.1 塑料贴面板……………………………129
6.2.2 硬质 PVC 板……………………………130
6.2.3 聚碳酸酯采光板(PC 板)……………………………130
6.2.4 铝塑板……………………………131
6.2.5 泡沫塑料板……………………………132
6.2.6 塑料地板……………………………132
6.3 塑料管材……………………………134
6.3.1 聚烯管材……………………………134
6.3.2 三型聚丙烯(PP-R)管……………………………135
6.3.3 铝塑复合管(PAP)……………………………136
6.4 塑料卷材……………………………137
6.4.1 塑料壁纸……………………………137

6.4.2 塑料卷材地板......140
6.4.3 玻璃贴膜......140
6.5 塑料门窗......141
6.5.1 塑料门窗的概念......141
6.5.2 塑料门窗的性能......141
6.5.3 塑钢门窗......142
本章小结......143
实训指导书......143
第7章 建筑涂料......145
7.1 涂料的基本知识......146
7.1.1 涂料的组成......146
7.1.2 涂料的作用......148
7.1.3 涂料的分类......148
7.2 外墙涂料......149
7.2.1 溶剂型涂料......150
7.2.2 乳液型涂料......150
7.2.3 无机高分子涂料......152
7.3 内墙涂料......152
7.3.1 醋酸乙烯乳胶漆......152
7.3.2 乙-丙有光乳胶漆......153
7.3.3 聚乙烯醇类水溶性内墙涂料......153
7.3.4 隐形变色发光内墙涂料......154
7.3.5 梦幻内墙涂料......154
7.3.6 纤维质内墙涂料......154
7.3.7 硅藻泥涂料......154
7.4 地面涂料......156
7.4.1 过氯乙烯地面涂料......156
7.4.2 氯-偏乳液涂料......156
7.4.3 环氧树脂涂料......157
7.4.4 聚醋酸乙烯地面涂料......157
7.5 特种涂料......157
7.5.1 防火涂料......157
7.5.2 防水涂料......158
7.5.3 防霉涂料及防虫涂料......159
7.6 油漆......159
7.6.1 油脂漆......159
7.6.2 酚醛树脂漆......160
7.6.3 硝基漆......160
7.6.4 丙稀酸漆......160
7.6.5 聚酯漆......160
7.6.6 涂料的主要技术性能......160
7.6.7 涂膜的主要技术性能......161
7.7 建筑装饰涂料的选用原则......163
7.7.1 建筑装饰涂料的选用要点......163
7.7.2 根据不同部位选用装饰涂料......163
7.7.3 按基层材料选用建筑装饰涂料......164
本章小结......165
实训指导书......165
第8章 装饰木材......167
8.1 木材的基本知识......168
8.1.1 木材的分类......168
8.1.2 木材的力学性质......169
8.1.3 木材的物理性质......170
8.2 常用木材及其质量要求......172
8.2.1 针叶树锯材......172
8.2.2 阔叶树锯材......173
8.2.3 小径原木......174
8.2.4 特级原木......174
8.3 人造板材......176
8.3.1 胶合板......176
8.3.2 纤维板......184
8.3.3 刨花板......185
8.4 常用木质装饰制品......188
8.4.1 实木地板......188
8.4.2 实木复合地板......192
8.4.3 强化木地板......196
8.4.4 竹地板......197
8.4.5 软木地板......199
8.4.6 木装饰线条......199
8.4.7 木花格......200
8.5 木材的防腐与防火......200
8.5.1 木材的防腐......200
8.5.2 木材防火......201
本章小结......201
实训指导书......201
第9章 金属装饰材料......203
9.1 金属装饰材料的种类与用途......204

9.1.1 金属装饰材料的种类 204
9.1.2 金属装饰材料的用途 204
9.2 铝及铝合金材料 205
9.2.1 铝材性质 205
9.2.2 铝合金的特性和分类 206
9.2.3 铝合金的表面处理 206
9.2.4 常用装饰用铝合金制品 208
9.3 铜及铜合金材料 210
9.3.1 铜及其应用 210
9.3.2 铜合金及其应用 211
9.4 不锈钢及彩钢材料 211
9.4.1 不锈钢及制品 212
9.4.2 彩色涂层钢板和彩色压形钢板 214
9.4.3 轻钢龙骨和金属吊顶 217
本章小结 220
实训指导书 220

第10章 其他装饰材料 222

10.1 装饰织物 223
10.1.1 墙面装饰织物 223
10.1.2 其他装饰织物 225
10.1.3 装饰织物的特征 225
10.1.4 装饰织物的类别 226
10.1.5 装饰织物的功能 227
10.1.6 装饰织物的应用 228
10.2 灯饰与灯具 229
10.2.1 灯具的发展 229
10.2.2 灯具的分类 230
10.2.3 灯具的应用 231
10.3 绝热材料 232
10.3.1 绝热材料的基本性能 232
10.3.2 影响热导性能的主要因素 233
10.3.3 绝热材料的分类 234
10.3.4 绝热材料的应用 234
10.3.5 保温材料的发展 235
10.4 吸声与隔声材料 235
10.4.1 吸声材料 235
10.4.2 隔声材料 238
本章小结 241

第11章 建筑装饰材料检测 242

11.1 装饰玻璃的检测 243
11.1.1 平板玻璃检测 243
11.1.2 钢化玻璃检测 245
11.1.3 夹层玻璃检测 246
11.1.4 防火玻璃检测 248
11.1.5 中空玻璃检测 249
11.2 装饰木材的检测 252
11.2.1 胶合板翘曲度的测量方法 252
11.2.2 硬质纤维板检测 252
11.2.3 实木复合地板表面耐磨性能测试 256
11.3 石材放射性元素的检测 257
11.3.1 材料分类 257
11.3.2 检测方法 257
11.4 陶瓷内墙砖的简易质量识别检测 258
11.4.1 检测目的 258
11.4.2 检测仪器 258
11.4.3 试样制备 258
11.4.4 试验步骤 259
11.5 涂料的黏度、遮盖力与耐洗刷性的检测 260
11.5.1 检测目的 260
11.5.2 涂料的黏度检测 260
11.5.3 涂料的遮盖力检测 263
11.5.4 涂料的耐洗刷性检测 265
实训指导书 266

参考文献 267

第1章

绪　　论

教学目标

了解建筑装饰材料的功能、分类与发展趋势；掌握建筑装饰材料基本性能指标；能够合理地选择建筑装饰材料。

教学要求

能力目标	相关试验或实训	重　点
熟悉装饰材料的分类		
掌握建筑装饰材料的基本性能指标	建筑装饰材料认知	
能够合理地进行装饰材料选择		★

引例

家装装饰材料的选择

在家装装修时，可选用实木地板、复合木地板、地毯、地砖、石材以及乳胶漆、壁纸、纸面石膏板等常用材料。同样是铺设木地板：江南的非采暖地区(如广东、深圳等地)冬季不设采暖设备、北方的采暖地区(如哈尔滨、内蒙、天津等)冬季有采暖要求且采用地暖的情况下，如何根据材料的环境要求因素，选用合适的木地板？

若在同一个家装方案中，业主要求客厅空间和卫生间都使用纸面石膏板吊顶，如何根据同一居住空间中不同的空间环境要求，对于纸面石膏板进行选用？分析其环境的装饰材料影响因素，并对装饰材料进行选择。

1.1 装饰材料的功能及发展趋势

建筑装饰材料，又称建筑饰面材料，是指铺设或涂装在建筑物表面起装饰和美化环境作用的材料。建筑装饰材料是集物理功能和艺术感知于一体的界面表现介质，它是建筑装饰工程的重要物质基础。建筑装饰空间的整体效果和建筑装饰功能的实现，在很大程度上受到建筑装饰材料的制约，尤其受到装饰材料的质感、色彩、肌理及纹样等装饰材料特性的影响。因此，只有熟悉各种装饰材料的性能、特点，按照建筑物及使用环境条件，合理选用装饰材料，才能充分发挥装饰材料的特性，更好地表达设计意图，并与室内其他配套设施共同体现空间个性。

1.1.1 装饰材料的功能

建筑装饰材料的主要功能：铺装在建筑空间表面，以美化建筑与环境，调节人们的心灵，并起到保护建筑物的作用。

现代建筑要求建筑装饰要遵循美学的原则，创造出符合人们生理及心理需求的优良空间环境，使人的身心得到平衡，情绪得到调节，智慧得到更好的发挥。在实现以上目的的过程中，建筑装饰材料起着极其重要的作用。

一般情况下，装饰材料是作为建筑的饰面材料使用的。因此，建筑装饰材料还具有保护建筑物，延长建筑物使用寿命等作用。一些新型装饰材料，除了具有装饰和保护作用外，往往还具有一些特殊功能，如现代建筑中大量采用的吸热或热反射玻璃幕墙，可以对室内产生“冷房效应”；采用中空玻璃，可以起到绝热、隔音及防结露等作用；采用铝板作为外墙装饰材料，可以起到耐腐蚀的作用等。

建筑室内外的使用环境不同，选用不同的建筑装饰材料，所起到的作用也不相同。

1. 室外装饰材料的功能

室外装饰材料的功能主要是保护和美化建筑，营造环境。

外墙装饰材料不仅可以提高建筑物对大自然风吹、日晒、雨淋、冰冻等侵袭的抵抗能力，而且可以防止腐蚀性气体及微生物的侵蚀作用，选用合理的外墙装饰材料可以有效提高建筑物的耐久性，降低建筑物在使用过程中的维修、保养费用。

外墙装饰材料要选用能耐大气侵蚀、不易褪色、不易玷污、不产生霜花的材料，有时还要兼具保温、绝热、防护等功能。根据建筑物的功能、环境等多种综合因素，可以通过选用性质不同的装饰材料，或对同一种装饰材料采用不同的施工工艺来完成设计意图。

2. 室内装饰材料的功能

室内装修主要包括吊顶、墙面及地面等界面要素。室内装饰材料的主要功能是美化并保护室内界面，创造一个舒适、美观的生活或工作环境。

地面装饰材料应具备安全性、耐久性、舒适性、装饰性；内墙装饰材料应兼顾装饰室内空间、满足使用要求和保护结构等多种功能；不同功能的建筑和建筑空间对吊顶材料的要求也不相同。

室内墙体如采用内墙防火涂料，既可保护墙壁不受有害物的侵蚀，又能在一定程度上防止火灾的发生。公共建筑空间的大厅地面上铺设花岗岩板材，可显得美观、庄重；居住的卧室地面上铺设地毯或木地板，既具有一定的隔热、保温和吸声性能，又具有一定的弹性和舒适感；室内如果再配以色彩适宜、光线柔和、造型典雅的吊灯和壁灯，点缀花草、盆景及精美的壁画，会给人以清静、温馨之感。在影剧院、歌舞厅的顶棚和内墙壁上铺装隔热吸声板，可取得良好的音质效果，使音效清晰优美。在狭小的居室内墙面上安装镜面玻璃，会给人一种空间扩大的感觉。

室内装饰由质感、线条和色彩 3 个因素构成。其与室外装饰的不同之处，是人们与饰面的距离要比外墙面近得多。因此，质感要更加细腻，线条可细致也可粗犷，色彩要根据个人的喜好及房间的性质决定。

1.1.2 装饰材料的发展趋势

随着建筑装饰行业的快速发展，人们对建筑空间物质和精神需求的持续跟进，现代装饰材料得以迅猛发展，目前我国已成为全球最大的装饰材料生产和消费基地。近年来，国内外装饰装修材料总体发展趋势是：品种越来越多，门类更加齐全并力求配套，并向“健康、环保、安全、实用、美观”的方向发展。随着科学技术的进步和建材工业的发展，我国新型装饰材料将从品种上、规格上、档次上进入新的阶段，将来的发展方向应朝着功能化、复合化、系列化、部品化及智能化的方面发展。

(1) 绿色环保。绿色环保、创造人性化空间，是当今及未来一段时间内人们对装饰装修的主要诉求。随着消费者的强烈要求及相关法规的推行和广大建材企业的不断努力，绿色环保装饰材料已成为人们装饰装修过程中的首要选择。

绿色环保装饰材料主要分为三大类。

① 无毒无害型装饰材料。指天然的、没有或含极少有毒有害物质，未经化学处理只进行了简单加工的装饰材料，如石膏制品、木材制品及某些天然石材等。

② 低排放型装饰材料。指通过加工合成等技术手段来控制有毒有害物质的积聚和缓慢释放，其毒性轻微，对人体健康不构成危害的装饰材料，如达到国家标准的胶合板、纤维板、大芯板等。

③ 目前科学技术和检测手段无法确定和评估其毒害物质影响的装饰材料。某些环保型油漆、环保型乳胶漆等化学合成材料，随着科学技术的发展，其安全性将来会有重新认定的可能。

特别提示

- 国家目前已出台了《室内装饰装修材料 胶粘剂中有害物质限量》(GB 18583—2008)、《民用建筑工程室内环境污染控制规范》(GB 50325—2010)等国家标准和规范。在教学过程中，应根据各地情况，结合实际工程参照执行。

装饰材料绿色环保，也指建筑材料在制造、使用及废弃物处理过程中，对环境污染最小并有利于人类健康，如节能型屋面产品、节能型墙体产品等。

(2) 复合型装饰材料渐成主流。如金属或镀金属复合装饰材料、复合装饰玻璃等成为颇具市场发展潜力的装饰用料。

(3) 装饰材料成品与半成品，趋向于部品化。建筑装饰材料的部品化就是工厂生产的标准化、施工安装的标准化；从以原材料生产为主转向以加工制品化为主。

(4) 装饰材料智能化。应用高科技实现对材料及产品各种功能的可控可调。

另外，节约自然资源，节约能源；经久耐用，减少维护成本；轻质、高强，减轻建筑物重量也是建筑装饰材料发展的要素。

随着人民生活水平的逐步提高和建筑用途的相应扩展，人们对建筑物的质量以及功能方面的要求也越来越高。而这方面在很大程度上要靠具有相应功能的材料来完成，因此研制轻质高强、耐久、防火、抗震、保温、吸声、防水及多功能复合型等性能好的装饰材料是时代发展的必然要求。

1.2 建筑装饰材料的分类

1.2.1 建筑装饰材料的分类概述

对建筑装饰材料进行科学合理的分类，无论对材料的开发、研究，还是对材料的选用、施工，都具有重要的实际意义。人们通常采用以下几种方法分类。

1. 按化学成分不同分类

根据化学成分的不同，建筑装饰材料可分为金属装饰材料、非金属装饰材料和复合装饰材料三大类。这是按材料科学作出的分类方法，见表1-1。

表1-1 建筑装饰材料按化学成分分类

<table>
<tr><td rowspan="2">金属装饰材料</td><td>黑色金属材料</td><td colspan="2">不锈钢、彩色不锈钢</td></tr>
<tr><td>有色金属材料</td><td colspan="2">铝及铝合金、铜及铜合金、金、银</td></tr>
<tr><td rowspan="6">非金属装饰材料</td><td rowspan="4">无机材料</td><td>天然饰面石材</td><td>天然大理石、天然花岗岩</td></tr>
<tr><td>烧结与熔融制品</td><td>琉璃及制品、釉面砖、陶瓷、烧结砖、岩棉及制品等</td></tr>
<tr><td rowspan="2">胶凝材料</td><td>水硬性：白水泥、彩色水泥等</td></tr>
<tr><td>气硬性：石膏装饰制品、水玻璃</td></tr>
<tr><td rowspan="2">有机材料</td><td>植物材料</td><td>木材、竹材</td></tr>
<tr><td>合成高分子材料</td><td>塑料装饰制品、涂料、胶粘剂、密封材料</td></tr>
</table>

续表

复合装饰材料	无机复合材料	装饰混凝土、装饰砂浆等
	有机复合材料	人造花岗石、人造大理石、钙塑泡沫装饰吸声板、玻璃钢等
	其他复合材料	涂塑钢板、塑钢复合门窗、涂塑铝合金板等

2. 按装饰部位不同分类

根据装饰部位的不同，建筑装饰材料可分为外墙装饰材料、内墙装饰材料、顶棚装饰材料和地面装饰材料四大类，见表 1-2。

表 1-2 建筑装饰材料按装饰部位分类

类 别	装饰部位	常用装饰材料举例
外墙装饰材料	外墙、台阶、阳台、雨篷等	天然花岗岩、陶瓷装饰制品、玻璃制品、金属制品、外墙涂料、装饰混凝土、合成装饰材料
内墙装饰材料	内墙墙面、墙裙、踢脚线、隔断、花架等	壁纸、墙布、内墙涂料、织物、塑料饰面板、大理石、人造石材、玻璃制品、隔热吸声装饰板
顶棚装饰材料	室内顶棚	石膏板、矿棉吸声板、玻璃棉、钙塑泡沫吸声板、聚苯乙烯泡沫塑料吸声板、纤维板、涂料、金属材料
地面装饰材料	地面、楼面、楼梯等	地毯、天然石材、陶瓷地砖、木地板、塑料地板、人造石材

3. 按装饰材料的燃烧性能分类

按装饰材料的燃烧性能分为非燃烧材料、难燃烧材料和燃烧材料三大类。具体分为 A 级、B1 级、B2 级和 B3 级 4 种。A 级为非燃烧材料，如嵌装式石膏板、花岗岩等；B1 级为难燃烧材料，如装饰防火板、阻燃墙纸等；B2 级具有可燃性材料，如胶合板、墙布等；B3 级具有易燃性材料，如油漆、酒精等。

4. 按材料主要作用不同分类

按材料的主要作用不同，建筑装饰材料可分为装修装饰材料和功能性材料两种。

1) 装修装饰材料

装修装饰类材料，虽然也具有一定的使用功能，但是它们的主要作用是对建筑物进行装修和装饰，如地毯、涂料、墙纸等材料。

2) 功能性材料

在建筑装饰工程中使用这类材料，其主要目的是利用它们的某些突出的性能，达到某种设计功能，如各种防水材料、隔热和保温材料、吸声和隔声材料等。

5. 建筑装饰材料的综合分类

对建筑装饰材料，按化学成分不同分类，是一种比较科学的方法，反映了各类材料本质的不同；按装饰部位不同分类，是一种比较实用的方法，在工程实践中使用起来较为方便。但是，它们都存在着概念上和分类上模糊的缺陷，如磨光花岗岩板既可以做内墙装饰材料，也可做外墙装饰材料，还可做室内外地面装饰材料，究竟属于哪一类装饰材料，很难准确进行分类。

采用综合分类法则可解决这一矛盾。综合分类法的原则是：多用途装饰材料，按化学成分不同分类；单用途装饰材料，按装饰部位不同分类。如磨光花岗岩板是一种多用途装饰材料，其属于无机非金属材料中的天然石材；覆塑超细玻璃棉板是一种单用途装饰材料，其可直接归入顶棚类装饰材料。

1.2.2 建筑装饰材料的组成、结构与构造

建筑装饰材料的组成、结构与构造是决定建筑装饰材料性质的内部因素。要掌握建筑装饰材料性质，合理使用建筑装饰材料并能解决某些工程问题，就需要具备材料组成、结构与构造的有关知识。

1. 建筑装饰材料的组成

建筑装饰材料的组成是指材料所含的化学成分或矿物成分。化学成分、矿物成分不同，材料的物理、化学和力学性质也不同。

1) 化学组成

不同的化学成分组成的材料性质不同。当材料与外界自然环境以及各类物质相接触时，必然要按照化学变化规律发生作用。如材料受到酸、碱、盐类物质的侵蚀作用以及钢材的锈蚀等都属于化学作用。

2) 矿物组成

矿物是具有一定化学成分和结构特征的单体和化合物。一些建筑材料如天然石材、无机胶凝材料等，其矿物组成是决定其材料性质的主要因素。

2. 建筑装饰材料的结构

建筑装饰材料的结构是指其微观组织状态，可分为晶体、非晶体及胶体3种。

(1) 晶体结构。晶体是由离子、原子或分子等质点，在空间按一定规律重复排列而成的固体。晶体具有固定的几何外形，如石英矿物、金属等属于晶体结构。

(2) 非晶体结构。非晶体是指熔融物质急速冷却时，质点来不及按一定规律排列而凝固成的固体。非晶体又称无定形体或玻璃体，没有固定的几何外形，且具有各向同性；非晶体结构是一种不稳定的结构，具有较高的化学活性。如粒化高炉矿渣、火山灰等能与石灰在有水的条件下起硬化作用，合成树脂、橡胶及沥青也是非晶体材料。

(3) 胶体结构。胶体是指含有微粒直径 1nm～0.1 μm 的固体颗粒分散在介质中的分散体系，如果分散介质是液体时，则此种胶体称为溶胶。

由于溶胶的颗粒很小，使体系具有很大的表面积，因而也具有很大的表面能。胶粒有自发相互吸附凝聚成较大颗粒的趋势，凝聚后构成连续的网状结构，包住了全部液体，使体系失去流动性，成为半固体状态，这个过程称为凝胶。

凝胶体的结构是由仅有部分相互黏结的胶体颗粒所构成的，由范德华力结合。所以凝胶在搅拌、振动等剪切力的作用下，其结合键很容易断裂，使凝胶变成溶胶，黏度降低，重新具有流动性。但静置一定时间后，溶胶又会慢慢恢复成凝胶，这一转变过程可以反复多次。凝胶、溶胶这种可逆互变的性能称为触变性。新搅拌的水泥浆、石灰浆及沥青等材料都具有触变性。

3. 建筑装饰材料的构造

建筑装饰材料的构造是对其宏观组织而言，由于材料质点排列状况不同，有层状、纤维状、致密状及多孔状等构造。

(1) 致密结构。材料内部基本上无孔隙。如钢材、玻璃、致密的天然石材等。

(2) 多孔结构。材料内部具有粗大孔隙。如加气混凝土、泡沫塑料等。

(3) 微孔结构。材料内部具有微细孔隙。如建筑石膏制品、普通烧结砖等。

(4) 纤维结构。指木材纤维、玻璃纤维及矿物棉等纤维材料所具有的结构。如木材、竹材、石棉制品等。

(5) 层状结构。用粘接或其他方法将材料叠合成层状的结构。如胶合板、纸面石膏板、各种夹心板等。

(6) 散粒结构。材料为松散颗粒状。如膨胀珍珠岩、石子、砂等。

(7) 聚集结构。由骨料与胶凝材料结合而成的材料。如混凝土、砂浆等。

特别提示

- 具体应用时，应根据具体装饰部位，合理选用。但应注意，构造致密的材料强度高，疏松多孔的材料强度低。层状或纤维状构造的材料，其质点排列有方向性，故在不同的方向所表现出来的性质也不同。

1.3 建筑装饰材料的基本性能

建筑装饰材料承担着各种不同的功能，因而要求材料具有相应的性质。例如墙体装饰材料应具有隔热保温、吸声或隔音等性能。建筑物长期暴露在大气中，有些建筑装饰材料会受到各种外界因素的影响，如温度变化、湿度变化、冻融循环及化学侵蚀等，因此建筑装饰材料还应具有良好的耐久性。

在装饰装修工程设计与施工中，应根据建筑物各种不同部位的使用要求以及建筑的整体装修风格基调，正确地选择并合理地使用建筑装饰材料。这就需要人们熟悉和掌握各种建筑装饰材料的性质及特点，建筑装饰材料的基本性能主要是由材料的组成成分、结构与构造等因素所决定的。

1.3.1 材料的基本物理性能

1. 材料的基本物理参数

1) 材料的质量性能

(1) 密度。材料在绝对密实状态下(内部不含任何空隙)，单位体积的质量称为材料的密度。计算公式为

$$\rho=\frac{m}{V} \tag{1-1}$$

式中 ρ——材料的密度，g/cm^3；

m——材料在干燥状态下的质量，g；

V——材料在绝对密实状态(内部不含任何空隙)下的体积，cm^3。

常用建材中，除钢材、玻璃等少数材料接近绝对密实状态，绝大多数材料都含有一定空隙。测定有空隙材料时，把材料磨成粉末，用李氏瓶排水法测定其实际体积。

(2) 表观密度。材料在自然状态下，单位体积的质量称为表观密度。计算公式为

$$\rho_0=\frac{m}{V_0} \tag{1-2}$$

式中 ρ_0——材料的表观密度，g/cm³ 或 kg/m³；

m——材料在干燥状态下的质量，g 或 kg；

V_0——材料在自然状态下的体积，或称表观体积，cm³ 或 m³。

表观体积，是指包括实体积和孔隙体积在内的体积，如图 1.1 所示。一般材料在使用时，其体积为包括内部所有孔在内的体积，如砖、混凝土、石材等。有的材料如砂、石子，在拌制混凝土拌和料时，因其内部的开口孔被水填入，因此体积内只包括材料的实体积及内部的闭口孔。

当材料的含水状态变化时，其质量和体积均发生变化，故测定材料的表观密度时，必须注明其含水状态。通常情况下，表观密度是指材料在气干状态(长期在空气中干燥)下的表观密度；在烘干状态下的表观密度，称为干表观密度；在吸水状态下的表观密度，称为湿表观密度。表观密度在计算砂、石在混凝土中的实际体积时具有实用意义。

(3) 堆积密度。散粒材料在自然堆积状态下，单位体积的质量称为堆积密度，计算公式为

$$\rho_0'=\frac{m}{V_0'} \tag{1-3}$$

式中 ρ_0'——材料的堆积密度，kg/m³；

m——材料在干燥状态下的质量，kg；

V_0'——散粒材料的自然堆积体积，m³。

材料在自然堆积状态下，其体积不但包括所有颗粒内的孔隙，还包括颗粒间的空隙，即堆积体积=颗粒体积+空隙体积，如图 1.2 所示。堆积密度用容积升来测定。容积升的大小视颗粒的大小而定，例如砂用 1L 的容积升，石子用 10L、20L、30L 的容积升。

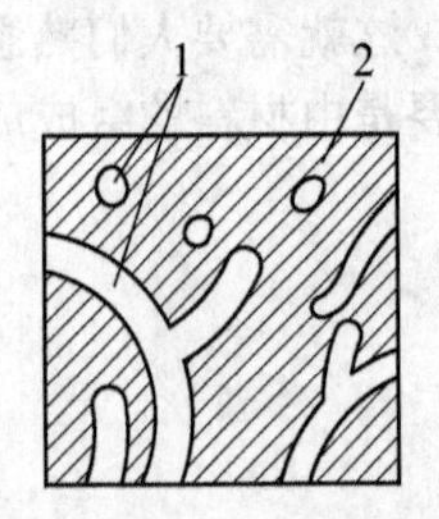

图 1.1 材料组成示意图

1—孔隙；2—固体物质

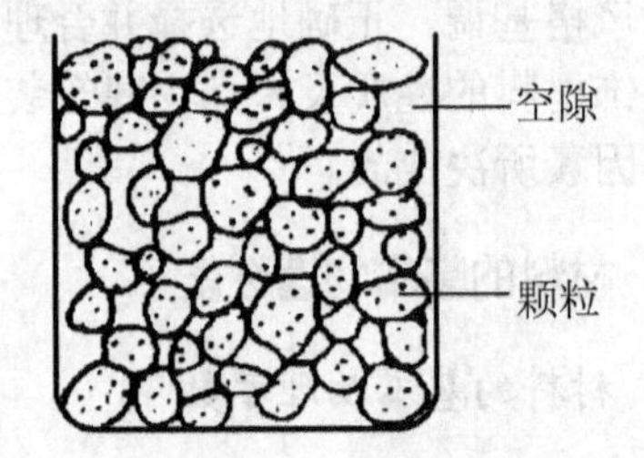

图 1.2 散粒材料堆积体积示意图

2) 材料的热工性能

(1) 导热性。材料传递热量的能力称为材料的导热性。导热性用热导率 λ 来表示，计算公式为

$$\lambda=\frac{Qd}{(T_1-T_2)A\cdot t} \tag{1-4}$$

式中 λ——热导率或导热系数，W/(m·K)；

Q——传导的热量，J；

d——材料的厚度，m；

A——材料的热传导面积，m^2；

t——热传导时间，s；

T_1-T_2——材料两侧的温度差，K(如图 1.3 所示)。

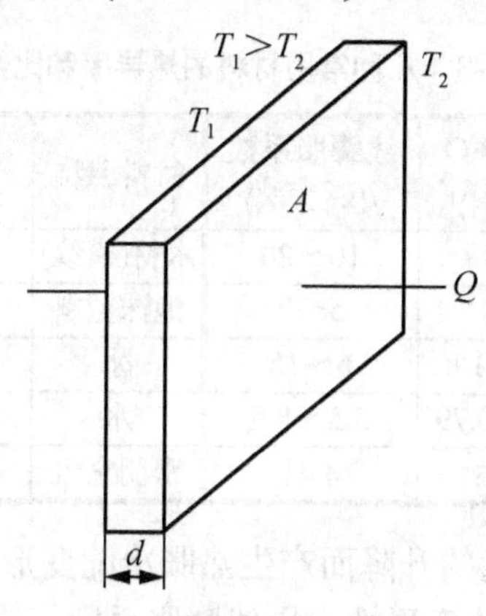

图 1.3 材料传热示意图

特 别 提 示

- 热导率是评定建筑材料保温隔热性能的重要指标。在同样的温差条件下，热导率 λ 越小，材料的导热性越差，保温隔热性能越好；应根据建筑空间的功能要求，参照选用。

材料的热导率与材料的成分、结构、孔隙率的大小和孔隙特征、含水率以及温度等有关。通常情况下，当材料的密度一定时，孔隙率越大，热导率越小。细小而封闭的孔隙，可使热导率变小；粗大、开口且连通的孔隙，容易形成对流传热，导致热导率变大。这是因为材料的热导率是由材料固体物质的热导率和材料孔隙中空气的热导率所决定的，而空气的热导率很小[在静态下，0℃的空气热导率为 0.023W/(m·K)]，所以表观密度小的材料热导率小，主要是空气的热导率在起着重要作用。从工艺上保证材料孔隙率大、气孔尺寸小，是改善材料热工性能的重要途径。

特 别 提 示

- 人们常将防止内部热量散失称为保温，将防止外部热量进入称为隔热，将保温和隔热统称为绝热性能。一般把 $\lambda \leqslant 0.175$W/(m·K)的材料称为绝热材料。特别是外墙饰面基层材料选用时，应注意参照材料的热导性能指标。

(2) 热容量。材料受热或冷却时，改变单位温度所吸收或释放的热量称为材料的热容量。材料单位质量的热容量用比热容表示，计算公式为

$$C=\frac{Q}{m(T_1-T_2)} \tag{1-5}$$

式中 Q——材料吸收或放出的热量，J；

m——材料的质量，g；

C——材料的比热容，J/(g·K)；

T_1-T_2——材料受热或冷却前后的温差，K。

材料的比热容，是指单位质量的材料，在温度升高或下降1K时所吸收或放出的热量，它对保持建筑物内部温度稳定具有重要意义。比热容大的材料，在热流变动或采暖设备供热不均匀时，能减缓室内的温度变化，对稳定室内温度有良好的作用。

几种常用材料的热导率和比热容见表1-3。

表1-3 几种常用材料的热导率和比热容

材料名称	热导率 /[W/(m·K)]	比热容C /[J/(g·K)]	线膨胀系数 /($\times10^{-6}$K)	材料名称	热导率 /[W/(m·K)]	比热容C /[J/(g·K)]	线膨胀系数 /($\times10^{-6}$K)
建筑钢材	55	0.63	10～20	木材(横纹)	0.17	2.51	—
烧结普通砖	0.4～0.7	0.84	5～7	泡沫塑料	0.035	1.30	—
普通混凝土	1.2～1.51	0.48～1.0	6～15	冰	2.20	2.05	—
花岗岩	2.9～3.08	0.72～0.79	5.5～8.5	水	0.58	4.20	—
大理石	3.45	0.875	4.41	密闭空气	0.023	1.05	—

(3) 热变形性。材料随温度的升降而产生热胀冷缩变形的性质，称为材料的热变形性，习惯上称为温度变形。材料的热变形性常用线膨胀系数α来表示，计算公式为

$$\alpha=\frac{\Delta L}{L\times\Delta t} \tag{1-6}$$

式中 α——材料的线膨胀系数，1/K；

ΔL——试件的膨胀或收缩变量，mm；

L——试件在升降温前的长度，mm；

Δt——温度差，K。

线膨胀系数α越大，表明材料的热变形性越大。

(4) 耐急冷急热性。材料的耐急冷急热性又称材料的耐热震性，指材料抵抗急冷急热交替作用保持其原有性质的能力。许多无机非金属材料(瓷砖、玻璃)在急冷急热交替作用下会爆裂破坏。

(5) 耐燃性。材料对火焰和高温的抵抗能力，称为材料的耐燃性。材料的耐燃性按照耐火要求规定，在明火或高温作用下燃烧与否及燃烧的难易程度分为非燃烧材料、难燃烧材料和燃烧材料三大类。

① 非燃烧材料。在空气中受到明火或高温作用时，不起火、不碳化、不微烧的材料，称为非燃烧材料，如砖、天然石材、混凝土、砂浆、金属材料等。

② 难燃烧材料。在空气中受到明火或高温作用时，难燃烧、难碳化、离开火源后燃烧或微烧立即停止的材料，称为难燃烧材料，如石膏板、水泥石棉板等。

③ 燃烧材料。在空气中受到明火或高温作用时，立即起火或燃烧，离开火源后继续燃烧或微烧的材料，称为燃烧材料，如胶合板、纤维板、木材、苇箔等。

在装饰工程中，应根据建筑物的耐火等级和材料的使用部位，选用非燃烧材料或难燃烧材料。当采用燃烧材料时，应进行防火处理。

3) 材料的声学性能

(1) 吸声性。材料吸收声音的性能称为材料的吸声性。评定材料吸声性能好坏的主要

指标是吸声系数，计算公式为

$$\delta = \frac{E}{E_0} \tag{1-7}$$

式中 δ ——材料的吸声系数；

E——被材料吸收的声能(包括部分穿透材料的声能)；

E_0 ——入射到材料表面的总声能。

当声波接触到材料表面时，一部分被反射，另一部分穿透材料，声能在反射和穿透的过程中减少的部分则传递给了材料，在材料的孔隙中引起空气分子与孔壁的摩擦，使这部分声能转化为热能并被材料吸收。材料的吸声系数越大，则其吸声性能越好。

吸声系数与声音的频率和入射方向有关。同一材料用不同频率的声波，从不同方向射向材料时，会得到不同的 δ 值。所以，吸声系数采用的是声音从各方向入射的平均值，但需指出是对哪个频率的吸收。通常采用的 6 个频率为 125Hz、250Hz、500Hz、1000Hz、2000Hz 和 4000Hz。一般将对上述 6 个频率的平均吸声系数 $\delta \geqslant 0.2$ 的材料称为吸声材料。

材料的吸声性能与材料的厚度、孔隙的特征、构造形态等有关。开放的互相连通的气孔越多，材料的吸声性能越好。最常用的吸声材料多数为多孔材料，强度较低，多孔吸声材料容易受潮，安装时应考虑胀缩的影响。

(2) 隔声性。材料隔绝声音的性能称为材料的隔声性。评定材料隔声性的指标是隔声量，计算公式为

$$R = 10\lg \frac{E_0}{E_2} \tag{1-8}$$

式中 R——隔声量，dB；

E_0 ——入射到材料表面的总声能；

E_2 ——透过材料的声能。

隔声可分为隔绝空气声(通过空气传播的声音)和隔绝固体声(通过撞击或振动传播的声音)。两者的隔声原理截然不同。

对于空气声，根据声学中的“质量定律”，其传声的大小主要取决于墙或板的单位面积质量，质量越大，越不易被振动，则进入材料的声能越少，材料的隔声性能越好。隔绝空气声主要靠反射声能，因此必须选择密度大的材料如黏土砖、钢筋混凝土、钢板等作为隔声材料。

对于固体声，是由于振源撞击固体材料，引起固体材料受迫振动而发声，并向四周辐射声能。固体声在传播过程中，声能的衰减极少。隔绝固体声主要靠吸收声能，这点和材料的吸声性是一致的。隔绝固体声最有效的措施是在墙壁和承重梁之间、房屋的框架和墙壁及楼板之间加弹性衬垫，这些衬垫材料大多可以采用上述的多孔吸声材料，如毛毡、软木等，在楼板上可加地毯、木地板等。

4) 材料的光学特性

(1) 颜色。材料的颜色是由其自身的光谱特性、投射于材料表面光线的光谱特性和观看者眼睛的光谱特性共同决定的。材料的颜色可分为红、蓝、黄、绿、白、紫、黑。颜色是构成材料装饰性的重要因素，它决定了建筑装饰的基本格调，对确定环境气氛，控制装饰艺术效果，具有极为重要的作用。

(2) 透光性。光线投射于材料表面后，一部分被反射，一部分穿透材料，剩余部分被材料吸收。材料允许光线透过的特性，称为透光性，可用透光率表示，即透过材料的光线的强度与入射光的强度之比。透光性好的材料，其透光率可高达90%以上；而不透光材料，透光率为零。此外，还将透光率较小的材料称为半透明材料。

(3) 透视性。当材料中有光线透过时，若不改变光线的方向(即光线可平行透过)，则这种材料不仅可以透过光线，还可以透过影像，这种光学特性被称为透视性，称这种材料为透明材料。若将透明的平板玻璃压花，则可将透明材料变成不透明材料。

(4) 滤色性。对透光性材料，当光线透过时，材料能选择性地吸收一定波长的入射光，使透过的光线变成特定的颜色，这种特性称为材料的滤色性。建筑装饰材料使用过程中，透过的白光常被滤掉某种颜色，而呈现出特定的颜色。

(5) 光泽性。光线投射于材料表面上后，若反射光线相互平行，则材料的表面会出现光泽。不同的材料表面组织结构不同，其反射光线的波长和角度也不相同，故金属和玻璃、陶瓷、大理石、塑料、油漆、木材、丝绸等非金属的光泽各不相同。

2. 材料与水有关的性质

1) 亲水性与憎水性

材料在空气中与水接触时，根据其能否被水湿润表现为亲水性和憎水性。具有亲水性的材料称为亲水性材料，具有憎水性的材料称为憎水性材料。

材料被水湿润的程度可用湿润角表示，如图 1.4 所示。湿润角是在固体材料、水和空气三态交线处，沿水滴与空气接触面的切面(γ_{LG})和固体材料与水滴接触面(γ_{SL})之间所成的夹角θ。θ角越小，该材料能被水湿润的程度越高。

一般认为如图 1.4(a)所示，$\theta \leqslant 90°$ 时，材料表现为亲水性，如木材、砖、混凝土、石材等。如图 1.4(b)所示，当$\theta \geqslant 90°$ 时，材料表现为憎水性，如沥青、石蜡、塑料等。

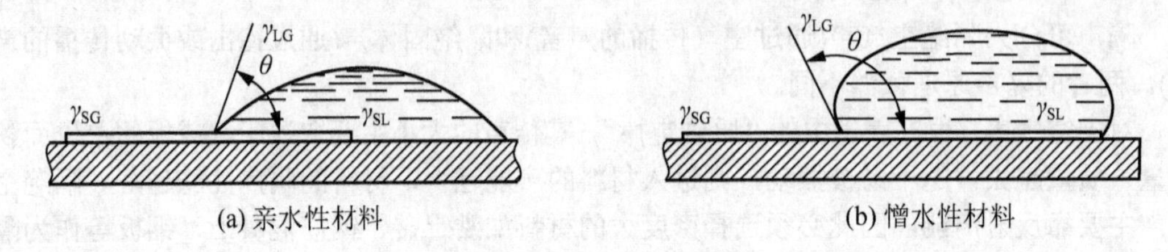

图 1.4 材料的润湿示意图

2) 吸水性

材料在浸水状态下吸收水分的特性称为材料的吸水性。吸水性的大小用吸水率表示，吸水率有两种表示方法。

(1) 质量吸水率。材料吸水达到饱和状态下，所吸水的质量占材料干质量的百分率，即材料吸水饱和时的质量吸水率，计算公式为

$$W_m = \frac{m_b - m_g}{m_g} \times 100\% \tag{1-9}$$

式中 W_m——材料的质量吸水率，%；

m_b——材料吸水饱和状态下的质量，g；

m_g——材料在干燥状态下的质量，g。

各类材料的质量吸水率相差很大，如花岗岩的质量吸水率仅为 0.5%～0.7%；木材或其他轻质材料的质量吸水率则常大于 100%。

(2) 体积吸水率。是指材料在吸水饱和状态下，材料中所含的水的体积占材料自然体积的百分率，计算公式为

$$W_V = \frac{m_b - m_g}{V_0} \times \frac{1}{\rho_w} \times 100\% \tag{1-10}$$

式中 W_V——材料的体积吸水率，%；

V_0——干燥材料在自然状态下的体积，cm^3；

ρ_w——水的密度，g/cm^3，在常温下可取 $1.0g/cm^3$。

质量吸水率和体积吸水率两者关系为

$$W_V = W_m \cdot \rho_0$$

式中 ρ_0——材料在绝干状态下的表观密度，g/cm^3。

材料的吸水率不仅取决于材料是亲水性或是憎水性，还与其孔隙率及孔隙特征有关。一般材料的孔隙率越大，吸水性越强；开口而连通的细小孔隙越多，吸水性越强。闭口孔隙，水不易进入；开口的粗大孔隙，水容易进入，不易存留，故吸水性较小。

3) 吸湿性

材料在潮湿空气中吸收水分的特性称为材料的吸湿性。吸湿性的大小用含水率表示。含水率是指材料中所含水的质量占其干燥质量的百分率，计算公式为

$$W_h = \frac{m_s - m_g}{m_g} \times 100\% \tag{1-11}$$

式中 W_h——材料的含水率，%；

m_s——材料在含水状态下的质量，g；

m_g——材料在干燥状态下的质量，g。

材料的吸湿作用是可逆的，干燥的材料可吸收空气中的水分，潮湿的材料可向空气中释放水分。与空气湿度达到平衡时的含水率，称为平衡含水率。

特别提示

- 材料的吸湿性除与材料的成分、组织构造等因素有关外，还与周围环境的温度和湿度有关。温度越低，相对湿度越大，材料的含水率越大；反之越小。在相对湿度较大的功能空间，选用材料时，要特别注意其性能指标。

4) 耐水性

材料长期在饱和水的作用下而不受破坏，其强度也不显著降低的特性称为耐水性。

一般材料随着含水量的增加，会减弱其内部结合力，强度也会有不同程度的降低。如花岗岩长期浸泡在水中，强度将下降 3%。材料的耐水性用软化系数来表示，计算公式为

$$K_R = \frac{f_b}{f_g} \tag{1-12}$$

式中 K_R——材料的软化系数；

f_b——材料在吸水饱和状态下的抗压强度，MPa；

f_g——材料在干燥状态下的抗压强度，MPa。

材料的软化系数 K_R 在 0(黏土)～1(钢材)之间。K_R 越大，表明材料吸水饱和后其强度下降得越少，其耐水性越好；反之则耐水性越差。一般称 $K_R \geqslant 0.85$ 的材料为耐水性材料。

5) 抗渗性

材料在水或其他液体压力作用下抵抗渗透的特性称为材料的抗渗性(或不透水性)，用渗透系数来表示。计算公式为

$$K = \frac{Wd}{AtH} \times 100\% \tag{1-13}$$

式中 K ——渗透系数，cm/s；

W ——渗水量，cm^3；

d ——试件厚度，cm；

A ——渗水面积，cm^2；

t ——渗水时间，s；

H ——静水压水头差，cm。

渗透系数 K 反映了材料在水压力作用下抵抗渗透的性质。K 越大，材料的抗渗性越差。一些防渗防水材料(如卷材)其防水性常用渗透系数表示。有些材料(如混凝土、砂浆等)的抗渗性也常用抗渗等级来表示。计算公式为

$$P=10p-1 \tag{1-14}$$

式中 P——抗渗等级；

p——试件开始渗水时的水压，MPa。

即抗渗等级用材料在水压力作用下抵抗渗透的最大水压值来表示，如 P4、P6、P8、P10、P12 等，分别表示材料在抗渗试验时一组 6 个试件中 4 个试件可抵抗 0.4MPa、0.6MPa、0.8MPa、1.0MPa、1.2MPa 的水压力而不渗水。抗渗等级越大，材料的抗渗性能越好。

6) 抗冻性

材料在吸水饱和状态下，能经受多次冻融循环作用而保持其原有性能的特性称为材料的抗冻性。对结构材料主要指保持强度的能力。材料的抗冻性用抗冻等级来表示。

抗冻等级是以试件在吸水饱和状态下，经冻融循环试验，质量损失和强度下降均不超过规定数值的最大冻融循环次数来表示，分为 F10、F15、F25、F50、F100、F150、F200、F250 和 F300 这 9 个等级。抗冻等级越高，材料的抗冻性越好。

对于受大气和水作用的材料，抗冻性往往决定了它的耐久性。对于冬季室外温度低于 -10℃的寒冷地区，建筑物的外墙等所使用的材料必须进行抗冻性检验。

1.3.2 材料的力学性质

1. 强度

材料在外力(荷载)作用下抵抗破坏的能力称为材料的强度。根据外力作用方式的不同，材料强度有抗拉强度、抗压强度、抗弯(抗折)强度、抗剪强度等。

材料的强度与其组成成分、结构和构造有关。如砖、石、混凝土等材料的抗压强度较高，抗拉及抗弯强度很低；钢材的抗拉、抗压强度都很高。

2. 材料的变形性质

1) 弹性与塑性

(1) 弹性。材料在外力作用下产生变形，当取消外力后，能完全恢复原来形状的性质，称为弹性。这种完全能恢复的变形，称为弹性变形。

(2) 塑性。材料在外力作用下产生变形，当取消外力后，仍保持变形后的形状和尺寸并且不产生裂缝的性质，称为塑性。这种不能恢复的永久变形，称为塑性变形或不可恢复变形。

2) 脆性与韧性

(1) 脆性。材料受外力被破坏时，无明显的塑性变形而突然破坏的性质，称为材料的脆性。在常温、静荷载下具有脆性的材料称为脆性材料，如砖、石、混凝土、砂浆、陶瓷、玻璃等。脆性材料的特点是塑性变形很小，抗压强度高，抗拉强度低，抵抗冲击、振动荷载的能力差。

(2) 韧性。材料在冲击或震动荷载的作用下，能吸收较大能量，并产生一定变形而不发生破坏的性质，称为材料的韧性，又称为冲击韧性。如建筑钢材、木材、橡胶等属于韧性材料。

3) 硬度和耐磨性

(1) 硬度。材料表面抵抗较硬物体压入或刻划的能力称为材料的硬度。钢材、木材和混凝土等材料的硬度常采用压入法测定，如布氏硬度(HB)是以单位面积压痕上所受到的压力来表示的。天然矿物的硬度常采用刻划法测定，矿物硬度分为 10 级，其硬度递增的顺序为：滑石、石膏、方解石、萤石、磷灰石、正长石、石英、黄玉、刚玉、金刚石。材料的硬度越大，则其耐磨性越好，加工越困难。

(2) 耐磨性。材料表面抵抗磨损的能力称为材料的耐磨性。材料的耐磨性用磨损率来表示，计算公式为

$$N=\frac{m_1-m_2}{A} \tag{1-15}$$

式中 N——材料的磨损率，g/cm^2；

m_1——材料磨损前的质量，g；

m_2——材料磨损后的质量，g；

A——材料受磨损的面积，cm^2。

3. 材料环境协调性

材料的环境协调性是指材料在生产、使用和废弃全寿命周期中要有较低的环境负荷，包括生产中废物的利用、减少三废的产生，使用中减少对环境的污染，废弃时有较高可回收率。

建筑材料的发展方向要求除具有良好的使用性能外，还须具有良好的环境协调性能，即具有低的环境负荷值和高的可循环再生率，强调环保绿色建材。建筑材料的环境协调问题日益受到重视，可参照《建筑材料放射性核素限量》(GB 6566—2010)、《室内装饰装修材料 胶粘剂中有害物质限量》(GB 18583—2008)、《民用建筑工程室内环境污染控制规范》(GB 50325—2010)等规范。

1.3.3 材料的耐久性

材料在使用过程中经受各种破坏因素的作用而能保持其原有性质的能力称为材料的耐久性。材料的耐久性是材料的一项综合性能指标，一般包括耐水性、抗冻性、耐腐蚀性、抗老化性、耐热性及耐磨性等多项性能。

材料在建筑物使用过程中，除材料内在原因使其组成、构造、性能发生变化以外，还要长期受到使用条件及各种自然因素的作用，这些作用可概括为以下几个方面：

(1) 物理作用。物理作用包括环境温度、湿度的交替变化，即冷热、干湿、冻融等循环作用。材料在经受这些作用后，将发生膨胀、收缩或产生内应力，长期的反复作用，将使材料逐渐遭到破坏。

(2) 化学作用。化学作用包括大气和环境水中的酸、碱、盐等溶液或其他有害物质对材料的侵蚀作用以及日光、紫外线等对材料的作用。

(3) 机械作用。机械作用包括荷载的持续作用，交变荷载对材料引起的疲劳、冲击、磨损、磨耗等。

(4) 生物作用。生物作用包括菌类、昆虫等的侵害作用，导致材料遭受腐朽、虫蛀等破坏。

各种作用对于材料性能的影响，视材料本身的组成成分、结构而不同。在建筑装饰材料中，金属材料主要易被电化学腐蚀；水泥砂浆、混凝土、砖瓦等无机非金属材料，主要是通过干湿循环、冻融循环、温度变化等物理作用，以及溶解、溶出、氧化等化学作用；高分子材料主要由于紫外线、臭氧等所起的化学作用，使材料变质失效；木材虽主要是由于腐烂菌引起腐朽和昆虫引起蛀蚀而使其失去使用性能，但环境的温度、湿度和空气又为菌类、虫类提供生存与繁殖的条件。在材料的变质失效过程中，其外部因素往往和内部因素结合而起作用；各外部因素之间，也可能互相影响。

1.4 建筑装饰材料的选择

建筑装饰材料选择时，需要考虑的因素很多。首先根据建筑的性质如空间的使用功能、设计风格、界面的需求等要素，确定建筑装饰材料的类别；在此基础上结合空间的尺度、色环境、光环境等要素，考虑材料的色彩、质感、肌理等装饰性能；同时，还要注重材料的环保性能及经济成本等要素。

1.4.1 装饰材料的功能性

建筑装饰材料的选择首先考虑建筑空间的功能。不同空间因其使用性能不同，对装饰材料的要求就不一样：如大理石在家庭装修中一般用于入口玄关及客厅的点缀；客厅、餐厅等公用区域应优先选用地板砖；卧室大多选用木地板或地板砖；浴室的水汽和厨房的油烟较大，其墙面可选用表面光滑的内墙釉面砖贴面，以便清洗；地面材料的选用，则主要考虑防滑和耐磨。

在人流集中的商业建筑的营业厅、交通建筑的候车厅、宾馆建筑的大堂、娱乐建筑的公共空间，地面应选择耐磨性能好的彩色水磨石和陶瓷地砖或花岗岩贴面；而音乐厅、影剧院、KTV房间及录音棚等对音质要求较高的空间，其墙面及顶面应根据声学的计算选用一定数量的吸音材料；宾馆客房地面多选用地毯、墙面选用壁纸，以达到温馨、静谧的感觉，也利于装饰风格的协调。

1.4.2 装饰材料的装饰性

建筑装饰材料本身的肌理、质感、尺度、线型、色彩等，建筑空间装饰效果都将产生一定的影响。

建筑装饰材料的肌理及质感，能在人的生理和心理上产生积极或消极反应，从而引起联想。一般来说，材料的这种心理诱发作用是非常明显和强烈的，例如：光滑、细腻的材料，不仅富有优美、雅致的现代美感，同时也会给人以一种冷峻、漠然的冰冷感；金属能使人产生坚硬、沉重，但也能使产生寒冷的感觉；皮革、丝织品使人感到柔软、轻盈和温暖；石材可使人感到稳重、坚实和牢固；而未加装饰的混凝土则容易使人产生粗犷、甚至草率的感觉。因此，在选择建筑装饰材料时，必须正确把握材料肌理和质感的特性，使之与建筑装饰的特点相吻合，从而赋予建筑装饰材料以生命力和活力。

建筑装饰材料的尺度、线型，对装饰效果也产生重要影响。就尺度而言，材料的尺寸应当适中，必须符合建筑空间的比例，才能达到自然、协调。例如，大理石及彩色水磨石板材用于厅堂，可以取得良好的装饰效果，但是如果用于居室，则会因尺寸过大，而失去原有的魅力。就纹理而言，要充分利用材料本身固有的天然纹样、图案及底色等的装饰效果，或利用人工仿制天然材料的各种纹路与图样，以求在装饰中获得或朴素、或真实、或淡雅、或高贵、或凝重的各种装饰气氛。就线型而言，在某种程度上应将其视为建筑装饰整体质感的一部分。例如：用铝合金压型装饰板装饰外墙面，可以获得具有凹凸线型的效果。

建筑装饰材料的色彩，应根据建筑物的规模、功能及其所处环境等要素综合考虑。建筑内部的色彩，应力求合理、适宜，使人在生理和心理上都能产生良好的效果。红、橙、黄色，能使人联想到太阳、火焰而感觉温暖，故称为“暖色”；在儿童房间采用淡黄、橙色、粉红等色调，可适应儿童天真活泼的心理。绿、蓝、紫罗兰色，能使人联想到大海、蓝天、森林而感到凉爽，故称为“冷色”；在老人房间使用浅蓝、青蓝等冷色系，可以获得清凉的安静感。暖色调使人感到热烈、兴奋、温暖；冷色调使人感到宁静、幽雅、清凉。因此，在具体选用建筑装饰材料时，既要考虑到质感、色彩对装饰效果的影响，又要考虑到尺度、线型和纹理对装饰效果的影响。

1.4.3 装饰材料的环保性

建筑装饰材料选择要符合室内环境的要求和标准。特别是用在室内的装饰材料，其放射性、挥发性要格外注意，以免对人体造成伤害。如通过嵌入特殊化学香料的乳胶漆，将原本让人不悦的气味掩盖掉，而具有淡淡的芳香气味，这种假净味，是有害人体健康的，此类产品，建议不要多用。

质量伪劣的复合地板，其有害物质包括两方面：一是有胶粘剂的地板所含游离甲醛释放量过高，如果游离甲醛超过40mg/100g，则对人体有害，最好选用甲醛含量在10mg/100g以下的绿色环保地板；二是在刷油漆过程中用到各种有机溶剂，如甲苯、硝基漆等均会散发出对人体有害的气体。所以，在购买木地板时尽量选用烤漆地板。

另外，要注意建筑装饰材料辅料的使用。特别是胶和底漆，即使选择了环保涂料，在基底处理时也不能马虎，使用知名品牌的底漆不仅能保证整体效果，从环保的角度考虑也绝对必要。如胶的使用，107 胶内含有害物质，国家有关条例已经明令禁止在家庭装修中使用 107 胶。

1.4.4 装饰材料的经济性

一般情况下，建筑装修工程的造价占总工程造价 1/3，在一些大中型建筑工程项目中，装饰工程的造价已占总工程造价的 40%～60%，部分特别的工程项目还可能占更大比例。因此，在选择建筑装饰材料时，应充分考虑其经济性。

从经济角度考虑建筑装饰材料的选择，应有一个总体的观念，既要考虑到建筑工程装饰费用的一次性投资，也要考虑到日后的维修及再装修费用，还要考虑到建筑装饰材料的发展趋势。有时在关键部位，如给排水关键部位及重要隐蔽项目，从延长使用年限的角度考虑，可适当增大一些投资，以减少使用中的维修费用，更能保证总体上的经济性。

1.4.5 建筑装饰材料的地区特点

选择建筑装饰材料时，还要注意运用合适的材料表现民族传统和地方特点。如装饰金箔和琉璃制品是我国传统建筑或纪念性建筑装饰特有的建筑装饰材料，这些材料，利于表现我国民族和文化的特征。

再者，建筑装饰材料的选用常与地域或气候有关。在寒冷地区，水磨石地面、地板砖地面感觉太冷，从而有不舒适感，故应采用木地板、塑料地板、地毯等，其热传导低，使人感觉温暖舒适。在炎热的南方，则应采用热导性能好的装饰材料。

总之，选择建筑装饰材料时，既要体现建筑装饰的功能性和艺术效果，又要做到经济合理，同时符合地区特点。因此，在建筑装饰工程的设计、材料的选择上一定要考虑周全，并根据工程的功能要求、装饰风格，合理选择。

本章小结

本章主要介绍了建筑装饰材料的功能、分类、性能和选择。

建筑装饰材料的功能是保护美化建筑物、保证室内使用条件和室内环境的整洁、美观和舒适。

理解与掌握建筑装饰材料的基本物理性质、力学性质、耐久性等，能为合理选择和科学利用建筑装饰材料打下基础。

建筑装饰材料的选择要考虑建筑物的类别和装修标准及特色，考虑建筑装饰材料的功能性、装饰性、经济性和地域性等特点。

实训指导书

了解常用建筑装饰材料的种类、规格、性能等。重点掌握常用建筑装饰材料的常规检验、成品及半成品的保护及应用情况。

一、实训目的

让学生自主地到建筑装饰材料市场进行考察，了解常用装饰材料的价格，熟悉常用装饰材料的应用情况，能够准确识别各种常用装饰材料的名称、规格、种类、价格、使用要求及适用范围等。

二、实训方式

建筑装饰材料市场的调查分析

学生分组：3～5 人一组，自主地到建筑装饰材料市场进行调查分析。

调查方法：学会以调查、咨询为主，认识各种常用装饰材料，调查材料价格、收集材料样本图片、掌握常用装饰材料的选用要求。

三、实训内容及要求

(1) 认真完成调研日记。

(2) 填写材料调研报告。

(3) 实训小结。

第2章

胶凝材料与胶粘剂

教学目标

了解胶凝材料的定义及分类；熟悉白色水泥的技术性质；掌握装饰混凝土与装饰砂浆的性能；掌握建筑石膏及制品的技术性能及应用；熟悉胶粘剂的组成、分类及影响胶结强度的因素，根据装饰工程需求进行胶粘剂的选用。

教学要求

能力目标	相关试验或实训	重　点
能根据水泥性能选择水泥品种		
能正确进行白水泥、彩色水泥的选型并进行质量检验	水泥质量检验	
熟悉装饰混凝土与装饰砂浆	装饰混凝土及装饰砂浆的应用	
能正确选用纸面石膏板及石膏装饰制品	纸面石膏板的选用与实例	★
能够正确识别与选购装饰工程中常用的胶粘剂	常用胶粘剂应用	★

引 例

某宾馆的装饰装修工程中，采用了轻钢龙骨纸面石膏板吊顶、装饰混凝土、石膏装饰制品、胶粘剂等装饰材料。

如何根据建筑空间的功能选用胶凝材料及胶粘剂：①根据空间特性、使用要求及不同的构造部位(图 2.1)，选择不同规格、型号及品种的纸面石膏板；②根据建筑空间界面要求及空间部位，选用不同的石膏装饰制品；③如何根据装修部位的材料、构造、做法及胶粘剂技术性能指标选用合适的胶粘剂。

图 2.1 装饰石膏板吊顶

2.1 胶凝材料概述

2.1.1 胶凝材料的定义、分类

胶凝材料又称胶结料，指在物理、化学作用下，能从浆体变成坚固的石状体，并能胶结其他物料，制成有一定强度复合固体的物质。

胶凝材料按其化学组成，可分为有机胶凝材料(如树脂等)与无机胶凝材料(如石灰、水泥等)。

无机胶凝材料根据硬化条件可分为气硬性胶凝材料与水硬性胶凝材料。气硬性胶凝材料只能在空气中硬化，并且只能在空气中保持或发展其强度，如石膏、石灰等；水硬性胶凝材料则不仅能在空气中，而且能在水中更好地硬化，保持并发展其强度，如水泥。

2.1.2 胶凝材料的发展

胶凝材料的应用，可追溯到人类史前时期。它先后经历了天然的黏土、石膏-石灰、石灰-火山灰、天然水泥、硅酸盐水泥、多品种水泥等阶段，见表 2-1。

新石器时代，人类最早使用黏土来砌简易的建筑物。但是黏土的强度很低，不能抵抗雨水的侵蚀。随着火的应用，煅烧所得的石膏和石灰被用来调制建筑砂浆。公元初，古希腊人和罗马人发现在石灰中掺入某些火山灰沉积物，不仅能提高强度，而且能抵御水的侵蚀。到 10 世纪后半期，先后出现了用黏土质石灰石经煅烧后制成的水硬性石灰和罗马水泥。以此为基础，发展到用天然泥灰岩煅烧、磨细制的天然水泥。

19世纪初，用人工配料，再经煅烧、磨细以制造水硬性胶凝材料的方法，已经开始组织生产。英国阿斯普丁于1824年首先取得了该项产品的专利权。因为这种胶凝材料结硬后的外观颜色和抗水性与当时建筑上常用的英国波特兰地区生产的石灰石相似，故称之为波特兰水泥。

到20世纪初，随着现代工业的发展，逐渐出现各种不同用途的硅酸盐水泥，如快硬水泥、抗硫酸盐水泥、大坝水泥等，同期还发明了高铝水泥。近30年来，又陆续出现硫铝酸盐水泥、氟铝酸盐水泥等品种，从而使水硬性胶凝材料进一步发展出更多类别。

表2-1 胶凝材料的发展

阶段	时间	胶凝材料
天然黏土时期	新石器时代，距今约4000～10000年	黏土
石膏-石灰时期	公元前2000～3000年	石灰、石膏
石灰-火山灰时期	公元初至18世纪	石灰、火山灰
天然水泥时期	18世纪下半叶	天然水泥
硅酸盐水泥时期	19世纪初	硅酸盐水泥
多品种水泥时期	20世纪至今	各种水泥

2.2 水　泥

水泥呈粉末状，与适量水拌和后形成可塑性浆体，经过物理、化学等变化过程浆体能变成坚硬的石状体，并能将散粒状材料胶结成为整体，是一种良好的水硬性胶凝材料。它在胶凝材料中占有极其重要的地位，是最重要的建筑材料之一。

在建筑装饰工程中，常用装饰水泥(如白水泥、彩色水泥等)配制成水泥色浆、装饰砂浆和装饰混凝土，用于建筑物室内外表面的装饰，以其本身的质感、色彩美化建筑。有时也以水泥作为胶凝材料，以石材作为骨料，配制成水磨石或彩色水磨石等来做建筑物的饰面。

2.2.1 硅酸盐水泥

根据《通用硅酸盐水泥》(GB 175—2007)的定义：“以硅酸盐水泥熟料和适量石膏及规定的混合材料制成的水硬性胶凝材料。”

1. 水泥熟料矿物组成

硅酸盐水泥的主要化学成分是由石灰质原料的氧化钙(CaO)、黏土质原料的氧化硅(SiO_2)、氧化铝(Al_2O_3)和氧化铁(Fe_2O_3)组成。经过高温煅烧后，以上4种化学成分化合为熟料中的主要矿物组成，即

硅酸三钙$3CaO \cdot SiO_2$，简式为C_3S，含量45%～65%。

硅酸二钙$2CaO \cdot SiO_2$，简式为C_2S，含量15%～30%。

铝酸三钙$3CaO \cdot Al_2O_3$，简式为C_3A，含量7%～15%。

铁铝酸四钙$4CaO \cdot Al_2O_3 \cdot Fe_2O_3$，简式为$C_4AF$，含量10%～18%。

2. 水泥熟料矿物的水化、凝结与硬化

1) 硅酸盐水泥的水化和凝结硬化

水泥加适量水拌和后，水泥中的熟料矿物与水发生化学反应(称水化反应)，生成多种水化产物，随着水化反应的不断进行，水泥浆体逐渐失去流动性和可塑性而凝结硬化。凝结和硬化是同一过程中的不同阶段，凝结标志着水泥浆体失去流动性而具有一定的塑性强度，硬化则表示水泥浆体固化后形成的结构具有一定的机械强度。

2) 影响硅酸盐水泥凝结硬化的主要因素

影响水泥凝结硬化的因素，除水泥的矿物成分、细度、用水量外，还有养护时间、环境的温湿度以及添加剂掺入量等。

3. 水泥的技术性质和技术要求

《通用硅酸盐水泥》(GB 175—2007)对硅酸盐水泥的技术性能要求如下。

1) 水泥的细度

水泥的细度是指水泥颗粒的粗细程度，是鉴定水泥品质的主要项目之一。硅酸盐水泥和普通硅酸盐水泥的比表面积不小于 $320m^2/kg$。它直接影响水泥的性能和使用。水泥颗粒越细，水泥与水接触面积越大，水化越充分，水化速度越快。

2) 水泥标准稠度用水量

为使水泥凝结时间和安定性的测定结果具有可比性，在此两项测定时必须采用标准稠度的水泥净浆。ISO 9597：2008 标准规定，水泥净浆稠度采用稠度仪(维卡仪)测定，以试杆沉入净浆并距离玻璃底板(6±1)mm 时的水泥净浆为“标准稠度净浆”，此时的拌和用水量为该水泥的标准稠度用水量(P)，按水泥质量的百分比计。水泥熟料矿物成分不同时，其标准稠度用水量也有所不同，磨得越细的水泥，标准稠度用水量越大。硅酸盐水泥的标准稠度用水量一般在 24%～33%。

3) 凝结时间

凝结时间分为初凝时间和终凝时间。初凝时间是从水泥加水到水泥浆开始失去塑性的时间；终凝时间是从水泥加水到水泥浆完全失去塑性的时间。

现行国家标准规定，水泥凝结时间用凝结时间测定仪进行测定。硅酸盐水泥的初凝时间不得早于 45min，终凝时间不得迟于 6.5h。凡初凝时间不符合国家标准规定者为废品，终凝时间不符合国家标准规定者为不合格品。

水泥的凝结时间在施工中具有重要意义。初凝不宜过快是为了保证有足够的时间在初凝之前完成混凝土成型等各工序的操作；终凝不宜过迟是为了使混凝土在浇筑完毕后能尽早完成凝结硬化，以利于下一道工序及早进行。

4) 体积安定性

水泥的体积安定性是指水泥在凝结硬化的过程中，其体积变化的均匀性。如果水泥在凝结硬化过程中产生均匀的体积变化，则其体积安定性合格，否则为体积安定性不良。水泥的体积安定性不良，会使水泥制品、混凝土构件产生膨胀性裂缝，影响工程质量，甚至引起严重的工程事故。因此，凡是体积安定性不良的水泥均作为废品处理，不能用于工程中。

5) 强度及强度等级

水泥的强度是指水泥胶结能力的大小，是评价水泥质量的重要指标，也是划分水泥强度等级的依据。

硅酸盐水泥分为42.5、42.5R、52.5、52.5R、62.5、62.5R这6个强度等级，其中代号R表示早强型水泥。各龄期的强度均不得低于国家标准，否则应降级使用。对硅酸盐水泥各龄期的强度要求见表2-2。

表2-2 硅酸盐水泥各龄期的强度要求

强度等级	抗压强度/MPa		抗折强度/MPa	
	3d	28d	3d	28d
42.5	17.0	42.5	3.5	6.5
42.5R	22.0	42.5	4.0	6.5
52.5	23.0	52.5	4.0	7.0
52.5R	27.0	52.5	5.0	7.0
62.5	28.0	62.5	5.0	8.0
62.5R	32.0	62.5	5.5	8.0

6) 水泥的水化热

水泥与水接触发生水化反应时所放出的热量，称为水泥的水化热。水泥的大部分水化热在凝结硬化的初期放出，一般水泥强度等级高，水化热大；水泥颗粒细，水化速度快；掺速凝剂时，早期水化热多。

7) 碱含量

碱含量是指水泥中氧化钠(Na_2O)和氧化钾(K_2O)的含量。近些年来，在混凝土施工中发现了许多碱集料反应，即水泥中的碱和集料中的活性二氧化硅反应，生成膨胀性的碱硅酸盐凝胶，导致混凝土开裂。因此，当使用活性骨料时，要使用低碱水泥。国家标准规定，水泥中碱总含量(按Na_2O+0.658K_2O计算)不得大于0.60%，或由供需双方商定。

4. 硅酸盐水泥的应用、运输与储存

1) 硅酸盐水泥的应用

硅酸盐水泥熟料中硅酸三钙和铝酸三钙含量高，凝结硬化快，强度高，尤其是早期强度高，主要用于重要结构的高强混凝土、预应力混凝土和有早强要求的混凝土工程，还适用于寒冷地区和严寒地区遭受反复冻融的混凝土工程。同时由于硅酸盐水泥抗碳化性能高耐磨性好，还可应用于碳化要求的混凝土工程以及路面工程中。

硅酸盐水泥其水化产物中易腐蚀的氢氧化钙和水化铝酸三钙含量高，因此耐腐蚀性差，不宜长期使用于含有侵蚀性介质(如软水、酸和盐)的环境中。且硅酸盐水泥水化热高并释放集中，不宜用于大体积混凝土工程中；硅酸盐水泥耐热性差，不宜用于有耐热性要求的混凝土工程中。

2) 硅酸盐水泥的运输与储存

硅酸盐水泥在运输与储存过程中，应十分注意防水防潮。因为水泥遇水后，会发生凝结硬化、丧失部分胶结能力，导致强度降低，甚至不能用于工程中。

水泥的存放应按不同品种、不同强度等级以及出厂日期分别堆放，并加贴标志。散装水泥应分库储存。使用时应掌握先到先用的原则。在一般条件下储存的水泥，3个月后水泥强度降低10%～20%；6个月后强度降低15%～30%；1年以后，强度降低25%～40%。

特别提示

- 水泥的有效储存期为3个月。储存较长时间的水泥，应重新测定其强度并按实际强度使用。

2.2.2 掺混合材料的硅酸盐水泥

1. 混合材料

为了改善水泥的某些性能，调节水泥的强度等级，提高水泥产量，降低水泥成本，利用工业废料，生产水泥时常掺加一定数量的人工或天然的矿物材料，即混合材料。混合材料按其性能不同，可分为活性混合材料和非活性混合材料两大类。

1) 活性混合材料

所谓活性混合材料是指这类材料磨成粉末后，与石灰、石膏或硅酸盐水泥加水拌和后能发生水化反应，在常温下能生成具有水硬性的胶凝物质。常用的活性混合材料有粒化高炉矿渣、火山灰质材料及粉煤灰等。

掺活性混合材料的硅酸盐系水泥的水化速度较慢，故早期强度较低，而由于水泥中熟料含量相对减少，故水化热较低。

2) 非活性混合材料

凡不具有活性或活性很低的人工或天然的矿物质材料，磨成细粉后与石灰、石膏或硅酸盐水泥加水拌和后，不能或很少生成水硬性的胶凝物质的材料，称为非活性混合材料。掺非活性混合材料的主要目的是：起填充作用、增加水泥产量、降低水泥强度等级、降低水泥成本和水化热、调节水泥的某些性质等。常用的非活性混合材料有石英岩、石灰岩、砂岩、黏土、硬矿渣等，凡不符合技术要求的粒化高炉矿渣、火山灰质混合材料，也可作为非活性混合材料。

2. 普通硅酸盐水泥

根据GB 175—2007的规定，凡由硅酸盐水泥熟料、混合材料、适量石膏磨细制成的水硬性胶凝材料，称为普通硅酸盐水泥(简称普通水泥)，代号为P·O。在掺加活性混合材料时，掺量大于5%且不大于20%。

3. 矿渣硅酸盐水泥、火山灰质硅酸盐水泥及粉煤灰硅酸盐水泥

1) 矿渣硅酸盐水泥

根据GB 175—2007的规定，凡由硅酸盐水泥熟料和粒化高炉矿渣、适量石膏磨细制成的水硬性胶凝材料称为矿渣硅酸盐水泥(简称矿渣水泥)，代号为P·S。水泥中粒化高炉矿渣掺量按质量百分比计为：A型的大于20%且不大于50%；B型的大于50%且不大于70%。

2) 火山灰质硅酸盐水泥

根据GB 175—2007的规定，凡由硅酸盐水泥熟料和火山灰质混合材料、适量石膏磨细制成的水硬性胶凝材料称为火山灰质硅酸盐水泥(简称火山灰水泥)，代号为P·P。水泥中火山灰质混合材料掺量按质量百分比计为大于20%且不大于40%。

3) 粉煤灰硅酸盐水泥

根据GB 175—2007的规定，凡由硅酸盐水泥熟料和粉煤灰、适量石膏磨细制成的水硬性胶凝材料称为粉煤灰硅酸盐水泥(简称粉煤灰水泥)，代号为P·F。水泥中粉煤灰掺量按质量百分比计为大于20且不大于40^{d}。

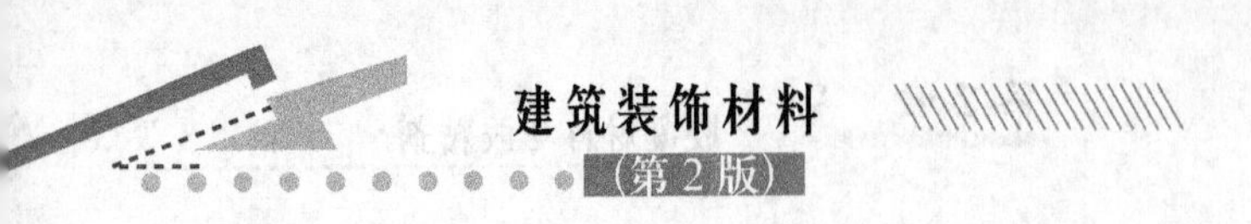

4. 复合硅酸盐水泥

根据 GB 175—2007 的规定，凡由硅酸盐水泥熟料、两种或两种以上规定的混合材料、适量石膏磨细制成的水硬性胶凝材料，称为复合硅酸盐水泥(简称复合水泥)，代号为 P·C。水泥中混合材料总掺量按质量百分比计应大于 20%，但不超过 50%。

2.2.3 白色水泥

白色水泥具有强度高、色泽洁白的特点，可配制各种彩色砂浆及彩色涂料，用于装饰工程的粉刷；制造有艺术性的各种白色和彩色混凝土或钢筋混凝土等的装饰结构部件；制造各种颜色的水刷石、仿大理石及水磨石等制品；配制彩色水泥。

1. 白色水泥的定义

《白色硅酸盐水泥》(GB/T 2015—2005)规定：适当成分的生料烧至部分熔融，所得以硅酸钙为主要成分，氧化铁含量较少的熟料就是白色硅酸盐水泥熟料。由白色硅酸盐水泥熟料加入适量的石膏，磨细制成的白色水硬性胶凝材料，称为白色硅酸盐水泥，简称为白色水泥。

2. 白色硅酸盐水泥的生产

硅酸盐水泥通常呈灰黑色，主要是由熟料中氧化铁的含量所引起的，随着氧化铁含量的变化，水泥熟料的颜色也会随之发生变化，见表 2-3。

表 2-3　水泥熟料中氧化铁含量与水泥熟料颜色的关系

水泥熟料中 Fe_2O_3 含量/%	3～4	0.45～0.7	0.35～0.45
熟料颜色	暗灰色	淡绿色	白色(略带淡绿色)

白色硅酸盐水泥的生产工艺与硅酸盐水泥相似，它与常用的硅酸盐水泥的主要区别在于氧化铁(Fe_2O_3)的含量只有后者的 10%左右。严格控制水泥中的含铁量是白水泥生产中的一项主要技术措施，通常采取的措施有：原材料要纯净且品质好，燃料灰分要少，含铁量要低；缓凝剂石膏白度大于 90%，使用时应剔除杂质和带色部分；原料配比要适当，粉磨生料和熟料时，为了防止铁及其氧化物污染，磨机衬板应用花岗岩、陶瓷或优质耐磨钢制成，研磨体用硅质鹅卵石、瓷球或高铬铸铁材料制成；同时要对白水泥熟料进行特殊漂白处理；适当提高水泥的细度等。

3. 白色硅酸盐水泥的技术要求

1) 白色硅酸盐水泥物理化学指标见表 2-4。

表 2-4　白色硅酸盐水泥物理化学指标(GB/T 2015—2005)

项目	熟料中氧化镁含量/%	水泥中三氧化硫含量/%	细度(0.080mm方孔筛筛余)/%	安定性(沸煮法)	凝结时间	
					初凝时间/min	终凝时间/h
指标	≤5	≤3.5	≤10	合格	≥45	≤10

2) 强度等级

白色水泥分 32.5、42.5、52.5 这 3 个强度等级，其强度指标见表 2-5。

表 2-5 白色水泥的强度等级

强度等级	抗压强度/MPa		抗折强度/MPa	
	3d	28d	3d	28d
32.5	12.0	32.5	3.0	6.0
42.5	17.0	42.5	3.5	6.5
52.5	22.0	52.5	4.0	7.0

3) 白度

白色硅酸盐水泥白度测量方法按 GB/T 5950 进行，最低白度值不低于 87；采用光谱测仪或光电积分类测色仪器测定白色硅酸盐水泥白度，最大误差应不超过 0.5。

4) 白色水泥产品等级

根据白水泥白度等级和强度等级不同，产品等级可分为优等品、一等品、合格品。

4. 白色水泥在应用中的注意事项

白色水泥在应用中，应当注意以下事项。

(1) 用白色水泥制备混凝土时，粗细骨料宜采用白色或彩色大理石、石灰石、石英砂和各种颜色的石屑，不能掺入其他杂质，以免影响其白度及色彩。

(2) 白色水泥的施工和养护方法与普通硅酸盐水泥相同，但施工时底层及搅拌工具必须清洗干净，否则将影响白色水泥的装饰效果。

(3) 白色水泥浆刷浆时，必须保证基层湿润，并及时养护涂层。

(4) 白色水泥在硬化的过程中所形成的碱饱和溶液，经干燥作用便在水泥表面析出 $Ca(OH)_2$、$Ca(CO)_3$ 等白色晶体，这种白色晶体称为白霜；低温和潮湿无风状态可助长白霜的出现，影响水泥的白度及鲜艳度。

特别提示

- 白水泥的包装与标志：每袋净重 50±1kg。包装袋应符合《水泥包装袋》(GB 9774—2010)。袋上须清楚标明产品名称、标准代号、净含量、强度等级、白度、生产者名称和地址、出厂编号、执行的标准号、包装年月日。包装袋两侧也应印有水泥名称、强度等级和白度。

2.2.4 彩色水泥

1. 彩色水泥的定义

以白色硅酸盐水泥熟料、优质白色石膏及矿物颜料、外加剂(防水剂、保水剂、增塑剂等)共同粉磨而成，或在白水泥生料中加入金属氧化物着色剂直接烧成的一种水硬性胶凝材料，称为彩色硅酸盐水泥，简称彩色水泥。

2. 彩色水泥的生产

彩色水泥的生产方法有两种：间接法和直接法。

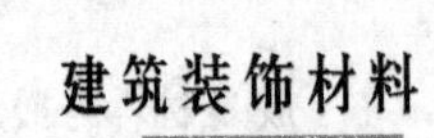

1) 间接法生产

间接法是指白色硅酸盐水泥或普通水泥在粉磨时(或现场使用时)将彩色颜料掺入，混匀成为彩色水泥。制造红、褐、黑色较深的彩色水泥，一般用硅酸盐水泥熟料；浅色的彩色水泥用白色硅酸盐水泥熟料。常用的颜料有氧化铁(红、黄、褐红色)、氧化锰(黑、褐色)、氧化铬(绿色)、赭石(赭色)、群青(蓝色)和炭黑(黑色)等。颜料必须着色性强，不溶于水，分散性好，耐碱性强，对光和大气稳定性好，掺入后不能显著降低水泥的强度。此法较简单，水泥色彩较均匀，色泽较多，但颜料用量较大。

2) 直接法生产

直接法是指在白水泥生料中加入着色物质，煅烧成彩色水泥熟料，然后再加适量石膏磨细制成彩色水泥。着色物质为金属氧化物或氢氧化物。如加入 Cr_2O_3 或 $Cr(OH)_3$ 可制绿色水泥；加 CaO 在还原气氛中可制得浅蓝色，而在氧化气氛中则得玫瑰红色等。颜色深浅随着色剂掺量(0.1%～2.0%)而变化。此法着色剂用量少，有时可用工业副产品，成本较低，但存在一些缺点：目前生产的色泽有限，窑内气氛变化会造成熟料颜色不均匀；由彩色熟料磨制成的彩色水泥，在使用过程中，会因彩色熟料矿物的水化而易出现“白霜”，使颜色变淡。

我国目前彩色水泥物理力学性能可参照 JC/T 870—2000《彩色硅酸盐水泥》。

彩色水泥的凝结时间一般比白水泥快，其程度随颜色的品种和掺量而异。硬化彩色水泥浆体因掺入颜料而降低。

2.2.5 白色水泥、彩色水泥的应用

白色水泥和彩色水泥主要用于建筑物内外表面的装饰。它既可配制彩色水泥浆，用于建筑物的粉刷，又可配制彩色砂浆，制作具有一定装饰效果的地面块材、人造大理石等。

(1) 配制彩色水泥浆。彩色水泥浆是以各种彩色水泥为基料，掺入适量氧化钙促凝剂和皮胶液胶结料配制成的刷浆材料。可作为彩色水泥涂料用于建筑物内外墙、顶棚和柱子的粉刷，还广泛应用于贴面装饰工程的擦缝和勾缝工序，具有很好的辅助装饰效果。

(2) 配制彩色水泥砂浆。彩色水泥砂浆是以各种彩色水泥与细骨料配制而成的装饰材料，主要用于建筑物内、外墙装饰。

彩色砂浆可呈现各种色彩、线条和花样，具有特殊的表面装饰效果。骨料多用白色、彩色或浅色的天然沙、石屑(大理石、花岗岩等)、陶瓷碎粒或特制的塑料色粒，有时为使表面获得闪光效果，可加入少量的云母片、玻璃片或长石等。在沿海地区，也有在饰面砂浆中加入少量的小贝壳，使表面产生银色闪光。

(3) 配制彩色混凝土。彩色混凝土是以白色、彩色水泥为胶凝材料，加入适当品种的骨料制得白色、彩色混凝土，根据不同的施工工艺可达到不同的装饰效果，也可制成各种制品，如彩色砌块、彩色水泥砖等。

(4) 制造各种彩色人造石等。

2.3 装饰混凝土与装饰砂浆

2.3.1 普通混凝土基本知识

混凝土是指由胶凝材料、粗细骨料及其他外加剂，并按适当比例拌制、成型、养护，经一定时间后硬化而形成的人造石材。混凝土是用量最大的工程材料之一，具有表观密度

大、抗压强度高而抗拉强度低、自重大、养护时间长、导热系数较大、耐高温较差等特点。

1. 混凝土分类

按胶凝材料不同，混凝土可分为普通混凝土(水泥混凝土)、沥青混凝土、水玻璃混凝土和聚合物混凝土。

混凝土按用途可分为防水混凝土、道路混凝土、装饰混凝土、大体积混凝土等。

混凝土按体积密度可分为重混凝土(表观密度大于 2500kg/m^3)、普通混凝土(表观密度1950～2500kg/m^3)和轻混凝土(表观密度小于 1950kg/m^3)。

2. 混凝土材料的组成

普通混凝土由水泥、水、天然砂(细骨料)和石子(粗骨料)4 种基本材料组成，另外还常掺入适量的掺和料和外加剂。

1) 水泥

水泥是混凝土中的胶结材料，是决定混凝土成本的主要材料，也是决定混凝土强度、耐久性及经济性的重要因素，因此水泥的选用格外重要。选用时，主要考虑水泥的品种和强度等级。

2) 骨料

骨料由粗骨料(石子)和细骨料(砂)组成。

粗骨料是指粒径大于 4.75mm 的岩石颗粒，通常称为石子，有碎石和卵石两种。

细骨料是指粒径小于 4.75mm 的岩石颗粒，通常称为砂，分为天然砂和人工砂。

3) 拌和及养护用水

符合国家标准的生活用水(自来水、河水、江水、湖水)可直接拌制各种混凝土；海水只可用于拌制素混凝土；首次使用地表水或地下水前应进行有害物质含量检测。当对水质有疑问时，必须将其与洁净水分别制成混凝土试件，进行强度对比试验。

4) 混凝土外加剂

混凝土外加剂是指在拌制混凝土过程中，掺入的用以改善混凝土性能产生所变化的物质。常用的外加剂有减水剂、引气剂、早强剂、速凝剂、缓凝剂、防水剂和抗冻剂等。

3. 混凝土材料的技术性质

混凝土的主要技术性质包括 3 个方面：混凝土的和易性、强度及耐久性。

1) 混凝土的和易性

和易性是指混凝土拌和物在一定的施工条件下，易于施工操作(拌和、运输、浇筑、捣实)并能获得质量均匀、成型密实的混凝土的性质。和易性是一项综合的技术指标，包括流动性、凝聚性和保水性 3 个方面的性能。

(1) 流动性：是指混凝土拌和物在本身自重或机械振捣作用下，能流动并均匀密实地填充模板各个角落的性质。流动性的大小反映了混凝土拌和物的稠度。常用坍落度作为评定其流动性的指标。

(2) 凝聚性：是指混凝土拌和物的组成材料之间具有一定的凝聚力，在运输及浇筑过程中不致出现分层离析现象，使混凝土保持整体均匀的性能。凝聚性不好的拌和物，砂浆与石子容易分离，振捣后会出现蜂窝、麻面的现象。

(3) 保水性：是指混凝土拌和物具有一定的保持内部水分的能力，在施工过程中不致产生严重的泌水现象。

混凝土和易性是一项综合的技术性质，目前还没有找到一种简易、迅速准确、全面反映和易性的指标及测定方法。通常是测定混凝土拌和物的流动性，辅以对凝聚性和保水性的观察，来判断新拌混凝土的和易性是否满足需要。

2) 混凝土的强度

混凝土硬化后的强度包括抗压强度、抗拉强度、抗弯强度等，其中抗压强度最高，抗拉强度最小。混凝土的强度常常是混凝土抗压强度的简称。

混凝土强度等级是根据其立方体抗压强度标准值(以 N/mm^2 即 MPa 计)来表示。根据其立方体抗压强度标准值，将其划分为 14 个等级，即 C15、C20、C25、C30、C35、C40、C45、C50、C55、C60、C65、C70、C75、C80。混凝土的强度等级不同，所能承受的荷载不同。

3) 混凝土的耐久性

混凝土的耐久性是指混凝土在长期环境因素作用下，抵抗环境介质作用而保持其强度的能力。混凝土的耐久性包括抗渗性、抗冻性、抗腐蚀性、抗碳化性及碱-骨料反应等。

2.3.2 装饰混凝土

装饰混凝土是利用普通混凝土成型时良好的塑性，选择适当的组成材料，在墙体或构件成型时采取一定的技术措施，使成型后的混凝土表面具有装饰性的线型、纹理、质感及色彩效果，满足建筑物立面装饰的不同要求。

1. 清水装饰混凝土

清水装饰混凝土是利用混凝土结构或构件的线条或几何外形的处理而获得装饰性的。它既保持了混凝土构件原有的外形、质地，又具有简单、明快、大方的立面装饰效果；也可以在成型时利用模板等在构件表面上做出凹凸花纹，使立面质感更加丰富，从而获得装饰效果。其成型方法有以下 3 种。

(1) 正打成型工艺。正打成型工艺多用在大板建筑的墙板预制，它是在混凝土墙板浇筑完毕水泥初凝前后，在混凝土表面进行压印，使之形成各种线条和花饰。根据其表面的加工工艺方法不同，可分为压印和挠刮两种方式。压印工艺一般有凸纹和凹纹两种做法。凸纹是用刻有镂花图案的模具，在刚浇筑的壁板表面上印出的。挠刮工艺是在新浇的混凝土壁板上，用硬毛刷等工具挠刮形成一定毛面质感。正打压印、挠刮工艺制作简单，施工方便，但壁面形成的凹凸程度小、层次少、质感不丰富。

(2) 反打成型工艺。反打成型工艺即在浇筑混凝土的底面模板上做出凹槽，或在底模上加垫具有一定花纹、图案的衬模，拆模后使混凝土表面具有线型或立体装饰图案。

(3) 立模工艺。正打、反打成型工艺均为预制条件下的成型工艺。立模工艺即在现浇混凝土墙面做饰面处理，利用墙板升模工艺，在外模内侧安置衬模，脱模时使模板先平移，离开新浇筑混凝土墙面再提升，这样随着模板爬升形成具有直条形纹理的装饰混凝土，立面效果别具一格。

2. 彩色混凝土

彩色混凝土是在普通混凝土中掺入适当的着色颜料配制而成的。

彩色混凝土的装饰效果在于其色彩效果的好坏，混凝土着色的关键，与颜料性质、掺加量和掺加方法有关。在混凝土中掺入适量的彩色外加剂、无机氧化物颜料和化学着色剂等着色料，或者干撒着色硬化剂等，均是使混凝土着色的常用方法。

(1) 无机氧化物颜料。直接在混凝土中加入无机氧化物颜料，并按一定的投料顺序进行搅拌。

(2) 化学着色剂。化学着色剂是一种水溶性金属盐类，将它掺入混凝土中并与之发生反应，在混凝土孔隙中生成难溶且抗磨性好的颜色沉淀物。这种着色剂中含有稀释的酸，能轻微腐蚀混凝土，从而使着色剂能渗透较深，且色调更加均匀。

化学着色剂的使用，应在混凝土养护至少一个月以后进行。施加前应将混凝土表面的尘土、杂质清除干净，以免影响着色效果。

(3) 干撒着色硬化剂。干撒着色硬化剂是一种表面着色方法。它是由细颜料、表面调节剂、分散剂等拌制而成的，将其均匀干撒在新浇筑的混凝土表面即可着色，适用于混凝土板、地面、人行道、车道及其他水平表面的着色，但不适于在垂直的大面积墙面使用。

另外，彩色混凝土的装饰效果与骨料也有一定的关系。一般采用天然石材、花岗岩、大理石或陶瓷材料作为骨料；特殊制品，也可采用膨胀矿渣、页岩、彩色石子、彩色陶瓷等骨料。

3. 露骨料混凝土

露骨料混凝土是在混凝土硬化前或硬化后，通过一定工艺手段使混凝土骨料适当外露，以骨料的天然色泽和不规则的分布，达到一定的装饰效果。

露骨料混凝土的制作方法有水洗法、缓凝剂法、酸洗法、水磨法、喷砂法、抛丸法、凿剁法、火焰喷射法和劈裂法等。

(1) 水洗法。水洗法就是在水泥硬化前冲刷水泥浆以暴露骨料的做法。这种方法只适用于预制墙板正打工艺，即在混凝土浇筑成型后 1～2h，水泥浆即将凝结前，将模板一端抬起，用具有一定压力的水流把面层水泥浆冲刷掉，使骨料暴露出来，养护后即为露骨料装饰混凝土。

(2) 缓凝剂法。缓凝剂法用于现场施工采用立模浇筑或预制反打工艺中，因工作面受模板遮挡不能及时冲刷水泥浆，借助缓凝剂使表面的水泥不硬化，待脱模后再冲洗。但缓凝剂在混凝土浇筑前涂刷于底模上。

(3) 酸洗法。酸洗法是利用化学作用去掉混凝土表面水泥浆而使骨料外露。一般在混凝土浇筑 24h 后进行，但酸洗法因对混凝土有一定的破坏作用极少使用。

特 别 提 示

- 装饰混凝土可做出木材，金属等肌理效果。
- 装饰混凝土的性价比较高。

2.3.3 砂浆基本知识

砂浆由胶凝材料、水和细骨料拌制而成。建筑砂浆按所用胶凝材料的不同，分为水泥砂浆、水泥混合砂浆、石灰砂浆及石膏砂浆等。按其主要用途可分为砌筑砂浆和抹面砂浆，见表2-6。

表2-6 砂浆种类的选择

砂浆种类	适用范围
混合砂浆(水泥∶石灰∶砂)	地面以上的承重和非承重砖石砌体
水泥砂浆(水泥∶砂)	基础及一般地下构筑物等
石灰砂浆(石灰∶砂)	平房或临时性建筑

1. 砂浆的材料组成

砂浆由水泥、石灰膏、砂和水按适当比例配置而成，选择的水泥强度等级一般为砂浆强度等级的4～5倍，砂浆中砂的最大粒径一般不宜超过灰缝厚度的20%～25%。

2. 砂浆的技术性能

1) 砂浆的和易性

新拌砂浆具有良好的和易性。砂浆的和易性包括流动性和保水性两个方面。

(1) 流动性：也称稠度，用砂浆稠度仪测定，以沉入度(mm)作为砂浆稠度指标。砂浆稠度与用水量、胶凝材料的品种及用量等有关。

(2) 保水性：砂浆保持其内部水分不泌出流失的能力，称为保水性。保水性用砂浆分层度筒测定，用分层度(mm)表示。水泥砂浆分层度不宜大于 30 mm，混合砂浆不宜大于20mm。

2) 强度及强度等级

砂浆以抗压强度为其强度指标。其抗压强度是以一组(6块)标准试件，养护至28d所测定的抗压强度平均值来确定的。砂浆的强度等级共分为 M20、M15、M10、M7.5、M5、M2.5这6个等级。

抹灰砂浆的主要技术要求不是强度，而是和易性及与基底材料的粘结力。抹面砂浆通常分为两层或三层进行施工。底层的抹灰作用是使砂浆与底层能牢固的粘结，中层抹灰主要为了找平，有时可以省去不用，面层抹灰要达到平整美观的表面效果。

2.3.4 装饰砂浆

装饰砂浆是指专门用于建筑物室内外表面装饰，以增加建筑物美观为主的砂浆。它是在抹面的同时，经各种工艺处理而获得特殊的表面效果。

装饰砂浆获得装饰效果的具体做法可分为两类：一类是通过水泥砂浆的着色或水泥砂浆表面形态的工艺加工，获得一定的色彩、线条、纹理、质感，达到装饰目的，称为灰浆类饰面；另一类是在水泥浆中掺入各种彩色石碴作骨料，制得水泥石碴浆，然后用水洗、斧剁、水磨等手段除去表面水泥浆皮，露出石碴的颜色、质感的饰面做法，称为石碴类饰面。石碴类饰面与灰浆类饰面的主要区别在于：石碴类饰面主要靠石碴的颜色、颗粒形状来达到装饰目的；而灰浆类饰面则主要靠掺入颜料，以及砂浆本身所能形成的质感来达到装饰目的。与灰浆类相比，石碴类饰面的色泽比较明亮，质感相对地更为丰富，并且不易褪色。但石碴类饰面相对于灰浆类而言，工效低且造价高。

1. 装饰砂浆的组成材料

建筑装饰工程中所用的装饰砂浆，主要由胶凝材料、细骨料和颜料组成。

(1) 胶凝材料。主要有水泥、石灰、石膏等，其中水泥多以白色水泥和彩色水泥为主。通常对于装饰砂浆的强度要求并不太高，因此，对水泥的强度要求也不太高。以强度等级在 32.5～42.5MPa 的水泥为多。

(2) 骨料。除普通砂外，还常采用石英砂、彩釉砂和着色砂，以及石碴、石屑、砾石及彩色石粒和玻璃珠等。

① 石英砂。分天然石英砂、人造石英砂及机制石英砂 3 种。人造石英砂和机制石英砂是将石英岩加以焙烧，经人工或机械破碎筛分而成。

② 彩釉砂和着色砂。彩釉砂和着色砂均为人工砂，其特性如下。

a. 彩釉砂。它是由各种不同粒径的石英砂或白云石粒加颜料焙烧后，再经化学处理而制得的一种外墙装饰材料。它在-20～80℃下不变色，且具有防酸、耐碱性能。

b. 着色砂。它是在石英砂或白云石细粒表面进行人工着色而制得的，着色多采用矿物颜料。人工着色的砂粒色彩鲜艳、耐久性好。在实际施工中，每个装饰工程所用的色浆应一次配出，所用的着色砂也应一次生产完毕，以免出现颜色不均现象。

③ 彩色石碴。也称石粒、石米等，是由天然大理石、白云石、方解石、花岗岩破碎加工而成。具有多种色泽，是石碴类饰面的主要骨料，也是人造大理石、水磨石的原料。其规格、品种和质量要求见表 2-7。

表 2-7 彩色石碴规格、品种及质量要求

编号、规格与粒径			常用品种	质量要求
编号	规格	粒径/mm		
1	大二分	约 20	东北红、东北绿、盖平红、粉黄绿、玉泉灰、旺青、晚霞、白云石、云彩绿、红玉花、奶油白、苏州黑、黄花玉、松香石、汉白玉等	(1) 颗粒坚韧有棱角、洁净，不含有风化石粒 (2) 使用时冲洗干净
2	一分半	约 15		
3	大八厘	约 8		
4	中八厘	约 6		
5	小八厘	约 4		
6	米粒石	0.3～1.2		

④ 石屑。是粒径比石粒更小的细骨料，主要用于配制外墙喷涂饰面用聚合物砂浆。常用的有松香石屑、白云石屑等。

⑤ 彩色瓷粒和玻璃珠。彩色瓷粒是用石英、长石和瓷土为主要原料烧制而成的，粒径为 1.2～3mm。以彩色瓷粒代替彩色石碴用于室外装饰，具有外观大气、稳定性好、颗粒小、表面瓷粒均匀、露出的粘结砂浆部分少、饰面层薄、自重轻等优点。玻璃珠即玻璃弹子，产品有各种镶色或花蕊。

彩色瓷粒和玻璃珠可镶嵌在水泥砂浆、混合砂浆或彩色砂浆底层上作为装饰饰面用，

如檐口、腰线、外墙面、门头线、窗套等，均可在其表面上镶嵌一层各种色彩的瓷粒或玻璃珠，可取得很好的装饰效果。

(3) 颜料。颜料的选择要根据其价格、砂浆品种、建筑物所处环境和设计要求而定。建筑物处于受侵蚀的环境中时，要选用耐酸性好的颜料；受日光曝晒的部位，要选用耐光性好的颜料；设计要求鲜艳颜色，可选用色彩鲜艳的有机颜料。在装饰砂浆中，通常采用耐碱性和耐光性好的矿物颜料。

2. 装饰砂浆饰面

1) 假大理石

假大理石是用掺入适量颜料的石膏色浆和素石膏浆按1∶10比例配合，通过手工操作，做成具有大理石表面特征的装饰抹灰，适用于装饰工程中的室内墙面抹灰。

2) 外墙喷涂

外墙喷涂是用挤压式砂浆泵或喷斗将聚合物水泥砂浆喷涂在墙面基层或底灰上，形成饰面层。在涂层表面再喷一层甲基硅醇钠或甲基硅树脂疏水剂，以提高涂层耐久性和减少墙面污染。

3) 外墙滚涂

外墙滚涂是将聚合物水泥砂浆抹在墙体表面上，用辊子滚出花纹，再喷一层甲基硅醇钠疏水剂形成饰面层。此法施工方法简单，易于掌握，工效也高。同时，施工时不易污染其他墙面及门窗，对局部施工尤为适用。

4) 弹涂

弹涂是在墙体表面涂刷一道聚合物水泥色浆后，通过电动(或手动)筒形弹力器，分几遍将各种水泥色浆弹到墙面上，形成直径 1～3mm、大小近似、颜色不同、互相交错的圆粒状色点，深浅色点互相衬托，构成一种彩色的装饰面层。

5) 水磨石

水磨石是按设计要求，在彩色水泥或普通水泥中加入一定规格、比例、色泽的色砂或彩色石碴，加水拌匀作为面层材料，铺敷在水泥砂浆或混凝土基层上，经浇捣成型、养护、硬化后，再表面打磨、酸洗、面层打蜡等工序制成。水磨石色彩鲜艳、图案丰富、施工方便、耐磨性好、价格便宜。它不仅可以在现场制作，也可在工厂预制。

2.4 建筑石膏及其制品

2.4.1 建筑石膏概述

石膏属于气硬性无机胶凝材料，由于石膏及其制品具有质轻、保温、绝热、吸声、防火、容易加工、装饰性好等优点，因而是建筑装饰工程常用的装饰材料之一。石膏及其制品原料来源丰富，加工性能好，是较理想的一种节能材料。

1) 建筑石膏的生产

常用的建筑石膏是将天然生石膏加热至 107～170℃分解而得的半水石膏($CaSO_4 \cdot 1/2H_2O$)，故建筑石膏又称熟石膏或半水石膏。

2) 建筑石膏的水化与硬化

建筑石膏加适量的水拌和后，与水发生化学反应(简称水化)，生成二水石膏，随着水化的不断进行，生成的二水石膏不断增多，浆体的稠度不断增加，使浆体逐渐失去可塑性，石膏凝结。其后随着水化的进一步进行，两水石膏胶体微粒凝聚并转变为晶体。晶体颗粒逐渐长大，且晶体颗粒间相互搭接、交错、共生(两个以上晶粒生长在一起)形成结晶结构，使之逐渐产生强度，即浆体产生了硬化。这一过程不断进行，直至浆体完全干燥，强度不再增加，此时浆体已硬化成为人造石材。

3) 建筑石膏的性质及技术性能

(1) 技术性能。建筑石膏呈洁白粉末状，密度为2.6～2.75g/cm^3，堆积密度为800～1100kg/m^3。建筑石膏的技术性能主要有强度、细度和凝结时间，其2小时抗折强度不小于2.0MPa，2小时抗压强度不小于4.5MPa，细度以0.2mm方孔筛筛余百分数计，筛余量应不大于10%。建筑石膏的初凝时间不得小于3min，终凝时间不得大于30min。其有害物质含量的要求见表2-8。

表2-8 建筑石膏有害物质含量

氧化钾(K_2O)	氧化钠(Na_2O)	氧化镁(MgO)	五氧化二磷(P_2O_5)	氟(F)
≤0.05% (可溶性)	≤0.05% (可溶性)	≤0.05% (可溶性)	≤0.10% (可溶性)	≤1.00% (总量)

(2) 性质。

① 凝结硬化快、强度较低。建筑石膏在加水拌和后，浆体在6～10min内便开始失去塑性，20～30min内完全硬化产生强度；在室温自然干燥条件下，石膏的强度发展较快，2h的抗压强度可达3～6MPa。其水化理论需水量仅为石膏质量的18.6%。但为使石膏浆体具有必要的塑性，通常加入石膏质量60%～80%的水，由于硬化后这些多余水分的蒸发，在石膏硬化体内留下很多孔隙，从而导致强度降低。

② 体积微膨胀。石膏浆体在凝结硬化初期体积会发生微膨胀，膨胀率为0.5%～1.0%。这一特性使模塑形成的石膏制品的表面光滑，棱角清晰、饱满，装饰性好。

③ 孔隙率大、保温性好、吸声性好。建筑石膏制品硬化后内部形成大量的毛细孔隙，孔隙率达50%～60%。这决定了石膏制品导热系数小，保温隔热性及吸声性好。

④ 具有一定的调温、调湿性能。建筑石膏制品的热容量较大，具有一定的调节温度的作用，建筑石膏制品内部的大量毛细孔隙对空气中的水蒸气具有较强的吸附能力，所以对室内空气的湿度也有一定的调节作用。

⑤ 耐水性、抗冻性差。石膏制品的孔隙率大，且二水石膏微溶于水，具有很强的吸湿性和吸水性，石膏的软化系数只有0.2～0.3，所以石膏制品的耐水性和抗冻性较差。

⑥ 防火性好、但耐火性差。建筑石膏制品的导热系数小、传热慢，且二水石膏受热脱水产生的水蒸气能阻碍火势的蔓延。但二水石膏脱水后，强度下降，因此建筑石膏耐火性较差，不宜长期在65℃以上的高温部位使用。

4) 建筑石膏的应用与储存

在装饰工程中，建筑石膏主要用于吊顶和隔墙工程，还可以用作生产高强石膏黏粉、粉刷石膏以及生产各种石膏板材(如纸面石膏板、装饰石膏板等)、石膏花饰、柱饰等；建筑石膏及其制品还大量用于石膏抹面灰浆、墙面刮腻子、模型制作、石膏浮雕制品及室内陈设。

建筑石膏易受潮吸湿，凝结硬化快，因此在运输、储存的过程中，应注意避免受潮。石膏长期存放，强度也会降低。一般储存3个月后，强度下降30%左右。所以建筑石膏储存时间不得过长，若超过3个月，应重新检验并确定其等级。

2.4.2 建筑石膏装饰制品

在装饰工程中，建筑石膏和高强石膏往往先加工成各式制品，然后镶贴、安装在基层或龙骨支架上。建筑石膏装饰制品主要有装饰板、装饰吸声板、装饰线角、花饰、装饰浮雕壁画、画框、挂饰及建筑艺术陈设品等，这些制品都充分发挥了石膏胶凝材料的装饰性，效果很好。

1. 装饰石膏板

装饰石膏板是以建筑石膏为基料，掺入少量增强纤维、胶粘剂、改性剂等，经搅拌、成型、烘干等工艺制成的不带护面纸的装饰板材。

1) 装饰石膏板的分类与规格

装饰石膏板为正方形，按其棱边断面形式有直角型和45°倒角型两种；按其功能不同分为普通板、防潮板、耐水板和耐火板等；按其表面装饰效果不同分为平板、穿孔板、浮雕板等。

常见板材的规格为500mm×500mm×9mm、600mm×600mm×11mm。

2) 装饰石膏板产品的标记

装饰石膏板品种很多，有各种平板、花纹浮雕板、穿孔板等。表2-9所列为几种装饰石膏板产品的分类和代号。

表2-9 装饰石膏板产品的分类和代号

分类	普通板			防潮板		
	平板	孔板	浮雕板	平板	孔板	浮雕板
代号	P	K	D	FP	FK	FD

3) 装饰石膏板的性能与技术要求

装饰石膏板具有轻质、高强、耐火、隔声、韧性高等性能，可进行锯、刨、钉、钻、粘等加工，施工安装方便。装饰石膏板的物理力学性能需满足《装饰石膏板》(JC/T 799—2007)的要求。

装饰石膏板正面不应有影响装饰效果的气孔、污痕、裂纹、缺角、色彩不均和图案不完整等缺陷。装饰石膏板板材的含水率、吸水率、受潮挠度应满足表2-10的要求。

表2-10 装饰石膏板的技术要求

项目	优等品		一等品		合格品	
	平均值	最大值	平均值	最大值	平均值	最大值
含水率(≤)/%	2.0	2.5	2.5	3.0	3.0	3.5
吸水率(≤)/%	5.0	6.0	8.0	9.0	10.0	11.0
受潮挠度(≤)/mm	5.0	7.0	10.0	12.0	15.0	17.0

4) 装饰石膏板的应用

装饰石膏板的表面细腻，色彩、花纹图案丰富，浮雕板和多孔板具有较强的质感，给人以清新柔和感，并且具有质轻、强度较高、保温、吸声、防火、不燃、调节室内湿度等特点，主要用于建筑室内墙面装饰、吊顶装饰以及隔墙等，如宾馆、饭店、餐厅、礼堂、影剧院、会议室、医院、幼儿园、候机(车)室、办公室、住宅等的吊顶及墙面工程。但湿度较大的场所应使用防潮板。

2. 嵌装式装饰石膏板

嵌装式装饰石膏板(代号 QZ)是带有嵌装企口的装饰石膏板，性质和装饰石膏板类似。分为平板、孔板、浮雕板。如在具有一定穿孔的嵌装式装饰石膏板的背面复合吸声材料，则称为嵌装式装饰吸声石膏板(代号 QS)，简称嵌装式吸声石膏板。

同时，嵌装式装饰石膏板在安装时只需嵌固在龙骨上，不再需要另行固定，整个施工全部为装配化，并且任意部位的板材均可随意拆卸和更换，极大地方便了施工。

嵌装式装饰石膏板具有质轻、强度较高、吸声、防潮、防火、阻燃、不变形、能调节室内湿度等特点，并有施工安装方便，可锯、可钉、可刨、可粘结等优点，兼有较好的装饰性和吸声性。

嵌装式装饰石膏板主要用于吸声要求较高的建筑装饰工程中，如影剧院、宾馆、礼堂、音乐厅、会议室、展厅等。

3. 纸面石膏板

以半水石膏和护面纸(纸厚≤0.6mm)为主要原料，掺加适量纤维、胶粘剂、促凝剂、缓凝剂，经料浆配制、成型、切割、烘干而成的轻质薄板即为纸面石膏板。主要有普通纸面石膏板、防火纸面石膏板和防水纸面石膏板等几种。

普通纸面石膏板(代号 P)是以建筑石膏为主要原料，掺入适量的纤维和外加剂制成芯板，再在其表面贴厚质护面纸板制成的板材。护面纸板主要起到提高板材抗弯、抗冲击的作用。

耐水纸面石膏板(代号 S)是以建筑石膏为主要原料，掺入适量耐水外加剂构成耐水芯材，并与耐水的护面纸牢固粘结在一起的轻质建筑板材，主要用于厨房、卫生间等潮湿场所的装饰。

耐火纸面石膏板(代号 H)是以建筑石膏为主要原料，掺入适量无机耐火纤维材料构成芯材，并与护面纸牢固粘结在一起的耐火轻质建筑板材。

常用的纸面石膏板的规格：长度为 1500mm、1800mm、2100mm、2400mm 、2440mm、2700mm、3000mm、3300mm、3600mm、3660mm；宽度为 600mm 、900mm、1200mm、1220mm；板的厚度为 9.5mm、12.0mm、15.0mm、18.0 mm、21.0 mm、25.0 mm 等。

1) 纸面石膏板的性质与技术要求

纸面石膏板具有质轻、抗弯和抗冲击性高等优点，此外防火、保温、隔热、抗震性好，并具有较好的隔声性，良好的可加工性(可锯、可钉、可刨)，且易于安装，施工速度快、劳动强度小，还可以调节室内温度和湿度。

根据《纸面石膏板》(GB/T 9775—2008)的规定，对纸面石膏板有以下技术要求。

(1) 外观质量：石膏板面应平整，不得有影响使用的破损、波纹、沟槽、污痕、过烧、亏料、边部漏料和纸面脱开等缺陷。

(2) 尺寸偏差：纸面石膏板的尺寸偏差不应大于表 2-11 的规定，板材两对角线长度差应不大于 5mm。

表 2-11　纸面石膏板的尺寸偏差

项目/mm	长度/mm	宽度/mm	厚度/mm	
			9.5	≥12.0
尺寸偏差/mm	−6～0	−5～0	±0.5	±0.6

(3) 断裂荷载：板材的纵向断裂荷载值和横向断裂荷载值应不低于表 2-12 的规定。

表 2-12　断裂荷载

板材厚度/mm	断裂荷载/N			
	纵向		横向	
	平均值	最小值	平均值	最小值
9.5	400	360	160	140
12.0	520	460	200	180
15.0	650	580	250	220
18.0	770	700	300	270
21.0	900	810	350	320
25.0	1100	970	420	380

(4) 单位面积质量：板材的单位面积质量(面密度)应不大于表 2-13 的规定。

表 2-13　纸面石膏板单位面积质量

板材厚度/mm	面密度/(kg/m²)
9.5	9.5
12.0	12.0
15.0	15.0
18.0	18.0
21.0	21.0
25.0	25.0

(5) 护面纸与石膏芯的粘结：应不剥离。

(6) 吸水率：耐水纸面石膏板及耐水耐火纸面石膏板的吸水率应不大于 10%。

(7) 遇火稳定性：耐火纸面石膏板及耐水耐火纸面石膏板的遇火稳定时间应不小于 20min。

(8) 硬度：板材的棱边硬度及端头硬度应不小于 70N。

(9) 抗冲击性：经冲击后板材背面无径向裂纹。

2) 纸面石膏板的应用

普通纸面石膏板适用于办公楼、影剧院、饭店、宾馆、候车室、住宅等建筑的室内吊顶、墙面、隔断、内隔墙等的装饰，表面需进行饰面再处理(如刮腻子、刷乳胶漆或贴壁纸等)，但仅适用于干燥环境中，不宜用于厨房、卫生间以及空气湿度大于 70%的潮湿环境中。

耐水纸面石膏板具有较高的耐水性，其他性能与普通纸面石膏板相同，主要适用于厨房、卫生间、厕所等潮湿环境中，其表面也需进行饰面再处理。

耐火纸面石膏板具有较高的防火性能，其他性能与普通纸面石膏板相同。主要用作具有较高要求的建筑物的装修工程中，如影剧院、幼儿园、博物馆、候车厅、售票厅、商场及娱乐空间及其通道、楼梯间、电梯间的顶界面及墙体装修。

知识链接

纸面石膏板选购

(1) 目测：在光照明亮的情况下，距试样 0.5m 远处目测，以 5 张板中缺陷最严重的那张板的外观质量为准，作为该组试样外观质量。

(2) 敲击：检查石膏板的弹性，用手敲击发出很实的声音说明石膏板严实耐用，发出很空的声音说明板质地不好。

(3) 等级标志：产品或包装上，应有产品的名称、商标、质量等级、生产企业名称、生产日期、产品包装规格以及防潮、小心轻放和产品标记、包装储运图文等标志，应重点查看质量等级标志。

4. 其他石膏制品

艺术装饰石膏制品是以优质建筑石膏粉为基料，配以纤维增强材料、胶粘剂等，加水拌制成均匀的料浆，浇注在具有各种造型、图案、花纹的模具内，经硬化、干燥、脱模而成。

1) 装饰石膏线角

装饰石膏线角具有表面光洁、颜色洁白高雅、花型和线条清晰、立体感强、尺寸稳定、强度高、无毒、防火、施工方便等优点，广泛用于宾馆、饭店、写字楼和居民住宅的吊顶装饰，是一种造价低廉、装饰效果好、调节室内湿度和防火的理想装饰装修材料，可直接用粘贴石膏腻子和螺钉进行固定安装，多用高强石膏或加筋建筑石膏制作，用浇筑法成型。其表面呈现雕花型和弧型。

2) 艺术石膏灯圈、角花

一般在灯座处、顶棚和角花多为雕花型或弧线型石膏饰件，灯圈多为圆形花饰，直径500～2500mm，美观、雅致，是一种良好的吊顶装饰材料。

3) 石膏花饰、壁挂、花台

石膏花饰是按设计方案先制作阴模(软模)，然后浇入石膏麻丝料浆成型，再经硬化、脱模、干燥而成的一种装饰板材，板厚一般为 15～30mm。石膏花饰的花型图案、品种规格很多，表面可为石膏天然白色，也可以制成描金色、象牙白色、暗红色、淡黄色等多种彩绘效果，用于建筑物室内顶棚或墙面装饰。建筑石膏还可以制作成浮雕壁挂，表面可涂饰不同色彩的涂料，也是室内装饰的新型艺术制品，如图 2.2 所示。

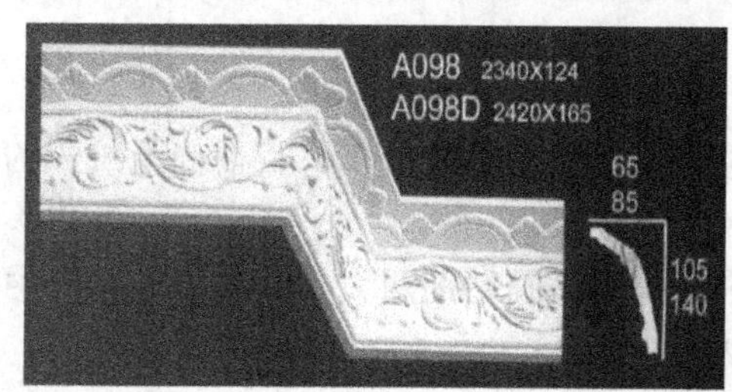

图 2.2 装饰石膏线角和花饰

2.5 建筑胶粘剂

2.5.1 胶粘剂的组成与分类

胶粘剂，又称粘合剂、粘接剂，是指能直接将两种材料牢固地粘接在一起的物质。它能在两种物体表面之间形成薄膜，使之粘接在一起，其形态通常为液态和膏状。

建筑胶粘剂的应用在我国有着悠久的历史。秦代就采用糯米与石灰制成的灰浆作为长城基石的胶粘剂。自1912年出现了酚醛树脂胶粘剂后，随着合成化学工业的发展，各种合成胶粘剂不断涌现，由一般的胶粘特性向功能性胶粘剂发展，例如具有耐热、耐低温、阻燃、绝缘、导热、导电、高强耐久等性能，其硬化方式也发展成为多种多样，如紫外固化、低温固化、湿气固化、特殊环境(如油面、湿面)中固化等。各种性能的压敏胶、无公害安全型胶、便于回收处理的胶也不断问世。胶粘剂已成为建筑装饰工程中不可缺少的辅助材料。

1. 胶粘剂的组成

胶粘剂是一种多组分的材料，它一般由粘接物质、固化剂、增韧剂、填料、稀释剂和改性剂等组分配制而成。胶粘剂粘接性能主要取决于粘接物质的特性。

(1) 粘接物质。也称粘接料，是胶粘剂中的基本组分，它对胶粘剂的性能，如胶结强度、耐热性、韧性、耐介质性等起重要作用。

(2) 固化剂。固化剂是促使粘接物质通过化学反应加快固化的组分，它可以增加胶层的内聚强度。其性质和用量对胶粘剂的性能起着重要的作用。

(3) 增韧剂。也称增塑剂，用于提高胶粘剂硬化后粘接层的韧性，提高其抗冲击强度的组分。

(4) 稀释剂。也称溶剂，主要起降低胶粘剂黏度的作用，以便于操作，提高胶粘剂的湿润性和流动性。常用的有机溶剂有丙酮、苯、甲苯等。

(5) 填料。也称填充剂，填料一般在胶粘剂中不发生化学反应，它能使胶粘剂的稠度增加，降低热膨胀系数，减少收缩性，提高胶粘剂的抗冲击韧性和机械强度。常用的品种有滑石粉、石棉粉、铝粉等。

(6) 改性剂。改性剂是为了改善胶粘剂的某一方面性能，以满足特殊要求而加入的一些组分。如为增加胶结强度可加入偶联剂，还可以分别加入防老化剂、防腐剂、防霉剂、阻燃剂、稳定剂等。

2. 胶粘剂的分类

随着化学工业的不断发展，胶粘剂品种繁多，分类方法也较多，目前尚无统一的分类方法。常用的分类方法有以下4种。

(1) 按粘接料性质分类。可分为有机胶粘剂和无机胶粘剂两大类，其中有机类中又可再分为人工合成有机类和天然有机类，见表2-14。

表 2-14 胶粘剂按粘接料性质分类表

<table>
<tr><td rowspan="15">胶粘剂</td><td rowspan="10">合成胶粘剂</td><td rowspan="4">热固性树脂胶粘剂</td><td>环氧树脂胶、酚醛树脂胶和聚氨酯胶</td></tr>
<tr><td>氨基树脂胶、不饱和聚酯胶</td></tr>
<tr><td>有机硅树脂胶</td></tr>
<tr><td>杂环聚合物胶</td></tr>
<tr><td rowspan="3">热塑性树脂胶粘剂</td><td>丙烯酸酯胶</td></tr>
<tr><td>聚醋酸乙酯胶</td></tr>
<tr><td>聚乙烯醇胶</td></tr>
<tr><td rowspan="2">橡胶胶粘剂</td><td>氯丁橡胶、丁腈橡胶、聚硫橡胶</td></tr>
<tr><td>硅橡胶、丁苯橡胶</td></tr>
<tr><td>特种胶粘剂</td><td>热熔胶、密封胶、压敏胶、导电胶等</td></tr>
<tr><td rowspan="3">天然胶粘剂</td><td colspan="2">植物胶：淀粉胶、糊精胶、阿拉伯树胶和松香胶</td></tr>
<tr><td colspan="2">动物胶：虫胶和皮骨胶</td></tr>
<tr><td colspan="2">矿物胶：沥青胶、地蜡胶和硫黄胶</td></tr>
<tr><td rowspan="2">无机胶粘剂</td><td colspan="2">磷酸盐胶粘剂</td></tr>
<tr><td colspan="2">硅酸盐胶粘剂</td></tr>
</table>

(2) 按固化条件分类。可分为室温固化胶粘剂、低温固化胶粘剂、高温固化胶粘剂、光敏固化胶粘剂、电子束固化胶粘剂等。

(3) 按外观状态分类。可分为溶液类胶粘剂、乳液类胶粘剂、膏糊类胶粘剂、膜状类胶粘剂、固体类胶粘剂等。

大部分胶粘剂是属于溶液型的，即将树脂或橡胶溶解于适当的有机溶剂或水中而成为黏稠的液体而成。由于溶剂或水的蒸发(溶剂挥发型)及化学反应的进行(化学反应型，其不含溶剂)而固化产生粘合力。

乳液或乳胶型胶粘剂是将树脂或橡胶在水中分散而成的水分散型的胶粘剂。一般情况下呈现乳状。膏糊型胶粘剂是高度不挥发的，高黏稠的胶粘剂，主要用于密封。腻子和填隙、密封材料都属于这一类型。

粉末胶粘剂属于水溶性的，使用前加溶剂(主要是水)调成糊状或液状，然后使用。

膜状胶粘剂是以布、纸、玻璃纤维等为基材，涂敷或吸附胶粘剂后干燥成薄膜状使用，或者直接以胶粘剂与基材形成薄膜材料。膜状胶粘剂有较高的耐热性和粘合强度。

固体胶粘剂主要是热熔型胶粘剂。

(4) 按用途分类。可分为结构胶粘剂、非结构胶粘剂和特种胶粘剂(如耐高温、超低温、导电、导热、导磁、密封、水中胶粘等)三大类。

3. 室内建筑装饰装修用胶粘剂分类

按照《室内装饰装修材料 胶粘剂中有害物质限量》(GB—18583—2008)，室内建筑装饰装修用胶粘剂分为溶剂型、水基型和本体型三大类。

4. 室内建筑装饰装修用胶粘剂有害物质限量

(1) 溶剂型胶粘剂中有害物质限量，见表 2-15。

表 2-15　溶剂型胶粘剂中有害物质限量

<table>
<tr><th rowspan="2">项目</th><th colspan="4">指标</th></tr>
<tr><th>氯丁橡胶胶粘剂</th><th>SBS 胶粘剂</th><th>聚氨酯类胶粘剂</th><th>其他胶粘剂</th></tr>
<tr><td>游离甲醛/(g/kg)</td><td colspan="2">≤0.50</td><td>—</td><td>—</td></tr>
<tr><td>苯/(g/kg)</td><td colspan="4">≤5.0</td></tr>
<tr><td>甲苯+二甲苯/(g/kg)</td><td>≤200</td><td>≤150</td><td>≤150</td><td>≤150</td></tr>
<tr><td>甲苯二异氰酸酯/(g/kg)</td><td colspan="2">—</td><td>≤10</td><td>—</td></tr>
<tr><td>二氯甲烷/(g/kg)</td><td rowspan="4">总量≤5.0</td><td>≤50</td><td rowspan="4">—</td><td rowspan="4">≤50</td></tr>
<tr><td>1，2-二氯乙烷/(g/kg)</td><td rowspan="3">总量≤5.0</td></tr>
<tr><td>1，1，2-三氯乙烷/(g/kg)</td></tr>
<tr><td>三氯乙烯/(g/kg)</td></tr>
<tr><td>总挥发性有机物/(g/L)</td><td>≤700</td><td>≤650</td><td>≤700</td><td>≤700</td></tr>
</table>

注：如产品规定了稀释比例或产品由双组分或多组分组成时，应分别测定稀释剂和各组分中的含量，再按产品规定的配比计算混合后的总量，如稀释剂的使用量为某一范围值时，应按照推荐的最大稀释量计算。

(2) 水基型胶粘剂中有害物质限量，见表 2-16。

表 2-16　水基型胶粘剂中有害物质限量

项目	指标				
	缩甲醛类胶粘剂	聚乙烯乙酸酯胶粘剂	橡胶类胶粘剂	聚氨酯类胶粘剂	其他胶粘剂
游离甲醛/(g/kg)	≤1.0	≤1.0	≤1.0	—	≤1.0
苯/(g/kg)	≤0.20				
甲苯+二甲苯/(g/kg)	≤10				
总挥发性有机物/(g/L)	≤350	≤110	≤250	≤100	≤350

(3) 本体型胶粘剂中有害物质限量，见表 2-17。

表 2-17　本体型胶粘剂中有害物质限量

项　目	指　标
总挥发性有机物/(g/L)	≤100

2.5.2　常用胶粘剂的品种、特性及应用

1. 装饰工程中常用的胶粘剂品种

1) 环氧树脂类胶粘剂

环氧树脂类胶粘剂，俗称“万能胶”，其品种很多，是目前应用最广的胶种之一。

环氧树脂类胶粘剂对金属、木材、玻璃、硬塑料和混凝土都有很强的粘接力。其主要特点是：粘接强度高，收缩率小，稳定性好，可用不同固化剂在室温或加温条件下固化，

固化后产物具有良好的耐腐蚀性、电绝缘性、耐水性、耐油性和耐化学稳定性，它和其他高分子材料及填料的混溶性好，便于改性。

2) 聚醋酸乙烯酯类胶粘剂

聚醋酸乙烯酯类胶粘剂是由醋酸乙烯单体、水、分散剂、引发剂以及其他辅助材料经聚合反应而得到的一种热塑性胶。它分为溶液型和乳液型两种，是一种使用方便，价格便宜，应用广泛的非结构胶粘剂，以粘接各种非金属材料为主，如玻璃、陶瓷、纤维织物和木材等。

聚醋酸乙烯酯类胶粘剂具有常温固化快、粘接强度高、粘接层的韧性和耐久性好，不易老化、内聚力低、无毒、无味、无臭等特点，其耐热性在 40℃以下，对溶剂作用的稳定性及耐水性均较差。

3) 聚乙烯醇缩甲醛类胶粘剂

聚乙烯醇缩甲醛类胶粘剂是由聚乙烯醇和甲醛为主要原料，加入少量的盐酸、氢氧化钠和水，在一定的条件下缩聚而成的，具有耐热性好、胶结强度高、施工方便、抗老化性能强等特点。

4) 合成橡胶类胶粘剂

合成橡胶类胶粘剂也称氯丁橡胶胶粘剂(简称氯丁胶)，是以氯丁橡胶为基料，另加入其他树脂、增稠剂、填料等配制而成。

合成橡胶类胶粘剂的主要优点是：固化速度快，粘合后内聚力迅速提高，初粘力高，具有较好的耐热性、耐燃性、耐油性、耐候性和耐溶剂性，对大多数材料都有良好的粘合力。

5) 聚氨酯类胶粘剂

聚氨酯类胶粘剂是以聚氨酯与异氰酸酯为主要原料而制成的胶粘剂，具有胶结力强、常温固化、耐低温性好、应用范围广、使用方便等特点，主要适用于金属、玻璃、陶瓷、铝合金等材料的粘接。

聚氨酯类胶粘剂的多样性为许多粘接难题都准备了解决的方法，且特别适用于其他类型胶粘剂不能粘接或粘接有困难的地方，由于聚氨酯胶粘剂这种优良的粘接性能和对多种基材的粘接适应性，使其应用领域不断扩大，成为近年来发展最快的胶粘剂。

2. 装饰工程中常用胶粘剂的选用

胶粘剂的品种繁多，不同种类的胶粘剂有着不同的组成成分、粘接性能和适用范围，目前还没有一种普遍适合、可以随意使用的真正“万能型”胶粘剂，因而在工程中需要根据以下原则进行选用。

(1) 根据被粘物质的种类、特性和胶粘剂的性能选用。装饰工程中需要进行粘接的材料很多，它们的表面形态和理化性质各不相同。有的表面致密、极性大、强度高，如各种金属制品；有的表面多孔，如混凝土、木材、石膏、纸张、织物等；有的线膨胀系数较小，如玻璃、陶瓷、石材等。不同特性的材料适用于不同的胶粘剂。比如金属材料的粘接宜选用改性酚醛树脂、改性环氧树脂、聚氨酯类和丙烯酸酯类结构型胶粘剂，且不宜选用酸性较高的胶粘剂，以避免金属材料遭受腐蚀；对于橡胶类材料自身或与其他材料的粘接，应选用橡胶类或改性橡胶类胶粘剂；对于陶瓷、石材等线膨胀系数较小的材料，应考虑选用

弹性好、粘接强度高、能在室温下固化的胶粘剂；而对于表面多孔的材料，一般应选用白乳胶、脲醛树脂等乳液型胶粘剂。

(2) 根据粘接的使用要求和被粘物品的受力情况选用。长期受力的应选用热固型胶粘剂，以防发生蠕变破坏。对于只承受自身重量的粘接件，如粘贴各种饰面材料，可选用环氧树脂类等刚性胶粘剂。而对于诸如铺贴地板等受力不大的工程项目，可选用一般的胶粘剂。胶粘剂的受力特点是，抗拉、抗剪、抗压强度较高，抗弯、抗冲击、抗撕裂的强度比较低，而抗剥离的强度最低。对抗剥离强度要求高的粘接中应注意避免使用环氧类的胶粘剂。

(3) 根据粘接件的使用环境选用。温度、湿度、介质、辐射等环境因素对粘接件的质量和寿命有着非常重要的影响，因而在工程中应根据粘接件的使用环境选择适当的粘接剂。例如，对于在高温下使用的粘接件，应选用耐高温以及耐热老化性能良好的胶粘剂。对于在低温下使用的粘接件，为防止胶层脆裂应选用聚胺酯类、环氧-尼龙类等具有良好耐低温性能的胶粘剂。如果粘接件需要在高低温交替的环境中工作，则最好选用硅橡胶类胶粘剂。湿度对粘接强度的影响最大，在潮湿的环境中，水分会渗入胶层表面，导致粘接强度显著降低。因而应选用酚醛-丁腈类耐水性能好的胶粘剂。另外，还应根据施工和使用时是否有腐蚀性介质侵蚀、是否在室外常受日照辐射、是否有防火要求等环境情况选择适当类型的胶粘剂。

(4) 根据施工条件和工艺要求选用。各种胶粘剂的粘接工艺和固化方式不甚相同。有的可在室温下固化，有的需要加热，有的需要加压，有的既需要加热又需要加压，固化所需要的时间也长短不一。因而在工程中应根据施工条件和工艺要求进行选择。

(5) 根据经济可靠的原则选用。胶粘剂的种类很多，因成分和生产工艺的不同，其价格也高低不等。工程中选用时应充分考虑经济因素，在保证粘接质量和寿命的前提下，尽可能选用价格较低、市场常见、来源容易的品种。

(6) 应特别注意考虑环保因素。有的胶粘剂成分中含有甲醛等有害物质，如加入甲醛助剂的聚乙烯醇类胶粘剂(107 胶、801 胶等)。使用此类胶粘剂，会因游离甲醛的挥发对环境造成污染，因而应尽量避免选用。

综上所述，被粘材料和胶粘剂的种类繁多，使用环境也千变万化，工程中应根据上述原则，针对实际情况进行选用，见表 2-18。

表 2-18　建筑中常用的胶粘剂性能

种　类		性　能	主要用途
热塑性合成树脂胶粘剂	聚乙烯醇缩甲醛类胶粘剂	粘接强度较高，耐水性，耐油性，耐磨性及抗老化性较好	粘贴壁纸、墙布、瓷砖等，可用于涂料的主要成膜物质，或用于拌制水泥砂浆
	聚醋酸乙烯酯类胶粘剂	常温固化快，粘接强度高，粘接层的韧性和耐久性好，不易老化，无毒、无味、不易燃爆，价格低，但耐水性差	广泛用于粘贴壁纸、玻璃、陶瓷、塑料、纤维织物、石材、混凝土、石膏等各种非金属材料，也可作为水泥增强剂
	聚乙烯醇胶粘剂(胶水)	水溶性胶粘剂，无毒，使用方便，粘接强度不高	可用于胶合板、壁纸、纸张等的粘接

续表

种　类		性　能	主要用途
热固性合成树脂胶粘剂	环氧树脂类胶粘剂	粘接强度高，收缩率小，耐腐蚀，电绝缘性好，耐水，耐油	粘接金属制品、玻璃、陶瓷、木材、塑料、皮革、水泥制品、纤维制品等
	酚醛树脂类胶粘剂	粘接强度高，耐疲劳，耐热，耐气候老化	用于粘接金属、陶瓷、玻璃、塑料和其他非金属材料制品
	聚氨脂类胶粘剂	粘附性好，耐疲劳，耐油，耐水、耐酸、韧性好，耐低温性能优异，可室温固化，但耐热差	适于粘接塑料、木材、皮革等，特别适用于防水、耐酸、耐碱等工程中
合成橡胶胶粘剂	丁腈橡胶胶粘剂	弹性及耐候性良好，耐疲劳，耐油、耐溶剂性好，耐热，有良好的混溶性，但粘着性差，成膜缓慢	适用于耐油部件中橡胶与橡胶、橡胶与金属、织物等的粘接，尤其适用于粘接软质聚氯乙烯材料
	氯丁橡胶胶粘剂	粘附力、内聚强度高，耐燃、耐油、耐溶剂性好，储存稳定性差	用于接构粘接，如橡胶、木材、陶瓷、石棉等不同材料的粘接
	聚硫橡胶胶粘剂	很好的弹性、粘附性，耐油、耐候性好，对气体和蒸汽不渗透，防老化性好	作密封胶及用于路面、地坪、混凝土的修补、表面密封和防滑，用于海港、码头及水下建筑物的密封
	硅橡胶胶粘剂	良好的耐紫外线，耐老化性，耐热，耐腐蚀性，粘附性好，防水防震	用于金属、陶瓷、混凝土、部分塑料的粘接，尤其适用于门窗玻璃的安装以及隧道、地铁等地下建筑中瓷砖、岩石接缝间的密封

3. 胶粘剂使用注意的问题

为了提高胶粘剂中胶结强度，满足工程需要，使用胶粘剂进行施工时，一般要注意下列问题。

(1) 清洗要干净。彻底清除被粘接物表面上的水分、油污、锈蚀和漆皮等附着物。

(2) 胶层要匀薄。大多数胶粘剂的胶结强度随胶层厚度增加而降低。胶层薄，胶面上粘附力起主要作用，而粘附力往往大于内聚力，同时胶层产生裂纹和缺陷的概率要小，胶结强度就高。但胶层过薄，易产生缺胶，更影响胶结强度。

(3) 晾置时间要充分。对含有稀释剂的胶粘剂，胶结前一定要晾置，使稀释剂充分挥发，否则在胶层内会产生气孔和疏松现象，影响胶结强度。

(4) 固化要完全。胶粘剂中的固化一般需要一定的压力、温度和时间。加一定的压力有利于胶液的流动和湿润，保证胶层的均匀和致密，使气泡从胶层中挤出。温度是固化的主要条件，适当提高固化温度有利于分子间的渗透和扩散，有助于气泡的逸出和增加胶液的流动性，温度越高，固化越快，但温度过高会使胶粘剂发生分解，影响胶结强度。

知识链接

建筑装修用胶粘剂选购注意事项

(1) 首先查看产品合格证书、产品质量检验合格证书。

(2) 查看产品包装是否注明有害物质的名称及最高含量是否符合 GB 18583—2008。

(3) 抽验时，同一批产品中，随机抽取3份样品，每份不小于0.5kg。在3份中取一份检验，若符合GB 18583—2008为合格，否则应对样品复检，复检不符合GB 18583—2008，则判定为不合格。

(4) 查看胶粘剂外包装上注明的生产日期，过了贮存期的胶粘剂质量可能下降。

(5) 如果开桶查看，胶粘剂的胶体应均匀、无分层、无沉淀，开启容器时无刺激性气味。

(6) 注意产品用途说明与选用要求是否相符。

本章小结

本章阐述了胶凝材料的定义及分类；阐述了各水泥及彩色水泥、混凝土及装饰混凝土、砂浆及彩色砂浆的性能及选用；建筑石膏及其制品的性能及选用；建筑胶粘剂组成、分类及选用。

材料的建筑装饰装修工程应用作为重点掌握内容。

案例分析

1. 某办公楼室内装修工程，建筑面积为5000m^2，四层砖混结构。一层为接待厅、洽谈室、值班室和餐厅，二层为董事长办公室、经理室、会议室和财务室，三层为办公室、工作室和监控室，四层为多功能厅、产品陈列室。如何选用装饰石膏制品、纸面石膏板进行室内界面装饰？

【分析】

(1) 纸面石膏板的选用。在董事长办公室、经理室、会议室、多功能厅及产品陈列室等的吊顶工程中，顶棚采用轻钢龙骨纸面石膏板吊顶，石膏腻子穿孔纸带嵌缝，面层刮石膏腻子，刷乳胶漆。在顶棚造型的设计上，结合顶棚的功能、音响和灯光等的需要，创造出符合不同使用功能的吊顶设计，使顶棚造型与灯光布置营造出符合使用要求的氛围。

室内非承重隔墙使用轻钢龙骨纸面石膏板隔墙，石膏腻子穿孔纸带嵌缝，面层刮石膏腻子，刷乳胶漆，内填保温吸音材料。充分满足防火及其他功能要求。

吊顶石膏板和隔墙石膏板如北京某品牌纸面石膏板，规格1200mm×3000mm，厚度9.0mm；参考价35.00元/张。

(2) 装饰石膏板的选用。在办公室、化验室、监控室、洽谈室、值班室和餐厅等的吊顶工程中，吊顶材料采用T形轻钢龙骨毛毛虫装饰石膏板，体现简洁、大方的装饰效果。照明采用嵌入式格栅吸顶灯，使办公环境简洁明亮。在卫生间、化验室、餐厅等的吊顶中，考虑到防潮的要求，吊顶石膏板选用防潮型装饰石膏板材。

吊顶石膏板如北京某品牌装饰石膏板(毛毛虫表面)，规格600mm×600mm，厚度9.0mm；参考价22.50元/m^2。

2. 某工程外墙装修采用大理石面板，使用了挂石胶粘剂，该胶粘剂粘接强度达20MPa，但实际测得的粘接强度远低于此值，观察大理石表面，发现不够清洁。试讨论粘接力低的原因。

【分析】

大理石表面不够清洁，是导致胶结强度低的主要原因。被粘接物表面有不清洁、潮湿、油污、锈蚀等情况时，会降低胶粘剂的湿润性，阻碍胶粘剂接触被粘接物的基体表面，使胶粘剂与石材表面之间的物理吸附力下降，产生的化学键数量大大减少，同时，这些附着物的内聚力比胶层要小得多，导致胶结强度降低。

实训指导书

了解常用建筑胶粘剂的种类、规格、性能和使用情况等。重点掌握建筑装饰石膏及石膏制品的规格、性能及应用情况。

一、实训目的

让学生自主地到建筑装饰材料市场和建筑装饰施工现场进行考察和实训，了解常用建筑胶粘剂的价格，熟悉建筑装饰石膏及石膏制品的应用情况，能够准确识别各种材料的名称、规格、种类、价格、使用要求及适用范围等。

二、实训方式

1) 建筑装饰材料市场的调查分析

学生分组：3～5 人一组，自主地到建筑装饰材料市场进行调查分析。

调查方法：学会以调查、咨询为主，认识各种建筑胶粘剂，调查材料价格、收集材料样本图片、掌握材料的选用要求。

2) 建筑装饰施工现场装饰材料使用的调研

学生分组：10～15 人一组，由教师或现场负责人指导。

调查方法：结合施工现场和工程实际情况，在教师或现场负责人指导下，熟知建筑装饰石膏及石膏制品在工程中的使用情况和注意事项。

三、实训内容及要求

(1) 认真完成调研日记。

(2) 填写材料调研报告。

(3) 实训小结。

第3章

建筑装饰石材

教学目标

了解装饰石材的种类和性能；根据装修要求，能够正确并合理地选择石材，并判断出石材质量的好坏；熟悉装饰石材的技术要求和特点。

教学要求

能力目标	相关试验或实训	重　点
理解石材的基本知识		
能根据天然大理石性能正确应用大理石有关制品	质量检测	★
能根据天然花岗岩性能正确应用花岗岩有关装饰制品	质量检测	★
能根据国家标准进行天然石材的检测及质量评价	石材放射性检验	

引例

如图3.1、图3.2所示的宾馆装修，若在建筑外墙面、室内地面及墙柱面等不同部位采用石材为主要装修材料，并利用石材的质感表现其性能特点：纹理美观、强度高又比较耐用，则能够彰显建筑个性。市场上的石材有3种：大理石、花岗岩、人造石。那么究竟选择哪种材料比较合适呢？它们各自又有什么区别和特点呢？

图3.1 石材地面、墙柱面

图3.2 石材外立面

3.1 石材的基本知识

天然石材是人类历史上应用最早的建筑材料之一。至今不论是家庭装修，还是公共环境的室内外装修，都离不开石材的运用。

3.1.1 岩石分类

岩石是组成地壳的主要物质成分，也是矿物的集合体，是在地质作用下产生的，是由一种矿物或多种矿物以一定的规律组成的自然集合体。

岩石根据生成条件不同，可分为火成岩、沉积岩和变质岩三大类。

1. 火成岩

火成岩又称岩浆岩，它是指岩浆侵入地壳或喷出地表冷凝而成的岩石。

岩浆侵入地壳，侵入的岩浆就冷凝结晶为岩石，称为侵入岩，是组成地壳的主要岩石。火成岩根据岩浆冷凝条件的不同，又分为深成岩、浅成岩。

岩浆一直冲破上露岩层喷出地表冷凝而成的岩石则称为喷出岩。

火成岩占地壳重量的89%，装饰石材中的花岗岩、安山岩、辉绿岩、片麻岩等均属岩浆岩类。

2. 沉积岩

沉积岩又称水成岩，它是由外动力地质作用，促使地壳表层生成的矿物和岩石遭到破坏形成的沉积物，搬运到适宜的地带沉积下来，再经压固、胶结形成层状的岩石。

沉积岩虽只占地壳重量的5%，但其分布于地壳表面，约占地壳面积的75%，是一种重要的岩石。

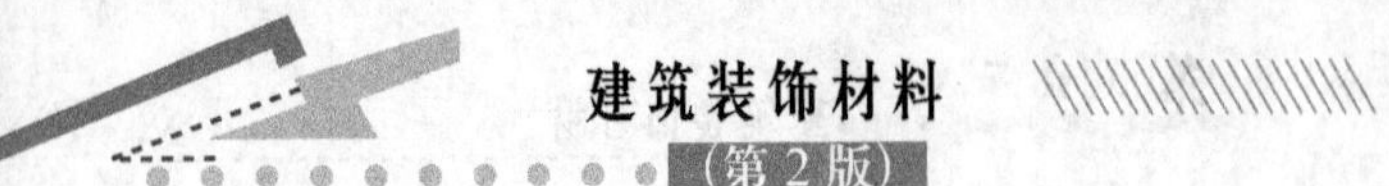

建筑石材中，石灰石、白云岩、砂岩、贝壳岩等属于沉积岩，其中石灰石和白云岩常用作装饰石材。

3. 变质岩

变质岩是地壳中已形成的岩石(岩浆岩、沉积岩)，在高温、高压的作用下，使原来岩石的成分、结构、构造等发生改变而形成的岩石。

一般沉积岩形成变质岩石，其建筑性能有所提高，如石灰岩和白云岩变质后成为大理石；砂岩变质成为石英岩，都比原来的岩石坚固耐久。相反，原为深成岩经变质后产生片状构造，建筑性能反而恶化，如花岗岩变质为片麻岩后，易于分层剥落，耐久性变差。

3.1.2 石材的性能指标

1. 表观密度

石材的表观密度与矿物组成及孔隙率有关。

表观密度大于 1800kg/m^3 的为重石，主要用于建筑的基础、贴面、地面、路面、房屋外墙、挡土墙等。花岗岩、大理岩均是较致密的天然石材，其表观密度接近其密度，约为 2500～3100kg/ m^3。

表观密度不大于 1800kg/ m^3 的为轻石，主要用作墙体材料，如采暖房外墙等。

2. 吸水性

石材的吸水率与石材的致密程度和石材的矿物组成有关。

深成岩和多数变质岩的吸水率较小，一般不超过 1%。

二氧化硅的亲水性较高，因而二氧化硅含量高则吸水率较高，即酸性岩石($SiO_2 \geqslant 63\%$)的吸水率相对较高。

石材的吸水率越小，则石材的强度与耐久性越高。为保证石材的性能，有时要限制石材的吸水率，如饰面用大理石和花岗岩的吸水率分别须小于 0.5%和 0.6%。

3. 耐水性

石材的耐水性以软化系数来表示。

根据软化系数的大小，石材的耐水性分为高、中、低 3 等。

软化系数大于 0.90 的石材为高耐水性石材；软化系数在 0.70～0.90 的石材为中耐水性石材；软化系数为 0.60～0.70 的石材为低耐水性石材。

4. 抗压强度

石材的抗压强度很大，而抗拉强度却很小，后者约为前者的 1/20～1/10。石材是典型的脆性材料，这是石材区别于钢材和木材的主要特征之一，也是限制石材作为结构材料使用的主要原因。

石材属于非均质的天然材料，由于生成的原因不同，大部分石材呈现出各向异性。一般而言，加压方向垂直于节理面或裂纹的抗压强度大于加压方向平行于节理面或裂纹的抗压强度。

天然石材的抗压强度评定，采用边长 70mm 的正方体试件，用标准试验方法测得的抗压强度值作为评定石材强度等级的标准。它的强度等级可分为 MU100、MU80、MU60、MU50、MU40、MU30、MU20 这 7 个等级。

5. 抗冻性

抗冻性是指石材抗冻融破坏的能力，是衡量石材耐久性的一个重要指标。

石材的抗冻性用冻融循环次数表示。石材在吸水饱和状态下，经规定的冻融循环次数后，若无贯穿裂缝且质量损失不超过 5%，强度降低不大于 25%，则认为抗冻性合格。

6. 耐磨性

耐磨性是指石材在使用条件下，抵抗摩擦、边缘剪切以及撞击等复杂作用而不被磨损(耗)的性质。

耐磨性以单位面积磨耗量表示。

对使用于遭受磨损的部位，如道路、地面、踏步等场合的石材，均应选用耐磨性好的石材。

3.1.3 石材的加工

天然岩石必须经开采加工成石材后，才能在建筑工程中使用。

开采出来的石材需送往加工厂，按照设计所需要的规格及表面肌理，加工成各类板材及一些特殊规格形状的产品。

荒料加工成材后，表面还要进行加工处理，如机械研磨、烧毛加工、凿毛加工等。

1. 机械研磨

研磨是使用研磨机械，使石材表面平整和呈现出光泽的工艺，一般分为粗磨、细磨、半细磨、精磨和抛光五道工序。

研磨设备有摇臂式手扶研磨机和桥式自动研磨机，分别用于小件加工和 1m^2 以上的板材加工。磨料多用碳化硅加结合剂(树脂和高铝水泥等)，也可采用金刚砂。

抛光是将石材表面加工成镜面光泽的加工工艺。板材经研磨后，用毡盘或麻盘加上抛光材料，对板面上的微细痕迹进行机械磨削和化学腐蚀，使石材表面具有最大的反射光线的能力以及良好的光滑度，并使石材本身固有花纹、色泽最大程度地呈现出来。抛光后的表面有时还打蜡，使表面光滑度更高，并起到保护表面的作用。

2. 烧毛加工

烧毛加工是指将锯切后的花岗石毛板，用火焰进行表面喷烧，利用某些矿物在高温下开裂的特性进行表面烧毛，使石材恢复天然粗糙表面，以达到特定的色彩和质感。

3. 凿毛加工

凿毛加工方法分为手工、机具与手工相结合法，传统的手工雕琢法耗人力、周期长，但加工出的制品表面层次丰富、观赏性强，而机具雕琢法提高了生产规模和效率。

3.1.4 石材的应用

天然石材在建筑领域得到了广泛的应用。

它与木材、泥浆黏土并称为人类使用最早的 3 种材料。

石材可用作结构材料、内外装饰装修材料、地面材料，很多情况下还可作为屋顶材料，它还可用于挡土墙、道路、雕塑及其他装饰用途。目前，主要用作建筑物的内外装饰材料。

3.2 天然大理石

3.2.1 大理石的特点

1. 概念

大理石是地壳中原有的岩石(石灰岩或白云岩)经过地壳内高温高压作用形成的变质岩。由于大理石属碳酸岩，是石灰岩、白云岩经变质而成的结晶产物，矿物组分主要是石灰石、方解石和白云石。

2. 特点

天然大理石建筑板材简称大理石板材，是建筑装饰中应用较为广泛的天然石饰面材料。

天然大理石结构致密，密度为2.7kg/cm^{3}左右，强度较高，吸水率低，但表面硬度较低，不耐磨，耐化学侵蚀和抗风蚀性能较差，长期暴露于室外受阳光雨水侵蚀易褪色失去光泽。天然大理石硬度不大，易于加工成型，表面经磨光和抛亮后，呈现出鲜艳的色泽和纹理。

大理石相对花岗岩来说质地较软，属于中硬石材，具有斑状结构。其主要成分为碳酸钙，约占50%，除此之外还含有氧化铁、二氧化硅、云母、石墨等杂质，大理石色彩常为红、绿、黄、棕或黑色，颜色是由其所含成分决定的，见表3-1。大理石斑纹多样，千姿百态，朴素自然。其中不含杂质的大理石为洁白色，也称汉白玉，较为稀有，是大理石中的名贵品种，属于较为高级的建筑装饰材料。我国云南大理因盛产大理石而名闻天下，大理石的名称也是因此命名的。

表3-1 大理岩的颜色与所含成分的关系

颜色	白色	紫色	黑色	绿色	黄色	红褐色、紫红色、棕黄色	无色透明
所含成分	碳酸钙、碳酸镁	锰	碳或沥青物	钴化物	铬化物	锰及氧化铁的水化物	石英

3.2.2 大理石的主要品种

我国大理石矿产资源极其丰富，储量大、品种多，总储量居世界前列。据不完全统计，初步查明国产大理石有近400余个品种，石质细腻，光泽柔润，目前开采利用的主要有3类，即云灰、白色和彩花大理石。

1. 云灰大理石

因多呈云灰色或在云灰底色上泛起朵朵酷似天然云彩状花纹而得名，有的看上去像青云直上，有的像乱云飞渡，有的如乌云滚滚，有的若浮云漫天。其中花纹似水波纹者称水花石，水花石常见图案有“微波荡漾”、“烟波浩渺”、“水天相连”等。云灰大理石加工性能特别好，主要用来制作建筑饰面板材，是目前开采利用最多的一种。

2. 白色大理石

洁白如玉，晶莹纯净，熠熠生辉，故又称汉白玉、苍山白玉或白玉，它是大理石中的名贵品种，是重要建筑物的高级装修材料。

3. 彩花大理石

呈薄层状，产于云灰大理石层间，是大理石中的精品，经过研磨、抛光，便呈现色彩斑斓、千姿百态的天然图画，为世界所罕见，如呈现山水林木、花草虫鱼、云雾雨雪、珍禽异兽、奇岩怪石等。若在其上点出图的主题，写上画名或题以诗文，则越发引人入胜。如呈现山水画面的题“万里云山尽朝晖”、“群峰叠翠”、“满目清山夕照明”、“清泉石上流”等；呈现岩石画面的题“怪石穿空”、“千岩竞秀”等；似云雾的画面题“云移青山翠”、“幽谷出奇烟”、“云气苍茫”、“云飞雾涌”等；像禽兽的画面题“凤凰回首”、“鸳鸯戏水”、“骏马奔腾”等；像人物的画面题“云深采药”、“老农过桥”、“牛郎牧童”、“双仙画石”等；像四季景物的画面题“春风杨柳”、“夏山欲雨”、“落叶满山秋”等。

从众多的彩花大理石中，通过精心选择和琢磨，还可获得人们企求的理想天然图画。如大理县大理石厂为毛主席纪念堂制作的14个大理石花盆，每个花盆的正面图案都具有深刻的含义，画面中有韶山、井冈山、娄山关、赤水河、金沙江、大渡河、雪山、草地、延安等。再如人民大会堂云南厅的大屏风上，镶嵌着一块呈现山河云海图的彩花大理石，气势雄伟，十分壮观，这是大理人民借大自然的“神笔”描绘出的歌颂祖国大好河山的画卷。

国内常用大理石的品种、特色及产地见表3-2。

表3-2 国内常用大理石的品种、特色及产地

名　称	特　色	产　地
雪　云	白和灰白相间	山东掖县
汉白玉	玉白色，微有杂点和脉	湖北黄石
雪　花	白间淡灰色，有均匀中晶，有较多黄色杂点	北京房山
晶　白	白色晶体，细致而均匀	湖　北
冰　浪	灰白色均匀粗晶	云南大理
墨晶白	玉白色、傲晶、有黑色纹脉或斑点	广东云浮
影晶白	乳白色，有微红至深赭的陷纹	河北曲阳
风　雪	灰白间有深灰色晕带	江苏高资
黄花玉	淡黄色，有较多稻黄脉络	河北曲阳
彩　云	浅翠绿色底，深浅绿絮状相渗，有紫斑和脉	辽宁连山关
凝　脂	猪油色底，稍有深黄细脉，偶带透明杂晶	湖北黄石
碧　玉	嫩绿或深绿和白色絮状相渗	江苏宜兴
斑　绿	灰白色底，有深草绿点斑状、堆状	河北获鹿
云　灰	白或浅灰底，有烟状或云状黑灰纹带	山东莱阳
裂　玉	浅灰带微红底，有红色脉络和青灰色斑	江苏苏州
晶　灰	灰色微赭，均匀细晶，间有灰条纹或赭色斑	北京房山
驼　灰	土灰色底，有深黄赭色，浅色疏脉	河北曲阳
海　涛	浅灰底，有深浅间隔的青灰色条状带	湖北大冶

续表

名　称	特　色	产　地
象　灰	象灰底，杂细晶斑，并有红黄色细纹络	湖　北
艾叶青	青底，深灰间白色叶状斑云，间有片状纹缕	浙江潭浅
晚　霞	石黄间土黄斑底，有深黄叠脉，间有黑晕	北京房山
残　雪	灰白色，有黑色斑带	北京房山
螺　青	深灰色底，满布青白相间螺纹状花纹	河北铁山
蟹　青	黄灰底，遍布深灰或黄色砾斑，间有白灰层	北京顺义
虎　纹	赭色底，有流纹状石黄色经络	湖　北
桃　红	桃红色，粗晶，有黑色缕纹或斑点	浙江杭州
灰黄玉	浅黑灰底，有红色、黄色和浅灰脉络	江苏宜兴
锦　灰	浅黑灰底，有红色和灰白色脉络	湖北大冶
电　花	黑灰底，满布红色间白色脉络	湖北大冶
秋　枫	灰红底，有血红晕脉	湖北下陆
五　花	绛紫底，遍布绿灰色或紫色大小砾石	江苏南京
墨　壁	黑色、杂有少量浅黑色斑或少量土黄缕纹	湖北大冶
砾　红	浅红底，满布白色大小碎石块	江苏、河北
桔　红	浅灰底，密布粉红和紫红叶脉	广东云浮
岭　红	紫红碎螺脉，杂以白斑	浙江长兴
紫螺纹	灰红底，满布红灰相间的螺纹	辽宁铁岭
螺　红	绛红底，夹有红灰相间的螺纹	安徽灵璧
红花玉	浅灰底，密布粉红脉络杂有黄脉	辽宁金县
银　河	肝红底，夹有大小浅红石块	河北曲阳

3.2.3　大理石板材分类、等级和标记

1. 板材分类

天然大理石板材形状可以分为普通板(PX)和圆弧板(HM)。

圆弧板是指装饰面轮廓线的曲率半径处处相同的饰面板材。

2. 板材等级

(1) 普通板按规格尺寸偏差、平面度公差、角度公差及外观质量，将板材分为优等品A、一等品B、合格品C这3个等级。

(2) 圆弧板按规格尺寸偏差、直线度公差、线轮廓度公差及外观质量，将板材分为优等品A、一等品B、合格品C这3个等级。

3. 板材标记

天然大理石建筑板材的标记顺序为：荒料产地地名、花纹色调特征描述、大理石、编号(按《天然石板统一编号》GB/T 17670—2008的规定)、类别、规格尺寸、等级、标准号。

例如用房山汉白玉大理石荒料加工的600mm×600mm×20mm、普型、优等品板材标记示例为：M1101 PX 600×600×20 A GB/T 19766—2005。

3.2.4 大理石板材的技术要求

1. 规格尺寸允许偏差

(1) 天然大理石普型板规格尺寸允许偏差，见表 3-3。

表 3-3 天然大理石普型板规格尺寸允许偏差 (单位：mm)

<table>
<tr><th colspan="2" rowspan="2">项目</th><th colspan="3">允许偏差</th></tr>
<tr><th>优等品</th><th>一等品</th><th>合格品</th></tr>
<tr><td colspan="2">长度、宽度</td><td colspan="2">0
−1.0</td><td>0
−1.5</td></tr>
<tr><td rowspan="2">厚度</td><td>≤12</td><td>±0.5</td><td>±0.8</td><td>±1.0</td></tr>
<tr><td>>12</td><td>±1.0</td><td>±1.5</td><td>±2.0</td></tr>
<tr><td colspan="2">干挂板材厚度</td><td colspan="2">+2.0
0</td><td>+3.0
0</td></tr>
</table>

(2) 圆弧板各部位名称如图 3.3 所示。

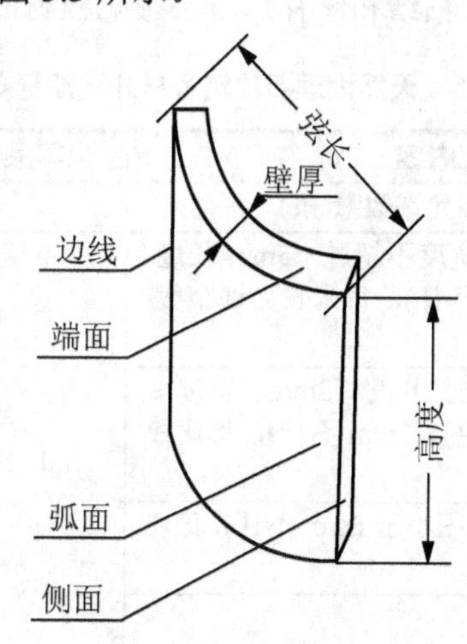

图 3.3 圆弧板部位名称

(3) 圆弧板壁厚最小值应不小于 20mm，规格尺寸允许偏差见表 3-4。

表 3-4 天然大理石圆弧板规格尺寸允许偏差 (单位：mm)

<table>
<tr><th rowspan="2">项目</th><th colspan="3">允许偏差</th></tr>
<tr><th>优等品</th><th>一等品</th><th>合格品</th></tr>
<tr><td>弦长</td><td colspan="2">0
−1.0</td><td>0
−1.5</td></tr>
<tr><td>高度</td><td colspan="2">0
−1.0</td><td>0
−1.5</td></tr>
</table>

2. 角度允许公差

(1) 普型板拼缝板材正面与侧面的夹角不得大于 90°。

(2) 圆弧板材侧面角 α 应不小于 90°，如图 3.4 所示。

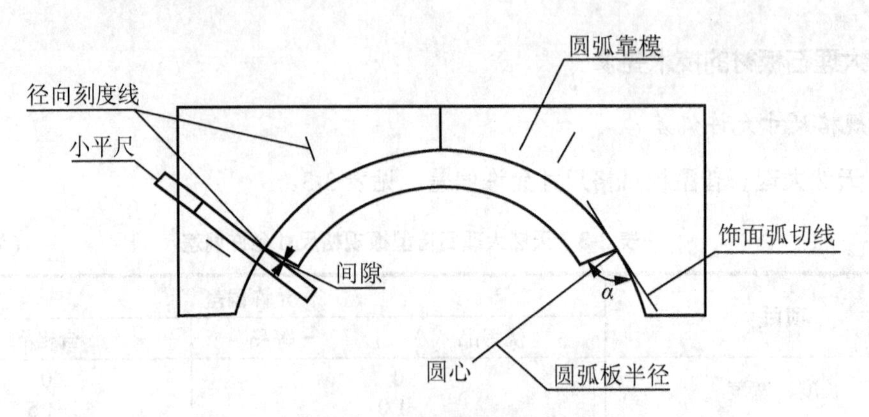

图 3.4　圆弧板侧面角

3. 外观质量

(1) 同一批板材的色调应基本调和，花纹应基本一致。

(2) 板材正面的外观缺陷的质量要求应符合表 3-5 的规定。

(3) 板材允许粘结和修补。粘结和修补后应不影响板材的装饰效果和物理性能。

表 3-5　天然大理石建筑板材外观质量要求

<table>
<tr><th>缺陷名称</th><th>规定内容</th><th>优等品</th><th>一等品</th><th>合格品</th></tr>
<tr><td>裂纹</td><td>长度超过 10mm 的不允许数量(条)</td><td colspan="3">0</td></tr>
<tr><td>缺棱</td><td>长度不超过 8mm、宽度不超过 1.5mm(长度≤4mm、宽度≤1mm 不计)，每米长允许个数(个)</td><td rowspan="4">0</td><td rowspan="3">1</td><td rowspan="3">2</td></tr>
<tr><td>缺角</td><td>沿板材边长顺延方向，长度≤3mm、宽度≤3mm(长度≤2mm、宽度≤2mm 不计)，每块板允许个数(个)</td></tr>
<tr><td>色斑</td><td>面积不超过 6cm²(面积小于 2cm² 不计)，每块板允许个数(个)</td></tr>
<tr><td>砂眼</td><td>直径在 2mm 以下</td><td>不明显</td><td>有，不影响装饰效果</td></tr>
</table>

4. 色彩

不同色彩、纹理的大理石，其所含成分、使用性能和石质稳定性各不相同，如表 3-6 所示。

表 3-6　天然大理石的颜色与所含成分的关系

白色	紫色	黑色	绿色	黄色	红褐色、紫红色、棕黄色	无色透明
碳酸钙、碳酸镁	锰	碳或沥青物	钴化物	铬化物	锰及氧化铁的水化物	石英

一般来说，在大理石的各种颜色中，红色和深红色最不稳定，绿色次之。浅灰、灰白和白色成分单一，比较稳定，其中白色最为稳定，不易变色和风化。例如汉白玉石栏杆，历经数百年，其表面风化甚微仍为白色。

红色和暗红色大理石中含有不稳定的化学成分，以及其表面光滑的金黄色颗粒，致使大理石结构疏松，在风吹日晒作用下产生质的变化。这主要是因为这些成分属碳酸钙，在大气中受二氧化碳、硫化物和水气的溶蚀，大理石面层因化学变化将变为石膏，从而失去表面光泽而风化松裂。其化学反应式为

$$CaCO_3+SO_2+H_2O \longrightarrow CaSO_4 \cdot 2H_2O+CO_2\uparrow$$

3.2.5 大理石板材的选用

天然大理石建筑板材属于高级装饰材料，大理石镜面板材主要用于大型建筑或装饰等级高的建筑，如商场、宾馆、写字楼、会所、影剧院等公共建筑物的室内墙面、地面装饰。

天然大理石建筑板材还可以制作成壁画、浮雕等工艺品，也可用来拼接花盆和镶嵌高级硬木雕花家具等。

大理石主要由碳酸盐组成，一般含有杂质。其强度、硬度、耐久性较差。使用于室外时，因常年受风、霜、雪、雨、日晒以及工业废气的浸蚀，表面很快会失去光泽，久而久之，则受损严重。因此，大多数品种的大理石饰面不适用于室外，用于室内较好。

3.3 天然花岗岩

3.3.1 花岗岩的特点

1. 概念

天然花岗岩(又称花岗石)属于岩浆岩，有时也称麻石。其主要矿物组成为长石、石英和少量云母等(图 3.5)。天然花岗岩经加工后的板材简称花岗石板材。

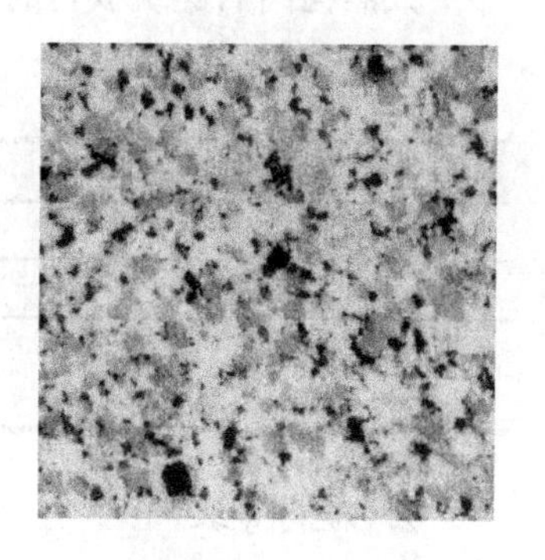

图 3.5 花岗岩

2. 特点

花岗岩属于硬石材，具有晶粒状结构，按晶粒大小分为细晶和粗晶，以细晶结构为好。主要化学成分是氧化硅，占65%～85%，还有少量的氧化钙、氧化镁等。其结构均匀、抗压强度大、耐磨性好，耐酸性好，抗风化性及耐久性高；但耐火性差，容易爆裂；质地坚硬，不易开采和加工；还有就是质量大，容易增加建筑物的负荷。花岗岩的颜色由石英石、云母等矿物的种类和数量决定，颜色有黄麻、灰色、黑白、青麻、粉红色、深红色等。纹理均呈斑点状，颜色均匀，层次分明，制成的镜面、光面板材，光泽度极好，色彩丰富，质地典雅，装饰效果好。

天然花岗石板材结构致密，强度高，孔隙率和吸水率小，耐化学浸蚀、耐磨、耐冻、抗风蚀性能优良，经加工后色彩多样且具有光泽，是理想的天然装饰材料。

特别提示

- 选择花岗岩应注意色调及纹理，应考虑整个建筑的装饰要求及其他部位材料的色彩协调性。
- 花岗岩价格较高，选择时要慎重考虑。单块石材的效果与整个饰面的效果会有差异，所以不能简

单地根据单块样品的色泽花纹确定，应想到大面积铺贴后的整体效果，最好借鉴已用类似石材装饰好的建筑饰面，以免因选材不当而造成浪费。

3.3.2 花岗岩的主要品种

据不完全统计，花岗岩石有300多种。国内部分花岗石品种、特色及产地见表3-7。

表3-7 国内部分花岗石品种、特色及产地

品　种	花色特征	主要产地
济南青 白虎涧 将军红	黑色，有小白点肉粉色带黑斑 黑色棕红浅灰间小斑块	北京、山东、湖北
莱州白 莱州青 莱州黑 莱州红 莱州棕黑	白色黑点 黑底青白点 黑底灰白点 粉红底深灰点黑底棕点	山东
红花岗石 芝麻青	紫红色或红底起白花点 白底、黑点	山东、湖北

3.3.3 天然花岗岩板材的分类、等级和标记

1. 板材分类

天然花岗石建筑板材的分类见表3-8。

表3-8 天然花岗石建筑板材的分类

划分标准	类　别
按形状分类	毛光板(MG)、普型板(PX)、圆弧板(HM)、异性板(YX)
按表面加工程度分类	镜面板(JM)、细面板(YG)、粗面板(CM)
按用途分类	一般用途板：用于一般性装饰 功能用途板：用于结构性承载用途或特殊功能要求

2. 板材等级

天然花岗石板材的等级按加工质量和外观质量划分如下：

(1) 毛光板按厚度偏差、平面度公差、外观质量等，将板材分为优等品A、一等品B、合格品C这3个等级。

(2) 普型板按规格尺寸偏差、平面度公差、角度公差、外观质量等，将板材分为优等品A、一等品B、合格品C这3个等级。

(3) 圆弧板按规格尺寸偏差、直线度公差、线轮廓度公差、外观质量等，将板材分为优等品A、一等品B、合格品C这3个等级。

3. 板材标记

天然花岗石板材的名称采用《天然石材统一编号》(GB/T 17670—2008)规定的名称或编号，标记顺序为：名称、类别、规格尺寸、等级、标准编号。如用山东济南青花岗石荒

料加工的600mm×600mm×20mm、普型镜面、优等品板材标记为：G 3701 PXJM 600×600×20 A GB/T 18601—2009。

3.3.4 天然花岗岩板材的技术标准

1. 规格尺寸系列

天然花岗石规格板的尺寸系列见表3-9，圆弧板、异性板和特殊要求的普型板规格尺寸由供需双方协商确定。

表3-9 天然花岗石规格板的尺寸系列 (单位：mm)

项　目	规格尺寸
边长系列	300*、305*、400、500、600*、800、900、1000、1200、1500、1800
厚度系列	10*、12、15、18、20*、25、30、35、40、50

注：*为常用规格。

2. 加工质量

(1) 毛光板的平面度公差和厚度偏差应符合表3-10的规定。

表3-10 天然花岗石毛光板的平面度公差和厚度公差 (单位：mm)

项　目		技术指标					
		镜面和细面板材			粗面板材		
		优等品	一等品	合格品	优等品	一等品	合格品
平面度		0.80	1.00	1.50	1.50	2.00	3.00
厚度	≤12	±0.5	±1.0	+1.0 −1.5	—		
	＞12	±1.0	±1.5	±2.0	+1.0 −2.0	±2.0	+2.0 −3.0

(2) 普型板规格尺寸允许偏差应符合表3-11的规定。

表3-11 天然花岗石毛普型板规格尺寸允许偏差 (单位：mm)

项　目		技术指标					
		镜面和细面板材			粗面板材		
		优等品	一等品	合格品	优等品	一等品	合格品
长度、宽度		0 −1.0		0 −1.50	0 −1.0		0 −1.5
厚度	≤12	±0.5	±1.0	+1.0 −1.5	—		
	＞12	±1.0	±1.5	±2.0	+1.0 −2.0	±2.0	+2.0 −3.0

(3) 圆弧板壁厚最小值应不小于18mm，规格尺寸允许偏差应符合表3-12的规定。圆弧板各部位名称，如图3.3所示。

表 3-12　天然花岗石圆弧板规格尺寸允许偏差　(单位：mm)

<table>
<tr><th rowspan="3">项　目</th><th colspan="6">技术指标</th></tr>
<tr><th colspan="3">镜面和细面板材</th><th colspan="3">粗面板材</th></tr>
<tr><th>优等品</th><th>一等品</th><th>合格品</th><th>优等品</th><th>一等品</th><th>合格品</th></tr>
<tr><td>弦长</td><td colspan="2" rowspan="2">0
−1.0</td><td rowspan="2">0
−1.5</td><td>0
−1.5</td><td>0
−2.0</td><td>0
−2.0</td></tr>
<tr><td>高度</td><td>0
−1.0</td><td>0
−1.0</td><td>0
−1.5</td></tr>
</table>

(4) 普型板平面度允许公差应符合表 3-13 的规定。

表 3-13　天然花岗石普型板平面度允许公差　(单位：mm)

板材长度(*L*)	技术指标					
	镜面和细面板材			粗面板材		
	优等品	一等品	合格品	优等品	一等品	合格品
L≤400	0.20	0.35	0.50	0.60	0.80	1.00
400<*L*≤800	0.50	0.65	0.80	1.20	1.50	1.80
L>800	0.70	0.85	1.00	1.50	1.80	2.00

(5) 圆弧板直线度与轮廓度允许公差应符合表 3-14 的规定。

表 3-14　天然花岗石圆弧板直线度与线轮廓度允许偏差　(单位：mm)

项　目		技术指标					
		镜面和细面板材			粗面板材		
		优等品	一等品	合格品	优等品	一等品	合格品
直线度(按板材高度)	≤800	0.80	1.00	1.20	1.00	1.20	1.50
	>800	1.00	1.20	1.50	1.50	1.50	2.00
线轮廓度		0.80	1.00	1.20	1.00	1.50	2.00

(6) 普型板角度允许公差应符合表 3-15 的规定。

表 3-15　天然花岗石普型板角度允许公差　(单位：mm)

板材长度(*L*)	技术指标		
	优等品	一等品	合格品
L≤400	0.30	0.50	0.80
L>400	0.40	0.60	1.00

(7) 圆弧板端面角度允许公差：优等品为 0.40mm；一等品为 0.60mm；合格品为 0.80mm。

(8) 普型板拼缝板材正面与侧面的夹角不应大于 90°。

(9) 圆弧板侧面角 α 应不小于 90°，如图 3.4 所示。

(10) 镜面板材的镜面光泽度应不低于 80 光泽单位，特殊需要和圆弧板由供需双方协商确定。

3. 外观质量

(1) 同一批板材的色调应基本调和，花纹应基本一致。

(2) 板材正面的外观缺陷应符合表 3-16 的规定，毛光板外观缺陷不包括缺棱和缺角。

表 3-16 天然花岗石建筑板材外观质量要求

<table>
<tr><th rowspan="2">缺陷名称</th><th rowspan="2">规定内容</th><th colspan="3">技术指标</th></tr>
<tr><th>优等品</th><th>一等品</th><th>合格品</th></tr>
<tr><td>缺棱</td><td>长度≤10mm、宽度≤1.2mm(长度<5mm、宽度<1.0mm 不计)，周边每米长允许个数(个)</td><td rowspan="5">0</td><td rowspan="3">1</td><td rowspan="3">2</td></tr>
<tr><td>缺角</td><td>沿板材边长，长度≤3mm、宽度≤3mm(长度≤2mm、宽度≤2mm 不计)，每块板允许个数(个)</td></tr>
<tr><td>裂纹</td><td>长度不超过两端顺延至板边总长度为 1/10(长度<20mm 不计)，每块板允许条数(条)</td></tr>
<tr><td>色斑</td><td>面积≤15mm×30mm(面积<10mm×10mm 不计)，每块板允许个数(个)</td><td rowspan="2">2</td><td rowspan="2">3</td></tr>
<tr><td>色线</td><td>长度不超过两端顺延至板边总长度为 1/10(长度<40mm 不计)，每块板允许条数(条)</td></tr>
</table>

注：用于干挂的板材不允许有裂纹存在。

4. 物理性能

天然花岗石建筑板材的物理性能应符合表 3-17 的规定。

工程对石材为性能项目及指标有特殊要求的，按工程要求执行。

表 3-17 天然花岗石建筑板材的物理性能

<table>
<tr><th colspan="2" rowspan="2">项　　目</th><th colspan="2">技术指标</th></tr>
<tr><th>一般用途</th><th>功能用途</th></tr>
<tr><td colspan="2">体积密度/(g/cm^3)≥</td><td>2.56</td><td>2.56</td></tr>
<tr><td colspan="2">吸水率(%)≤</td><td>0.60</td><td>0.40</td></tr>
<tr><td rowspan="2">压缩强度/MPa≥</td><td>干燥</td><td rowspan="2">100</td><td rowspan="2">131</td></tr>
<tr><td>水饱和</td></tr>
<tr><td rowspan="2">弯曲强度/MPa≥</td><td>干燥</td><td rowspan="2">8.0</td><td rowspan="2">8.3</td></tr>
<tr><td>水饱和</td></tr>
<tr><td colspan="2">耐磨性①/(1/cm^3)≥</td><td>25</td><td>25</td></tr>
</table>

注：①使用在地面、楼梯踏步、台面等严重踩踏或磨损部位的花岗石石材应检验此项。

3.3.5 天然花岗岩板材的选用

天然花岗石建筑板材是高级装饰材料，但因其坚硬，开采加工较困难，所以制造成本较高，因此，主要应用于宾馆、饭店、礼堂等大型公共建筑或装饰等级要求较高的室内外装饰工程。在一般建筑物中，只适合用作局部点缀。

粗面和细面板材常用于室外地面、墙面、柱面、勒脚、基座、台阶；镜面板材主要用于室内外地面、墙面、柱面、台面、台阶等装饰。

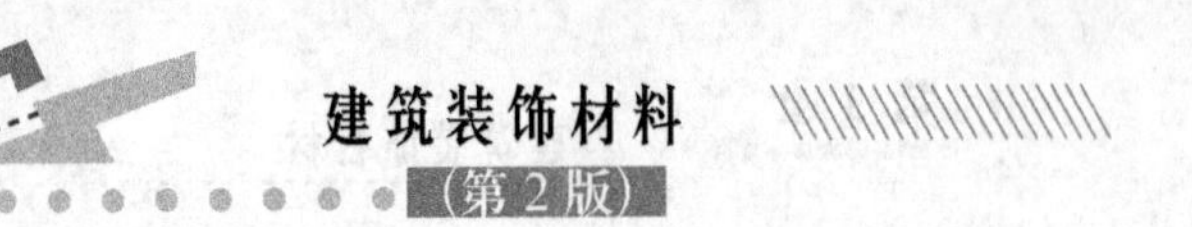

知 识 链 接

大理石和花岗岩的区分

(1) 外观：凡是有纹理的，称为“大理石”；以斑点为主的，称为“花岗岩”。

(2) 成分：花岗岩是火成岩，由长石、石英和云母组成，岩质坚硬密实，其成分以二氧化硅为主。大理石由方解石、石灰石、蛇纹石和白云石组成，主要成分为碳酸钙，相对于花岗岩比较软。

(3) 应用：在室内装修中，电视机台面、窗台、室内地面等适合使用大理石。而门槛、橱柜台面(最好使用深色)、室外地面适合使用花岗岩。

3.4 其他石材

3.4.1 青石板

青石板是天然石材中档次一般，分布广泛，价格较低的材料。因其便于简单加工，所以得到广泛使用。在过去，民间特别是产石地区有用青石板作屋面瓦的做法，故又称瓦板岩，用于墙面装饰是后来才逐渐发展的。青石板装饰效果较好，但材质较软，易风化。

青石板系水成岩，虽然没有大理石的柔润光泽，绚丽多彩，也不像花岗石那样坚硬、强度高，但其材性、纹理和构造易于劈裂成面积不大的薄板。表面也保持其劈开后的自然纹理形状，再加之青石板有暗红、灰、绿、紫等不同颜色，形成色彩丰富、韵味无穷，而具有特殊自然风格的墙面装饰效果。

品种：处于地面表层的青石板，由于埋藏较浅，长期风化，形成片状石板，较易开采为薄片状的青石板。如果岩石埋藏较深，开采的石板则较薄，需经加工成所要的厚度和规格。青石板按表面处理工艺不同分为毛面青石板、光面青石板两种。

处于地表的青石板虽易于开采，板壁较薄，但其抗压强度和耐久性较差。用地表深层岩石加工而成的青石板成本高、价格较贵，但其抗压强度高，耐老化性能好，因此，这两类板材适用于不同档次不同环境要求的工程。毛面青石板表面纹理自然清晰，用于墙面具有厚重自然的效果，用于地面则能起到防滑作用。光面青石板用于墙地面具有与花岗石相似的效果。

规格：青石板一般加工成规格板和不规格板两种，常用的为300～500mm不等边长的矩形块，板边不是绝对平直，板面保持着劈开后的自然纹理。

3.4.2 人造石材

人造石材分为人造大理石(花岗石)和预制水磨石两大类，属水泥混凝土或聚酯混凝土的范畴。天然石材具有优异的自然特征，但其开采和加工成本较高，其品种规格不能根据人们的需要。另一方面，现代建筑装修行业的发展，对建筑装修材料在品种、规格、外观和轻质高强方面提出了更高的要求。而人造石材普遍具有重量轻、强度高、耐腐蚀、耐污染和施工安装方便等诸多优点。

人造石材其花纹图案可人为控制，这一点完全胜过天然石材，可根据设计人员及使用客户的不同要求和装修工程的不同需要生产，因此，人造石材有着巨大的市场潜力和广阔的发展前景。

1. 人造石材的材料构成、特性及性能

人造大理石和花岗石是模仿天然大理石、花岗石表面纹理，以不饱和聚酯树脂为胶粘剂，由石粉、石渣为填料，添加适量固化剂、促进剂及调色颜料，通过一定工艺技术使之固化加工而成。当作为粘接剂的不饱和聚酯树脂在固化过程中把石渣、石粉均匀、牢固地粘结在一起后，即形成坚硬的人造石材。人造石材的形成过程即是不饱和聚酯的固化过程。常用的固化体系为过氧化环己酮一环烷酸钴，通常在室温下固化。

质量较好的人造大理石(花岗石)，其材质的物理力学性能可等于或优于天然石材，且具有较好的加工性，能生产出各种弧形、曲面等异性材。但人造石材的不足之处也是显而易见的，特别是其色泽、纹理不如天然石材自然美观。又因生产人造大理石的原材料质量尚不过关，导致用于户外的人造大理石老化较快，色彩和光泽度变化也较大，甚至使用一段时间后饰面板出现翘曲变形等现象。因此，目前不宜将其大面积用于室外。

2. 人造石材的分类

人造石材的分类见表3-18。

表3-18 人造石材分类

项目名称	主要内容及说明
水泥型人造石材	它是以各种水泥或磨细石灰为胶结材料，碎大理石、花岗石、工业废渣等为粗骨料，砂为细骨料，经配料、搅拌、成型、加压蒸养、磨光、抛光而制成。 水泥常为硅酸盐水泥，也可用铝酸盐水泥作胶结材料而制成人造大理石。制作的人造大理石表面光泽度高。花纹耐久，耐火性、耐风化能力、防潮性都优于一般人造大理石。这是由于铝酸盐水泥中的铝酸钙($2CaO \cdot Al_2O_3$)水化过程中产生了氢氧化铝胶体，与光滑的模板表面接触，形成光滑的氢氧化铝凝胶体层，与此同时，在硬化过程中氢氧化铝胶体不断填塞大理石的毛细孔隙，形成致密结构，因此表面光滑，具有光泽，呈半透明状。如用硅酸盐水泥和白水泥作为胶结材料时，则不能形成光滑的表面层
聚脂型人造石材	这种大理石是以不饱和聚酯为胶粘剂，与石英砂、大理石、方杰石粉等搅拌混合，工艺成型。在固化剂作用下，产生固化作用，经脱模、烘干、抛光等工序而制成。这种方法在国外使用比较广泛，特别是美国、英国、日本、意大利和韩国等均使用这种方法。我国目前也较多使用此法生产人造大理石。使用不饱和聚酯的产品颜色浅，光泽好，这种树脂黏度低，固结快，易于成型，常温下固化。其工艺工程大致是，天然碎石粉或其他无机填料与不饱和聚酯、固化剂、催化剂、染料或颜料等，按一定比例在搅拌机内混合，然后模具中浇铸成型，再振动成型，压缩成型，挤压成型等方法，而后固化，并进行表面处理和抛光
复合型人造石材	此种大理石的胶粘剂中，既有无机材料，又有有机高分子材料。用无机材料将填料粘结成型后，再将坯体浸渍于有机单体中，使其在一定条件下聚合。复合型人造板材有以下几种情况： 1．用低廉而性能又稳定的无机材料，用聚酯和大理石粉制作面层； 2．无机胶结材料可用快硬水泥、超快硬水泥、普通硅酸盐水泥、白色水泥、铝酸盐水泥、粉煤灰水泥、矿渣水泥及熟石膏等； 3．作有机单体可用苯乙烯、甲基丙烯酸甲酯、丙烯晴、醋酸乙烯、丁二烯、异戊二烯等； 4．单体可以单独使用，组合使用或与聚合物混合使用
烧结人造石材	该工艺与陶瓷制作相似。将石英辉石、斜长石、赤铁矿粉和方解石粉及部分高岭土混合，一般配合比例为：黏土40%，石粉60%。制备坯料用泥浆法，成型用半干压法，在窑炉中以1000℃左右的高温焙烧而制成

以上4种人造大理石中，聚酯型最常用，其产品物理和化学性能最好，有重现性，适用多种用途，但价格相对较高。

水泥型，耐腐蚀性能较差，易出现微龟裂，价格最低廉，适用于作板材，不适用于作卫生洁具。

复合型则综合了以上方法的优点，有良好的物化性能，成本较低。

烧结型只用土作胶结材料，需经高温焙烧，耗能大，造价高，且产品破损率也大。

3. 人造石材的规格、技术质量标准

(1) 技术质量要求见表3-19～表3-23。

表3-19　人造大理石饰面板外观尺寸　(单位：mm)

项　目 正方形或矩形平板边长范围	一等品	二等品
<315	±1.0	±1.5
315～630	±1.5	±2.0
630～1000	±2.0	±2.5
厚度	±0.5	±1.0

表3-20　人造大理石饰面板平面允许偏差　(单位：mm)

平板长度范围	最大偏差值	
	一等品	二等品
<600	0.5	1.0
≥600	1.0	1.5

表3-21　人造大理石饰面板角度允许偏差　(单位：mm)

正方形或矩形平板边长范围	最大偏差值	
	一等品	二等品
<600	±1.0	1.5
≥600	±2.0	±3.0

表3-22　人造大理石饰面板棱角缺陷允许偏差　(单位：mm)

缺陷部位	允许缺陷范围	最大偏差值	
		一等品	二等品
正面棱	≤3×10mm	2.0	2.0
正面角	≤3×3mm	2.0	2.0

表3-23　人造大理石的物理性能

抗折强度(MPa)	抗压强度(MPa)	冲击强度(J/cm2)	表面硬度(巴氏)
38.0左右	>100	15左右	40左右
表面光泽度(度)	密度(g/cm^3)	吸水率(%)	线膨胀系数($\times10^{-5}$)
>100	2.10左右	<0.1	2～3

注：人造大理石由196°树脂制成。

(2) 人造大理石对醋、酱油、食用油、鞋油、机油、口红、墨水、药水等均不着色或着色十分轻微，碘酒痕迹可用酒精擦去。各产地人造大理石的抗污染能力见表3-24。

表3-24　人造大理石的抗污染能力

产品来源	醋	酱油	鞋油	口红	墨水	红药水
美国	不明显		轻度变脏		不明显	轻微变脏
香港	无不良影响	无不良影响	无不良影响	无不良影响	无不良影响	十分轻微
北京水磨石厂	不明显	不着色	不着色	不着色	不着色	十分轻微

(3) 人造大理石的耐久性。

① 骤冷、骤热(0℃15分钟与80℃15分钟)交替30次，表面无裂纹，颜色无变化。

② 80℃烘100小时，表面无裂纹，色泽微变黄。

③ 室外暴露300天，表面无裂纹，色泽略微变黄。

知识链接

天然石材的自然花纹促使人们去仿造它，尤其是在缺少矿山资源的地区。人造石材的产品看上去很逼真，但仔细观察，仍较易区别。

(1) 人造石材花纹无层次感，因层次感是仿造不出来的。

(2) 人造石材花纹、颜色是一样的，无变化。

(3) 人造石材板背面有模衬的痕迹。

(4) 天然石材染色(加物)识别方法如下。

① 染色石材颜色艳丽，但不自然。

② 在板的断口处可看到染色渗透的层次。

③ 染色石材一般采用石质不好、孔隙度大、吸水率高的石材，用敲击法即可辨别。

④ 染色石材同一品种光泽度都低于天然石材。

⑤ 涂机油以增加光泽度的石材其背面有油渍感。

⑥ 涂膜的石材，虽然光泽度高，但膜的强度不够，易磨损、对光看有划痕。

⑦ 涂蜡以增加光泽度的石材，用火柴或打火机烘烤，蜡面即失去，呈现出本色。

本章小结

本章对天然石材和人造石材作了较详细的阐述，包括大理石和花岗岩。

大理石是地壳中原有的岩石(石灰岩或白云石)经过地壳内高温高压作用形成的变质岩。易风化，不宜用于室外，一般只用于室内装饰，常用于宾馆、展览馆、影剧院、商场、机场、车站等公共建筑的室内墙面、柱面、栏杆、窗台板、服务台面等部位。

天然花岗岩是以铝硅酸盐为主要成分的岩浆岩，多用于墙基础和外墙饰面，也用于室内墙面、柱面、窗台板、地面。

人造石材是按照人工方法制造的具有天然石材的花纹和质感的合成石材。按生产所用原材料及生产工艺，可分为4类：水泥型人造石材、树脂型人造石材、复合型人造石材和烧结型人造石材。

本章的教学目标是使学生对石材的性质和用途有个基本的了解。

案例分析

在家装空间中，根据业主的需求结合人体工程学要求，进行厨房整体橱柜设计及材料选型。

1. 橱柜决定厨房的装修风格，台面则直接影响人们的饮食健康。作为厨房的主体，人们的一切饮食活动都由此展开，因此橱柜台面的选择显得尤为重要。目前市场上比较流行的材质主要有人造石、防火板、不锈钢、天然石材等，你最青睐哪种材质？你对它们的了解有多少？

2. 根据空间大小怎样选择橱柜款式？

3. 橱柜的风格怎样分类？

4. 橱柜计价方式如何比较？

【分析】

1. 关于橱柜材质

1) 天然石台面

优点：天然石主要包括花岗石、大理石，天然石材的纹理非常美观，密度相对比较大，质地坚硬，耐高温、防刮伤性能十分突出，耐磨性能良好，造价也比较低，属于经济实惠的一种台面材料。造价低，花色各有不同，最为常用的几种价位仅为几百元一平米，属于经济实惠的一种台面材料。而高档的天然石台面价格也在千元左右。

缺点：天然石材的纹理中都会存在孔隙和缝隙，易滋生细菌。此外，天然石也存在着长度的限制，即使两块拼接也不能浑然一体；虽然质地坚硬，但弹性不足，如遇重击或者温度急剧变化会出现裂缝，很难修补；同时天然的石材或多或少都存在一定的辐射性，可能会对人体健康产生危害。

适合风格：自然风格。

2) 不锈钢台面

优点：不锈钢台面质地坚固，易于清洗，并带有三维立体效果，而且抗菌性能最好。同时，不锈钢台面也做了相应改进，外观更加时尚，功能更趋完善。

缺点：视觉较“硬”，给人“冷冰冰”的感觉。在橱柜台面的各转角部位和各结合部缺乏合理的、有效的处理手段，台面一旦被利器划伤，很容易留下无法修复的痕迹。

适合风格：后现代。

3) 耐火板台面

优点：色泽鲜艳、耐磨、耐刮、耐高温性能较好，给人以焕然一新的感觉，且橱柜台面高低一致，辅以嵌入式煤气灶，增加了美的感觉。价格也为普通消费者所接受，一般每延米200～500元。

缺点：台面易被水和潮气侵蚀，使用不当，会导致脱胶、变形、基材膨胀等后果。

适合风格：现代简约。

4) 人造石

优点：人造石是市场公认的最适宜于现代厨房的橱柜面板材料。与其他材质相比，人造石集美观和实用于一身。既具有天然大理石的优雅和花岗石的坚硬，又具有木材般的细腻和温暖感，还具有陶瓷般的光泽，其耐磨、耐酸、耐高温，抗冲、抗压、抗折、抗渗透等功能也很强。其变形、黏合、转弯等部位的处理有独到之处；因为表面没有孔隙，油污、水渍不易渗入其中，因此抗污力强；它有着丰富的花色，整体就能成型，同时可任意长度无缝粘接，接缝处毫无痕迹，浑然一体可打造造型多变的台面。

缺点：价格较高，自然性不足，纹理相对较假，防烫能力不强。

适合风格：多种。

特别提示：即使是无缝人造石，因其加工工艺的不同，质量也不同。价位也因国产和进口而不同，国产无缝人造石价格为1200～1500元每延米，进口产品价格每延米在2500元左右或更高。

台面材料是橱柜的重要组成部分，每种台面材料各有其短长，但是并不难选择，比如你要制作长度超过2.4米的橱柜，最好采用人造石台面，因它拼接后浑然一体，而天然石材不能做得太长，需要用多块板材拼接，接缝很明显，影响美观和卫生；同时，台面材料直接影响到“整体厨房”的造价，两万元左右的“整体厨房”通常采用无缝人造石台面，突出厨房档次和装修效果；天然石造价多变，一般用于中低档厨房装修。

2. 决定橱柜款式的因素

决定橱柜款式的因素很多，如格局、风格、色彩等。众多因素要综合考虑，并要与室内的其他环境相和谐。

厨房的格局通常由空间决定，狭窄的厨房通常采用“一”字型，也是使用最方便的格局形式。如果厨房足够大，你可考虑“U”型格局。“岛”型格局即开放式格局，是近年来比较流行的设计方式。许多家庭虽然厨房不够宽大，却将其与客厅之间打通，使烹饪、就餐、会客在同一空间。这样的处理方式很具有亲和力，一家人以就餐区作为餐前及餐后的活动中心区。

3. 橱柜的风格

古典风格——古典风格的典雅尊贵、特有的亲切与沉稳，满足了成功人士对它的心理迎合。传统的古典风格要求厨房空间很大，“U”型与“岛”型是比较适宜的格局形式。在材质上，实木当然为首选，它的颜色、花纹及其特有的朴实无华为人们所推崇。

乡村风格——乡村风格拉近了人与自然的距离。具有乡野味道的彩绘瓷砖，描画出水果、花鸟等自然景观，呈现出宁静而恬适的质朴风采。原木地板在此也是极佳的装饰材料，温润的脚感仿佛熏染了大地气息。而在橱柜上则更多选择实木。水洗绿、柠檬黄，是多年以来都流行的色彩，木条的面板纹饰强化了自然味道。

现代风格——现代风格的厨具摒弃了华丽的装饰，在线条上简洁干净，更注重色彩的搭配，从亮丽的红、黄、紫色到明亮的蓝、绿等颜色都被应用。在与其他空间的搭配上，这种风格也更容易些。它不受约束，对装饰材料的要求也不高。

前卫风格——前卫的年轻人追求标新立异。他们在材质上多选择当年最为流行的质地，如2000年玻璃、金属被及时接纳，在巧妙的搭配中传递出时尚的信息。

实用主义——实用主义在配置中只以基本的底柜作为储存区，并配以烤箱、灶台、抽油烟机等主要设备来完成比较完整的烹饪操作过程，水槽通常会被省略以节约空间。这种风格强调了实用、简洁的特点。

4. 橱柜的计价方式

(1) 按延长米计价，即按长度计算。延米指的是一个特殊的用语，也是计量单位。1 延米顾名思义就是一个延长米，在橱柜厂家的产品中比较常用。它包括一米长的操作台和一米长的吊柜，但这种方式的标准并未统一，如底柜，到底是按靠墙一面算，还是沿台面中线计，或是沿台面外沿计。现在大多数厂家都认为应以柜体长度为根据来计算(高度如有差别，也应考虑差价)，这种计价方式最大毛病在于内部构造的差异体现难，价差计算问题多。

(2) 按单体柜算。这种计价方式是将柜体、柜门、五金件作为一个整体算，以每一款式为单位，可认为是定款定价；台面另计。

(3) 四分法。即将柜体、柜门、五金、台面分开计算，度身定造。其性价比一目了然。

(4) 部件法。这种方式可视为四分法的变化，最大限度地让材料与价格结合起来，“水分”趋于无限小。

实训指导书

了解石材的种类、规格、性能等，熟悉其特点和技术要求，重点掌握各类石材的应用情况。根据装修要求，能够正确并合理的选择石材，判断出石材质量的好坏。

一、实训目的

让学生自主地到建筑装饰材料市场和建筑装饰施工现场进行考察和实训，了解常用装饰石材的价格，熟悉装饰石材的应用情况，能够准确识别各种常用装饰石材的名称、规格、种类、价格、使用要求及适用范围等。

二、实训方式

1. 建筑装饰材料市场的调查分析

学生分组：3～5 人一组，自主地到建筑装饰材料市场进行调查分析。

调查方法：学会以调查、咨询为主，认识各种装饰石材、调查材料价格、收集材料样本图片、掌握材料的选用要求。

重点调查：不同装饰石材的常用规格，如大理石、花岗石的常用规格；人造大理石板的常用规格。

2. 建筑装饰施工现场装饰材料使用的调研

学生分组：10～15 人一组，由教师或现场负责人指导。

调查方法：结合施工现场和工程实际情况，在教师或现场负责人指导下，熟知装饰石材在工程中的使用情况和注意事项。

重点调查：不同用途装饰石材的技术要求，如干挂石材时石材的厚度及最大规格；地面石材铺设时的厚度要求。

三、实训内容及要求

(1) 认真完成调研日记。
(2) 填写材料调研报告。
(3) 实训小结。

第4章

建筑装饰陶瓷

教学目标

熟悉建筑装饰陶瓷技术要求和特点；掌握釉面内墙砖、陶瓷墙地砖的品种、性能和应用范围；能够正确合理选择建筑装饰陶瓷。

教学要求

能力目标	相关试验或实训	重　点
了解建筑陶瓷的分类、生产和修饰	调研本地市场陶瓷产品价格、性能及用途	
能根据陶瓷的基本知识识别当地市场各种内墙砖的品种与应用		★
能根据陶瓷的基本知识识别当地市场各种墙地砖的品种与应用		
能根据国家标准进行陶瓷质量的检测及简易质量评价	简易判定陶瓷产品质量	★

引 例

在卫生间装修的时候，为了能够防潮、防水、易清洁，墙面和地面一般选择什么材料？如图4.1所示，若选用装饰陶瓷及制品，如何根据墙面、地面、台面等装修部位选用不同类型、规格的陶瓷及制品？公共建筑与家装在选择陶瓷及制品时有何不同？

常用的陶瓷装饰材料都有哪些种类，各有什么特点？怎么样鉴别瓷砖的质量好坏？

图4.1　装饰陶瓷在卫生间的应用

4.1　陶瓷的基本知识

4.1.1　陶瓷的概念与分类

陶瓷是以黏土为主要原料以及各种天然矿物经过粉碎混炼、成型和煅烧制得的材料以及各种制品。陶瓷是陶器与瓷器的总称。它们虽然都是由黏土和其他材料经烧结而成，但所含杂质不同，陶含杂质量大，瓷含杂质量小或无杂质，而且其制品的坯体以及断面均不同。介于陶和瓷之间的一种材料叫做炻(shi)。因此根据陶瓷制品的特点，陶瓷可分为陶器、炻器和瓷器三大类。

从产品的种类来说，陶器其质坚硬，吸水率大于10%，密度小，断面粗糙无光，不透明，敲之声音粗哑，有的无釉，有的施釉。瓷器的坯体致密，基本不吸水，强度比较高，且耐磨性好，有一定的半透明性，通常都施有釉层(某些特种瓷也不施釉，甚至颜色不白)，但烧结程度很高。炻器与陶器的区别在于陶器坯体是多孔的，而炻器坯体的气孔率很低，其坯体致密，达到了烧结程度，吸水率通常小于2%；炻器与瓷器的主要区别是炻器坯体多数都带有颜色且无半透明性。

陶器又分为粗陶和精陶两种。粗陶坯料一般由一种或一种以上的含杂质较多的黏土组成，有时还需要掺用瘠性原料或熟料以减少收缩。建筑上所用的砖瓦以及陶管、盆、罐和某些日用缸器均属于这一类。精陶通常两次烧成，素烧的最终温度为1250～1280℃，釉烧的温度为 1050～1150℃。精陶按其用途不同可分为建筑精陶(如釉面砖)、美术精陶和日用精陶。

炻器按其坯体细密性、均匀性以及粗糙程度分为粗炻器和细炻器两大类。建筑装饰用的外墙砖、地砖以及耐酸化工陶瓷、缸器均属于粗炻器；日用炻器和陈设品则属于细炻器。

宜兴紫砂陶即是一种不施釉的有色细炻器。通常生产细炻器的工艺与瓷器相近，只是细炻器坯料中黏土用量较多，对杂质含量的控制不及瓷器严格，熔剂长石的用量比瓷器少得多。炻器的机械强度和热稳定性优于瓷器，且可采用质量较劣的黏土，因而成本也较瓷器低廉。

4.1.2 陶瓷的原料和基本工艺

陶瓷原料主要来自岩石及其风化物黏土，这些原料大体都是由硅和铝构成的。其中主要包括：石英(二氧化硅——改善陶瓷原料过黏)，长石(二氧化硅及氧化铝为主，又含有钾、钠、钙等元素)，高岭土(氧化硅和氧化铝——是陶瓷的主要原料)。

除了上述的原料外，釉也是陶瓷生产的一种原料，是陶瓷艺术的重要组成部分，釉是涂刷并覆盖在陶瓷坯体表面的，在较低的温度下即可熔融液化并形成一种具有色彩和光泽的玻璃体薄层的物质。它可使制品表面变得平滑、光亮、不吸水，对提高制品的装饰性、艺术性、强度、抗冻性，改善制品热稳定性、化学稳定性具有重要意义。釉料的主要成分也是硅酸盐，同时采用盐基物质作为媒溶剂，盐基物质包括氧化钠、氧化钾、氧化钙、氧化镁、氧化铅等。另外釉料中还采用金属及其氧化物作为着色剂，着色剂包括铁、铜、钴、锰、锑、铅以及其他金属。

陶瓷的生产工艺过程：原料的预处理(包括原料的储存、风化、洗选、干燥等)、准确配料、破碎、挤练、成型、制坯、干燥、入窑焙烧、出窑检验。

历史背景

中国制陶技艺的产生及发展

在中国，制陶技艺的产生可追溯到纪元前4500年至前2500年的时代，可以说，中华民族发展史中的一个重要组成部分是陶瓷发展史，中国在科学技术上的成果以及对美的追求与塑造，在许多方面都是通过陶瓷制作来体现的，并形成各时代非常典型的技术与艺术特征。早在欧洲掌握制瓷技术之前一千多年，中国已能制造出相当精美的瓷器。从我国陶瓷发展史来看，一般是把“陶瓷”这个名词一分为二，为陶和瓷两大类。中国传统陶瓷的发展，经历过一个相当漫长的历史时期，种类繁杂，工艺特殊，所以，对中国传统陶瓷的分类除考虑技术上的硬性指标外，还需要综合考虑传统的习惯分类方法，结合古今科技认识上的变化，才能更为有效地得出归类结论。

从传说中的黄帝尧舜及至夏朝(约公元前21世纪至公元前16世纪)，是彩陶发展的标志期。其中有较为典型的仰韶文化以及在甘肃发现的稍晚的马家窑与齐家文化等，期间除日用餐饮器皿之外，祭祀礼仪所用之物也大为发展。从公元前206年至公元220年之间的汉代，对陶器更为重视。较为坚致的釉陶普遍出现，汉字中开始出现“瓷”字。六朝时期(公元220—581年)，迅速兴起的佛教艺术对陶瓷也产生了相应的影响，在此季作品造型上留有明显痕迹。

唐代(公元618年至公元970年)陶瓷的工艺技术改进巨大，许多精细瓷器品种大量出现。唐末出现了一个陶瓷新品种—柴窑瓷，质地之优被广为传颂，但传世者极为罕见。

陶瓷业至宋代(公元960—1279年)得到了蓬勃发展，并开始对欧洲及南洋诸国大量输出。以钧、汝、官、哥、定为代表的众多有各自特色的名窑在全国各地兴起，产品在色品种日趋丰富。公元1280年，元朝枢府窑出现，景德镇开始成为中国陶瓷产业中心，其名声远扬世界各地。景德镇生产的白瓷与釉下蓝色纹饰形成鲜明对比，青花瓷(图4.2)自此起兴在以后的各个历史时期也一直深受人们的喜爱。

图4.2 青花瓷

明代景德镇的陶瓷业在世界上是最好的，在工艺技术和艺术水平上独占突出地位，尤其是青花瓷达到了登峰造极的地步。此外，福建的德化窑、浙江的龙泉窑、河北的磁州窑也都以各自风格迥异的优质陶瓷蜚声于世。满清统治垂二百余年间，其中康熙、雍正、乾隆三代被认为是整个清朝统治下陶瓷业最为辉煌的时期，工艺技术较为复杂的产品多有出现，各种颜色釉及釉上彩异常丰富。到清代晚期，中国的陶瓷制造业日趋退化。

民国初，军阀袁世凯企图复辟帝制，曾特制了一批“洪宪”年号款识的瓷器，以粉彩为主，风格老旧。由于内战频仍，外国入侵，民不聊生，整个陶瓷工业也全面败落，直到新中国成立以前，未出现过让世人注目的产品。

4.1.3 陶瓷的表面装饰

陶瓷的表面装饰是对陶瓷制品进行艺术加工的重要手段，它能大大提高制品的外观效果，同时对制品本身也起一定保护作用，从而有效地把制品的实用性和艺术性有机地结合起来。

1. 施釉

所谓釉是指附着于陶瓷坯体表面的连续玻璃质层。它具有与玻璃相类似的某些物理化学性质。

1) 长石釉和石灰釉

长石釉和石灰釉是瓷器、炻器和硬质精陶使用最广泛的两种釉。釉料一般都是由石英、长石、石灰石或方解石、大理石、白垩、高岭土、黏土及废瓷物等物质组成的。化学成分中含 SiO_2 和 Al_2O_3 较高，成熟温度在1250℃以上，属高温釉类，也是透明釉的一种。

2) 滑石釉和混合釉

滑石釉是在长石釉和石灰釉的基础上逐步发展而来的。滑石是为了克服长石釉和石灰釉的不足而引进的，结果滑石的引进不仅使釉的烧成范围加宽了，而且还大大地提高了白度和透明度，当碱性组成中 MgO 的分子数在0.5以上则称为滑石釉。

近代釉料趋同于多熔剂组成，称之为混合釉。它是以长石-石英-高岭土和其他多种助熔剂(滑石、白云石、方解石、氧化锌等)组成的釉料。采用多种熔剂，其助熔效果比单一熔剂作用好，根据各种熔剂的特性进行调配，可获得较为满意的效果。滑石用量一般在10%～15%；方解石用量在 2%～5%；建筑陶器、炻器及硬质精陶用量也不宜超过 18%；氧化锌用量不宜过高；细瓷白釉最好控制在1%左右，高了易产生针孔，用量超过5%，釉面还会出现析晶现象。

3) 生料釉和熔块釉

生料釉是直接将原料制备成釉浆，这些原料在调制时不溶于水，在高温时能相互熔融。以上所讲的长石釉、石灰釉、滑石釉、混合釉均属此类。

熔块釉是在制浆前，先将部分原料熔成玻璃状物质并用水淬成小块(熔块)，再与其余原料混合研磨成釉料。目前熔块釉多用于成熟温度较低的釉料，而且往往要用到低熔点的熔剂如碳酸钾、硝酸钾、碳酸钠、硝酸钠、硼酸与硼酸盐以及铅的化合物等。这些物质中有些属于可溶性盐类，有的有毒，生料釉和熔块釉多用于精陶及某些软质瓷器。

4) 透明釉和乳浊釉

透明釉是指釉层经高温熔融后所生成的无定形玻璃体。坯体本身的颜色能够通过釉层反映表面，釉面砖表面带上一层易熔的透明釉。但有时为了特殊的装饰要求，或者为了遮盖不够洁白的坯体，人为地往透明釉中引入一定量的乳浊剂，使釉面产生了细微的晶粒、微细的气泡或残留的细晶而形成所谓“乳浊釉”，常用的乳浊剂有 SiO_2、ZrO_2、$ZrSO_2$、TiO_2等。

5) 色釉

色釉是在釉的组成中加入着色氧化物或它们的盐类，使釉呈现出美丽的颜色。例如以铁为着色剂的釉在还原焰中烧成青色，以铜为着色剂的釉在还原焰中烧成红色。

按烧成温度不同，色釉分成高温色釉与低温色釉两种，其界限为1250℃。陶器通常用低温色釉而炻器与瓷器则用高温色釉。

6) 土釉

土釉是一种采用天然有色黏土，经过淘洗后，掺入一定数量的方解石或长石，经加工制备而成的釉料，由于含有较多的Fe_2O_3、MnO_2、TiO_2等着色氧化物，可以呈现浅黄、赤黄、红褐以及黑的颜色。这种釉料具有熔融温度低、光泽好、价格低等优点。

7) 食盐釉

食盐釉不是在生坯上施釉，因此不需要事先准备，而是当产品煅烧至高温接近止火区温度时，把食盐投入燃烧室中，在温度和烟气中的水蒸气作用下，食盐被分解为 Na_2O 及 HCl，以气态均匀分布于窑内。Na_2O 与坯体表面的黏土中的 Al_2O_3 和黏土中的游离 SiO_2 反应生成玻璃质的釉层($Na_2O \cdot Al_2O_3 \cdot SiO_2$)。这种釉与坯体结合有牢固、耐久、不开裂、不脱落、耐酸性强等特点。

知识链接

彩绘手法的名词解释

青花瓷——用钴料在素坯上描绘纹饰，然后施透明釉，在高温中一次烧成。蓝花在釉下，因此属釉下彩。青花瓷的特点是明快、清新、雅致、大方，装饰性强，永不掉色，为人们所珍爱；并在瓷器制造工艺中有着极为重要的地位。青花瓷普遍的是白底蓝花瓷器，发展至后来，也包括了蓝底白花瓷器。

釉里红——又名釉下红，起源于宋代均窑的紫红斑釉。它可单独装饰，也可把青、红色料结合使用(此装饰叫青花釉里红)，釉里红呈色稳定敦厚。中国传统习惯上，常常以红色代表吉祥与富贵，而且釉里红的呈色稳重，敦厚，既壮丽，又朴实。

斗彩——是一种以釉下青花、釉里红和釉上多种彩结合而成的品种。斗彩创烧于明成化时期，是釉下彩(青花)与釉上彩相结合的一种装饰品种，如明成化斗彩鸡缸杯。斗彩的特点是静动兼蓄，对比鲜明，既素雅又堂皇。

粉彩——也叫“古彩”，是釉上彩的一个品种。是用玻璃白(白色彩料)和五彩彩料的融合，使各种彩色产生了“粉化”。红彩变成粉红，绿彩变成淡绿，黄彩变成浅黄，其他颜色也都变成不透明的浅色调，并可控制其加入量的多寡来获得一系列不同深浅浓淡的色调，给人粉润柔和之感，故称这种釉上彩为“粉彩”，在表现技法上，从平填已进展到明暗的洗染；在风格上，其布局和笔法，都具有传统的中国画的特征。从装饰的艺术效果来看，具有秀美、俊雅、持重、朴实而又富丽堂皇的特点。凡绘画中所能表现的一切，无论工笔或写意，用粉彩几乎都能表现。用这种方法画出来的人物、花鸟、山水等，都有明暗、深浅和阴阳向背之分，增加了层次和立体感，从而形成了淡雅、精细、填色和洗染、烧成等工艺步骤。

2. 彩绘

彩绘是指在陶瓷制品表面绘上彩色图案、花纹等，使陶瓷制品有更好的装饰性。

1) 釉下彩绘

在生坯(或素烧釉坯)上进行彩绘，然后施一层透明釉，最后釉烧即为釉下彩绘。青花瓷、釉里红以及釉下五彩是我国的名贵釉下彩制品。

2) 釉上彩绘

釉上彩绘系在釉烧过的陶瓷釉上用低温彩料进行彩绘，然后在较低的温度下(600～900℃)经彩烧而成(釉烧在前)。

3) 贵金属装饰

用金、铂、钯或银等贵金属在陶瓷釉上装饰通常只限于一些高级细陶瓷制品。其中最常见的是饰金，如金边、图画描金等。

4.2 陶瓷墙地砖

陶瓷墙地砖为陶瓷外墙面砖和室内、室外陶瓷地砖的统称。陶瓷墙地砖质地较密实、强度高，吸水率小，热稳定性、耐磨性及抗冻性均较好。表面质感多种多样，通过配料和改变制作工艺，可制成平面、麻面、毛面、磨光面、抛光面、纹点面、仿花岗岩面、压花浮雕表面、无光釉面、有光釉面、金属光泽面、防滑面、耐磨面等不同制品。

4.2.1 陶瓷墙地砖的种类

1. 按用途分类

陶瓷墙地砖按其用途可分为墙面砖和地面砖。

1) 外墙面砖

外墙面砖通常用于建筑物的外墙饰面，具有坚固耐用、色彩鲜艳、易清洗、防火、防水、耐磨、耐腐蚀和维修费用低等特点。由于受风吹日晒、冷热冻融等自然因素的作用较严重，因而要求其不仅具有装饰性能，更要满足一定的抗冻性、抗风化能力和耐污染性能。

但不足之处是造价偏高、工效低、自重大。

常用外墙砖的规格(单位：mm)有45×195、50×200、52×230、60×240、100×100、100×200、200×400等，厚6～8mm。外墙面砖规格不宜太大，否则影响贴牢度和安全性。外墙面砖表面有施釉和无釉之分，施釉砖有亚光和亮光之分，表面有平滑和粗糙之分，颜色有各种色彩。为了增强面砖与基层墙面的粘结力，面砖背面带有凹凸条纹。外墙面砖的种类、性能和用途见表4-1。

表4-1 外墙面砖的种类、性能和用途

种类		性能	用途
名称	说明		
表面无釉外墙面砖(墙面砖)	有白、浅黄、深黄、红、绿等色	质地坚硬，吸水率较小，色调柔和，耐水抗冻，经久耐用，防火，易清洗等	用于建筑物外墙，作装饰及保护墙面之用

续表

种类		性能	用途
名称	说明		
表面有釉外墙面砖(彩釉砖)	有红、蓝、绿、金砂釉、黄、白等色	质地坚硬，吸水率较小，色调柔和，耐水抗冻，经久耐用，防火，易清洗等	用于建筑物外墙，作装饰及保护墙面之用
线砖	表面有突起线条有釉，并有黄绿等色		
外墙立体面砖(立体彩釉砖)	表面有釉，做成各种立体图案		

2) 地砖

地砖主要用于室内及室外地面的装饰，具有较强的抗冲击性和耐磨性，吸水率较低，抗污能力强。地砖常用规格(单位：mm)有 300×300、400×400、500×500、600×600、800×800、1000×1000，厚度根据地砖规格不同为 7～12mm。其品种主要有彩釉地砖、无釉亚光地砖、广场砖、瓷质砖等。

2. 按表面是否施釉分类

陶瓷墙地砖按其表面是否施釉可分为彩色釉面陶瓷墙地砖和无釉陶瓷墙地砖。

1) 彩色釉面陶瓷墙地砖

彩色釉面陶瓷墙地砖是以陶土为主要原料，配料制浆后，经半压干成型、施釉、高温焙烧制成的饰面陶瓷。主要用于建筑物墙面、地面装饰用的彩色釉面陶瓷墙地砖，简称彩釉砖。其色彩瑰丽，丰富多变，具有极强的装饰性和耐久性；结构致密，抗压强度较高，易清洁，装饰效果好，广泛应用于各类建筑物的外墙、柱的饰面和地面装饰。用于不同部位的墙地砖应考虑其特殊的要求，如用于铺地时应考虑彩釉砖的耐磨级别；用于寒冷地区时，应选用吸水率尽可能小(低于 3%)、抗冻性能好的墙地砖。

表面有平面和立体浮雕面的，有镜面和防滑亚光面的，有带纹点和仿大理石、花岗石图案的，有使用各种装饰釉作为釉面的。彩釉砖的主要规格尺寸见表 4-2。平面形状分为正方形和长方形两种，其中长宽比大于 3 的通常称为条砖。彩釉砖的厚度一般为 8～12mm。非定型和异型产品的规格由供需双方商定。随着生产工艺的不断改进，其规格尺寸越来越大，目前能生产的最大的规格为 1200mm×3000mm。

表 4-2 彩色釉面陶瓷墙地砖的主要规格尺寸 (单位：mm)

大型	500×500	600×600	800×800	900×900	1000×1000	1200×600
中型	100×100	150×150	200×200	250× 250	300×300	400×400
	150× 75	200× 100	200×150	250× 150	300×150	300×200
小型	115× 65	240× 65	130× 65	260×65	其他规格和异型产品由供需双方自定	

2) 无釉陶瓷墙地砖

无釉陶瓷墙地砖简称无釉砖，是以优质瓷土为主要原料的基料喷雾料加一种或几种着色喷雾料(单色细颗粒)经混匀、冲压、烧制所得的制品。无釉砖吸水率较低，常为无釉瓷质砖、无釉炻质砖、无釉细炻砖范畴。无釉砖再加工后分抛光和不抛光两种。无釉陶瓷墙地砖颜色以素色和有色斑点为主，表面有平面、浮雕面和防滑面等多种形式，适用于商场、宾馆、饭店、游乐场、会议厅、展览馆等人流较密集的建筑物室内外地面。特别是采用小规格的无釉陶瓷墙地砖用于公共建筑的大厅和室外广场的地面铺贴，经不同颜色和图案的组合，形成质朴、大方、高雅的风格，同时兼有分区、引导、指向的作用。各种防滑无釉陶瓷墙地砖也广泛用于民用住宅的室外平台、浴厕等地面装饰。

无釉陶瓷墙地砖按产品的表面质量和变形偏差分为优等品、一等品和合格品3个等级。产品的规格尺寸见表4-3。除表中所列正方形、长方形规格外，无釉砖还有采用六角形、八角形及叶片状等形态的异型产品。

表4-3 无釉陶瓷墙地砖的主要规格尺寸 (单位：mm)

小型	300×300	400×400	450×450	500×500	600×600
大型	800×800	900×900	1000×1000	1000×2000	

3. 按成型分法分类

陶瓷墙地砖按其成型方法分为挤压砖和干压砖。

1) 干压砖

干压砖是将混合好的粉料置于模具中，在一定压力下压制成型的陶瓷墙地砖。一般陶瓷墙地砖都属于干压砖。

2) 挤压砖

挤压砖是将可塑性坯料经过挤压机挤出成型，再将所成型的泥条按砖的预定尺寸进行切割。劈离砖属于挤压砖。

劈离砖是将一定配比的原料，经粉碎、炼泥、真空挤压成型、干燥、高温烧结而成的。由于成型时为双砖背联坯体，烧成后再劈离成两块砖，故称劈离砖。坯体密实，强度高，其抗折强度不小于30MPa；吸水率小，低于6%；表面硬度大，耐磨防滑，耐腐抗冻，冷热性能稳定。背面凹槽纹与粘结砂浆形成楔形结合，可保证铺贴砖时粘接牢固。

劈离砖种类很多，其特点是色彩丰富，颜色自然柔和，表面质感变幻多样，细质清秀，粗质浑厚。劈离砖表面上釉的，光泽晶莹，富丽堂皇；表面无釉的，质朴，典雅大方，无反射眩光，可用于建筑的内墙、外墙、地面、台阶、地坪及游泳池等建筑部位，厚度大的劈离砖特别适用于公园、广场、停车场、人行道等露天地面的铺设。近来我国一些大型公共建筑，如北京亚运村国际会议中心和国际文化交流中心均采用了劈离砖作外墙饰面及地坪，取得了良好的装饰效果。

劈离砖按用途分为地砖、墙砖、踏步砖、角砖(异型砖)等各种。劈离砖的主要规格尺寸见表4-4。

表4-4 劈离砖的主要规格尺寸 (单位：mm)

240×52×11	194×94×11	194×52×13	190×190×13
240×71×11	120×120×12	194×94×13	150×150×14
240×115×11	240×115×12	240×52×13	200×200×14
240×115×12	240×115×12	240×115×13	300×300×14

4.2.2 陶瓷墙地砖的技术性能

陶瓷墙地砖吸水率变化范围很大，其质量要求随吸水率的不同而有较大不同。陶瓷墙地砖的国家标准为GB/T 4100—2007，按照陶瓷砖产品的吸水率(E)和成型方法不同将陶瓷砖分为以下几类，见表 4-5。按吸水率不同可将陶瓷墙地砖分为五大类，即瓷质砖($E\leqslant0.5\%$)、炻瓷砖($0.5\%<E\leqslant3\%$)、细炻砖($3\%<E\leqslant6\%$)、炻质砖($6\%<E\leqslant10\%$)和陶质砖($E>10\%$)。陶瓷墙地砖的技术要求主要是指产品的尺寸、表面质量、物理性能和化学性能。

表 4-5 陶瓷砖按成型方法和吸水率分类表

成型方法	Ⅰ类 $E\leqslant3\%$	Ⅱa 类 $3\%<E\leqslant6\%$	Ⅱb 类 $6\%<E<10\%$	Ⅲ类 $E>10\%$
A(挤压)	AⅠ类	AⅡa_1类①	AⅡb_1类①	AⅢ类
		AⅡa_2类①	AⅡb_2类①	
B(干压)	BⅠa 类瓷质砖(E≤0.55)	BⅡa 类细炻砖	BⅡb 类炻质砖	BⅢ类②陶质砖
	BⅠb 类炻瓷砖(0.5%<E≤3%)			
C(其他)	CⅠ类③	CⅡa 类③	CⅡb 类③	CⅢ类③

注：① AⅡa 类和 AⅡb 类按照产品不同性能分为两个部分；

② BⅢ类仅包括有釉砖，此类不包括吸水率大于 10%的干压成型无釉砖；

③ 本标准中不包括这类砖。

1. 瓷质砖与炻瓷砖的技术要求

1) 尺寸偏差

(1) 瓷质砖、炻瓷砖的长度、宽度和厚度允许偏差及边直度、直角度和表面平整度应符合 GB/T 4100—2006 的规定。

(2) 每块抛光砖(2 或 4 条边)的平均尺寸相对于工作尺寸的允许偏差为±1.0mm。

(3) 模数砖名义尺寸连接宽度为 2～5mm，非模数砖工作尺寸与名义尺寸之间的偏差不大于±2%(最大±5mm)。

(4) 抛光砖的边直度、直角度和表面平整度允许偏差为 0.2%，且最大偏差不超过 2.0mm。

2) 陶瓷墙地砖的表面质量和物理性能

瓷质砖、炻瓷砖、细炻砖、炻质砖的表面质量和物理性能汇总见表 4-6。

表 4-6 瓷质砖、炻瓷砖、细炻砖、炻质砖的表面质量和物理性能汇总

物理性能		瓷质砖 ($E\leqslant0.5\%$)	炻瓷砖 ($0.5\%<E\leqslant3\%$)	细炻砖 ($3\%<E\leqslant6\%$)	炻质砖 ($6\%<E\leqslant10\%$)
表面质量		优等品：至少有 95%的砖距 0.8m 远处垂直观察表面无缺陷 合格品：至少有 95%的砖距 1m 远处垂直观察表面无缺陷			
平均吸水率单个值/%		≤0.6	≤3.3	≤6.5	≤11
破坏强度平均值/N	厚度≥7.5mm	≥1300	≥1100	≥1000	≥800
	厚度<7.5mm	≥700	≥700	≥600	≥500
断裂模数(不适用于破坏强度>3000N 的砖)	平均值/MPa	≥35	≥30	≥22	≥18
	单个值/MPa	≥32	≥27	≥20	≥16
抗热震性		经 10 次抗热震试验不出现炸裂或裂纹			
抗釉裂性		经抗釉裂性试验后，釉面应无裂纹或剥落			

续表

物理性能		瓷质砖 $(E\leqslant0.5\%)$	炻瓷砖 $(0.5\%<E\leqslant3\%)$	细炻砖 $(3\%<E\leqslant6\%)$	炻质砖 $(6\%<E\leqslant10\%)$
抗冻性		经抗冻性试验后，应无裂纹或剥落			
抛光砖光泽度/%		≥55			
耐磨性	无釉砖耐深度磨损体积/mm³	≤175	≤175	≤345	≤540
耐污染性	有釉砖经耐污染试验后	≥3 级	≥3 级	≥3 级	≥3 级

注：彩釉砖的抗冲击性、热膨胀系数、湿膨胀、小色差也应注意。

2. 细炻砖与炻质砖的技术要求

1) 尺寸偏差

(1) 细炻砖、炻质砖长度、宽度和厚度允许偏差以及边直度、直角度和表面平整度应符合 GB/T 4100—2006 的规定。

(2) 每块抛光砖(2 或 4 条边)的平均尺寸相对于工作尺寸的允许偏差为±1.0mm。

(3) 模数砖名义尺寸连接宽度为 2～5mm，非模数砖工作尺寸与名义尺寸之间的偏差不大于±2%(最大±5mm)。

(4) 抛光砖的边直度、直角度和表面平整度允许偏差为 0.2%，且最大偏差不超过 2.0mm。

2) 细炻砖、炻质砖的表面质量和物理性能(表 4-7)

表 4-7　细炻砖与炻质砖边直度、直角度和表面平整度

允许偏差/%		产品表面积/cm²							
		≤90		90～190		190～410		>410	
		优等品	合格品	优等品	合格品	优等品	合格品	优等品	合格品
边直度①(正面)相对于工作尺寸的最大允许偏差		±0.50	±0.75	±0.4	±0.5	±0.4	±0.5	±0.4	±0.5
直角度(正面)相对于工作尺寸的最大允许偏差		±0.70	±1.0	±0.4	±0.6	±0.4	±0.6	±0.4	±0.6
表面平整度相对于工作尺寸的最大允许偏差	a. 对于由工作尺寸计算的对角线的中心弯曲度	±0.70	±1.0	±0.4	±0.5	±0.4	±0.5	±0.4	±0.5
	b. 对于由工作尺寸计算的对角线的中心翘曲度	±0.70	±1.0	±0.4	±0.5	±0.4	±0.5	±0.4	±0.5
	c. 对于由工作尺寸计算的边弯曲度	0.70	±1.0	±0.3	±0.5	±0.3	±0.5	±0.3	±0.5

注：① 不适用于有弯曲形状的砖。

4.2.3　陶瓷墙地砖的选用

陶瓷墙地砖具有强度高、耐磨、化学稳定性好、易清洗、不燃烧、耐久性好等许多优点，工程中应用较广泛。陶瓷砖的质量主要体现在以下几个方面。

(1) 釉面。釉面应平滑、细腻。光泽釉面应晶莹亮泽，无光釉面应柔和、舒适。

(2) 色差。将几块陶瓷砖拼放在一起，在光线下仔细察看，好的产品色差很小，产品之间色调基本一致；而差的产品色差较大，产品之间色调深浅不一。

(3) 规格。可用卡尺测量。好的产品规格偏差小，铺贴后，产品整齐划一，砖缝挺直，装饰效果良好。差的产品规格偏差大，块材间尺寸不一。

(4) 变形。可用肉眼直接观察。要求产品边直面平，这样产品变形小，施工方便，铺贴后砖面平整美观。

(5) 图案。花色图案要细腻、逼真、没有明显的缺色、断线、错位等缺陷。

(6) 色调。外墙砖的色调应与周围环境保持协调，高层建筑物一般不宜选用白色或过于浅色的外墙装饰砖，以避免使建筑物缺乏质感；在室内装饰中，地砖和内墙砖的色调要协调。

(7) 防滑。陶瓷砖的防滑性是很重要的。要求铺地砖要有一定的粗糙度和带有凹凸花纹的表面，增加防滑性。

如何辨别陶瓷墙地砖的质量

选用时需注意的是，外墙砖施工要求较严格，若材料不合适，施工质量不好，则经长期风吹雨淋、日晒、昼夜温度交替后，易出现脱落现象，既影响立面装饰性，又会存在坠落伤人的危险。

选择地砖的时候，可根据个人的爱好和居室的功能要求，根据实际情况，从地砖的规格、色调、质地等方面进行筛选。

质量好的地砖规格大小统一，厚度均匀，地砖表面平整光滑、无气泡、无污点、无麻面、色彩鲜明、均匀有光泽、边角无缺陷、不变形，花纹图案清晰，抗压性能好，不易坏损。选购陶瓷墙地砖时，应注意以下几点。

(1) 从包装箱中任取一块，看表面是否平整完好。有釉面的其釉面应均匀、光亮、无斑点、无缺釉、无磕碰，四周边缘规整，图案完整。

(2) 取出两块砖，拼合对齐，中间缝隙越小越好。再看两砖图案是否衔接、清晰，有些图案上用四块砖拼合完整的，把这一箱砖全部取出，平摆在一个大平面上，从稍远的地方看这些砖的整体效果，其色泽应一致，如有个别砖的颜色深浅不一，出现色差，就会影响整体装饰效果。

(3) 把这些砖一块挨一块摞起，观察这些砖是否有翘曲变形现象，比较各砖的长、宽尺寸是否一致。

(4) 拿一块砖敲击另一块砖，或用其他硬物去敲击，如果声音异常，表明砖内有重皮或裂纹。

(5) 装饰装修工程大批量应用时，质量标准参照《建筑装饰装修工程施工质量验收规范》(GB 50210—2001)及最新建筑装饰装修工程施工质量验收标准规范及强制性条文中相应条款执行。

4.2.4 新型墙地砖

1. 仿花岗岩墙地砖

仿花岗岩墙地砖是一种全玻化、瓷质无釉墙地砖。它以高塑性黏土、石英、长石和一些添加剂为原料，经配料、粉碎、造粒、成型、干燥，最后在辊道窑内快速一次烧成。该种墙地砖玻化程度高、坚硬、吸水率低(＜1%)、抗折强度高、耐磨、抗冻、耐污染、耐久，可制成麻面、无光面或抛光面。

仿花岗岩墙地砖的规格有 200mm×200mm，300mm×300mm，400mm×400mm，

500mm×500mm 等，厚度为 8mm 和 9mm，可用于会议中心、宾馆、饭店、图书馆、商场、车站等的墙地面装饰。

2. 渗花砖

渗花砖的生产不同于在坯体表面施釉的墙地砖，它是采用焙烧时可渗入到坯体表面下 1～3mm 的着色颜料，使砖面呈现各种色彩和图案，然后经磨光或抛光表面而成。渗花砖强度高、吸水率低，特别是已渗到坯体的色彩图案具有良好的耐磨性，耐腐蚀性，不吸脏、不脱落、不褪色，经久耐用，表面抛光处理后光滑晶莹，色泽花纹丰富多彩，可以做出仿石、仿木的效果(图 4.3)，广泛应用于各类建筑和现代住宅的室内外地面和墙面的装饰。渗花砖常用的规格有 300mm×300mm，400mm×400mm，450mm×450mm，500mm×500mm 等，厚度为 7～8mm。

3. 玻化墙地砖

玻化墙地砖也称全瓷玻化砖，是坯料在 1230℃以上的高温下，使砖中的熔融成分呈玻璃态，具有玻璃的亮丽质感的一种新型高级铺地砖。玻化砖烧结程度很高，坯体致密。虽然表面不上釉，但吸水率很低(小于 0.5%)。该种墙地砖具有强度高(抗压强度可达 46MPa)、耐磨、耐酸碱、不褪色、易清洗、耐污染等特点。主要色系有白色、灰色、黑色、黄色、红色、蓝色、绿色、褐色等。调整其着色颜料的比例和制作工艺，可使砖面呈现不同的纹理、斑点，使其极似天然石材，如图 4.4 所示。

图 4.3　渗花砖

图 4.4　玻化墙地砖

玻化砖有抛光和不抛光两种。主要规格有 300mm×300mm，400mm×400mm，450mm×450mm，500mm×500mm 等，适用于各类大中型商业建筑、旅游建筑、观演建筑的室内外墙面和地面的装饰，也适用于民用住宅的室内地面装饰，是一种中高档的饰面材料。

特 别 提 示

- 玻化砖的简单易行的辨别办法，在砖上滴墨水，如果出现吸收就不是玻化砖。

4. 金属光泽釉面砖

金属光泽釉面砖，一般为表面热喷涂着色工艺，使砖表面呈现金、银等金属光泽。该类产品具有光泽耐久、质地坚韧、网纹淳朴、赋予墙面装饰静态美等优点，还有良好的热稳定性、耐酸性、易于清洁、装饰效果好等性能。

金属光泽釉面砖是一种高级墙体饰面材料，可给人以清新绚丽、金碧辉煌的特殊效果，适用于宾馆、饭店以及酒吧、咖啡厅等娱乐场所的内墙装饰，其特有的金属光泽和镜面效果，使人在雍容华贵中享受到浓郁的现代气息。

5. 陶瓷艺术砖

陶瓷艺术砖多用作以陶瓷面砖或陶板等建筑块材，经镶拼制作的艺术性装饰画。其艺术表现力丰富，充分利用砖面的色彩、图案组合，砖面的高低大小、质感的粗细变化，构成各种题材，具有强烈的艺术效果。铺贴时要按图案对单块砖进行编号，再按编号顺序进行施工，施工时要避免破损，否则会影响整体画面效果，再复制也较麻烦。陶瓷艺术砖具有单块面积大、强度高、厚度薄、平整度好、吸水率低、抗冻、抗化学侵蚀、耐急冷急热、施工方便等优点，并有绘制艺术、书法、条幅、陶瓷壁画等多种功能。产品表面可做成平滑或各种浮雕花纹图案，并施以各种彩色釉，用其作为建筑物外墙、内墙、墙裙、走廊大厅、立柱等的饰面材料，尤其适用于宾馆、酒楼、机场、车站、码头等公共空间的装饰。

近几年，铺地陶瓷产品正向着大尺寸、多功能、豪华型的方向发展。例如，从产品规格角度看，近年出现了许多边长在800mm左右，甚至达到1200mm的大规格地板砖，使得陶瓷铺地材料的产品规格接近或符合铺地石材的常用规格。再如，从功能方面看，在陶瓷地砖的传统功能之上，又常附加了一些其他的功能，如防滑功能等。从表面装饰效果的角度来看，变化就更大了，产品脱离了无釉单色的传统模式，出现了仿石型地砖、仿瓷型地砖、玻化地砖等不同装饰效果的陶瓷铺地砖。

4.3 釉 面 砖

釉面内墙砖简称釉面砖、瓷片、瓷砖或釉面陶土砖，是以难熔黏土(耐火黏土、叶蜡石或高岭土)为主要原料，加入一定量非可塑性掺料和助熔剂，共同研磨成浆体，经榨泥、烘干成为含一定水分的坯料后，通过模具压制成薄片坯体，再经烘干、素烧、施釉、釉烧等工序加工制成。

4.3.1 釉面砖的特点

釉面砖是用于建筑物内墙面装饰的薄片状精陶建筑材料，其结构由坯体和表面釉彩层两部分组成。它具有色泽柔和、典雅、美观耐用、表面光滑洁净、耐火、防水、抗腐蚀、热稳定性能良好等特点，釉面砖是多孔的精陶坯体，吸水率为18%～21%，在长期与空气的接触过程中，特别是在潮湿的环境中使用，会吸收大量的水分而产生吸湿膨胀的现象。由于釉的吸湿膨胀非常小，当坯体膨胀的程度增长到使釉面处于张应力状态，应力超过釉的抗拉强度时，釉面会发生开裂。故釉面砖不能用于外墙和室外，否则经风吹日晒、严寒酷暑，将导致碎裂。由于釉面砖的热稳定性好、防火、防潮、耐酸碱、表面光滑、易清洗，常用于厨房、浴室、卫生间、试验室、医院等室内墙面、台面等装饰。

釉面砖的主要种类及特点见表4-8。

表 4-8　釉面砖的主要种类及特点

种　类		特　点
白色釉面砖		色纯白、釉面光亮、清洁大方
彩色釉面砖	有光彩色釉面砖	釉面光亮晶莹、色彩丰富雅致
	无光彩色釉面砖	釉面半无光、不晃眼、色泽一致、柔和
装饰釉面砖	花釉砖	是在同一砖上施以多种彩釉经高温烧成；色釉互相渗透，花纹千姿百态，装饰效果良好
	结晶釉砖	晶化辉映，纹理多姿
	斑纹釉砖	斑纹釉面，丰富生动
	仿大理石釉砖	具有天然大理石花纹，颜色丰富，美观大方
图案砖	白色图案砖	是在白色釉面砖上装饰各种图案经高温烧成；纹样清晰
	色地图案砖	是在有光或无光的彩色釉面砖上装饰各种图案，经高温烧成；具有浮雕、缎光、绒毛、彩漆等效果
字画釉面砖	瓷砖画	以各种釉面砖拼成各种瓷砖画，或根据已有画稿烧制成釉面砖，拼装成各种瓷砖画；清晰美观，永不褪色
	色釉陶瓷字	以各种色釉、瓷土烧制而成；色彩丰富，光亮美观，永不褪色

工程案例

中原地区某高校办公楼工程，竣工后经过一个冬季，在外墙勒脚贴的釉面砖出现大量的裂纹与剥落。试分析原因。

案例分析：从外因上分析，主要是当年出现罕见低温冰冻，致使砂浆层与釉面砖、釉面砖中的釉与坯体收缩不一致，在一般温差下这种变形差异比较小，当温差比较大时，在热胀冷缩过程中釉的变形大于坯，所以出现裂纹，而砂浆层变形大于釉面砖，所以出现脱落；从内因上分析，是由于把内墙釉面砖用于室外，结果受干湿温变作用的影响，引起釉面的开裂，并最终导致出现剥落掉皮等现象。

结论：外墙勒脚釉面砖应选用质量较好的外墙釉面砖。

4.3.2　釉面砖的技术要求

1. 釉面砖的品种及规格

釉面砖按产品形状分为通用砖(正方形砖、长方形砖)和异型配件砖等。通用砖用于大面积墙面铺贴，异型配件砖用于墙面阴阳角和各收口部位的细部构造处理。按釉面颜色分为单色(含白色)砖、花色砖、图案砖等。为增强与基层的粘接力，釉面砖的背面均有凹槽纹，背纹深度一般不小于 0.2mm。釉面砖的尺寸规格很多，有 100mm×100mm、200mm×200mm、250mm×300mm、300mm×300mm、300mm×450mm、600mm×600mm 等。釉面砖的规格种类包括四面光砖、一面圆、两面圆、四面圆、阴三角砖、阳三角砖、阴角座砖、阳角座砖等。

2. 釉面砖的技术性能

釉面砖执行《陶瓷砖》(GB/T 4100—2006)标准。统一为使用质量标志即用合格或者符合标志。

釉面砖的尺寸允许偏差见表 4-9，主要物理化学性能见表 4-10。

表 4-9 釉面砖的尺寸允许偏差

(单位：%)

类型尺寸允许偏差		无间隔凸缘	有间隔凸缘
长宽度	每块砖(2 或 4 条边)的平均尺寸相对于工作尺寸的允许偏差[①]	L≤12cm：±0.75 L＞12cm：±0.50	±0.60 ±0.30
	每块砖(2 或 4 条边)的平均尺寸相对于 10 块砖(20 或 40 条边)平均尺寸的允许偏差[①]	L≤12cm：±0.50 L＞12cm：±0.30	±0.25
厚度	每块砖厚度的平均值相对于工作尺寸厚度的最大允许偏差	±10.0	±10.0

注：① 砖可以有一条或几条上釉边。

表 4-10 釉面砖的物理化学性能

项　目		性能要求
吸水率		平均值＞10%，单个值不小于 9%
破坏强度		厚度≥7.5mm：平均值不小于 600N 厚度＜7.5mm：平均值不小于 200N
断裂模数(不适用于破坏强度大于等于 3600N 的砖)		平均值不小于 15MPa，单个值不小于 12MPa
抗热震性		经 10 次抗震试验不出现炸裂或裂纹
抗釉裂性		有釉陶瓷砖经抗釉裂性试验后，釉面应无裂纹或剥落
抗冻性		陶瓷砖经抗冻性试验后，应无裂纹或剥落
耐磨性		用于铺地的有釉砖表面经耐磨性试验后报告磨损等级和转数
抗冲击性		经抗冲击性试验后报告陶质砖的平均恢复系数
线性热膨胀系数(从室温到 100℃)		经检验后报告陶瓷砖的线性热膨胀系数
湿膨胀/(mm/m)		经试验后报告陶瓷砖的湿膨胀平均值
小色差		经检验后报告陶瓷砖的色差值
摩擦系数		用于铺地的陶质砖经检验后报告陶瓷砖的摩擦系数
耐化学腐蚀性	耐低浓度酸和碱	经陶瓷砖耐化学腐蚀性等级试验后与生产企业确定的等级比较并判定
	耐高浓度酸和碱	经试验后报告陶瓷砖耐化学腐蚀性等级
	耐家庭化学试剂和游泳池盐类	经试验后有釉陶瓷砖不低于 GB 级，无釉陶瓷砖不低于 UB 级
耐污染性	有釉砖	经耐污染试验后不低于 3 级
铅和镉的溶出量		经试验后报告有釉陶瓷砖釉面铅和镉的溶出量

4.4 陶瓷砖质量检测

陶瓷砖的质量评定，主要是利用对陶瓷砖外观质量、外形尺寸、吸水率、弯曲强度、耐急冷急热性、耐化学腐蚀、抗冻性及耐磨性等主要性能进行测试所获得的结果，按照有关标准的规定，对陶瓷砖进行质量判定。

4.4.1 釉面砖质量检测

1. 检验分类

釉面砖的检验有出厂检验和型式检验两种。

(1) 出厂检验包括尺寸偏差、表面缺陷、色差、平整度、边直度、直角度、吸水率、弯曲强度、耐急冷急热性能。

(2) 型式检验包括标准技术要求所规定的全部项目(白色釉面砖之外的其他品种不检验白度)。正常情况下，型式检验每半年进行一次。

2. 组批及抽样

(1) 以批进行检验，以同品种、同规定、同色号、同等级的1000～2000m^{2}为一批。

(2) 试样按随机方法抽取满足表4-11要求数量的样本。非破性试验项目的试样，可用于其他项目的检验。

3. 合格判定

(1) 对尺寸允许偏差一项判定时，如果砖有一个尺寸不合格，则判定该釉面砖不合格。

(2) 对外观质量判定时，如果某块釉面砖不符合该等级的要求，则判定该釉面砖不合格。

(3) 当所检验的全部项目合格时，该批产品合格；若该批产品所检验的项目有一项或一项以上不合格时该批产品不合格。

表4-11 釉面砖随机抽取样本数 (单位：块)

项 目		试样数量		一次抽样		一次加两次抽样	
		一次(n_1)	二次(n_2)	接收数(Ac_1)	拒收数(Re_1)	接收数(Ac_2)	拒收数(Re_2)
吸水率		5	5	0	2	1	2
白度		5	5	0	2	1	2
釉面抗化学腐蚀	酸	5	5	0	2	1	2
	碱	5	5	0	2	1	2
耐急冷急热性能		10	10	0	2	1	2
平整度		10	10	0	2	1	2
边直度		10	10	0	2	1	2
直角度		10	10	0	2	1	2
抗龟裂性		5	5	0	2	1	2
尺寸偏差		50(30)	50(30)	4(3)	7(5)	8(6)	9(7)
表面缺陷		50(30)	50(30)	4(3)	7(5)	8(6)	9(7)
色差		50(30)	50(30)	4(3)	7(5)	8(6)	9(7)
弯曲强度		10	$\overline{X}\geqslant L$ 时接收；$\overline{X}<L$ 时拒收				

注：1. 括号内为尺寸大于152mm×152mm时的规定；

2. $\overline{X}$ 为平均值；L 为物理性能弯曲强度规定的指标。

4.4.2 彩色釉面砖质量检测

1. 检验分类

彩釉砖的检验有出厂检验和型式检验两种。

(1) 出厂检验包括尺寸偏差、表面质量和变形、吸水率、弯曲强度、耐急冷急热性能。

(2) 型式检验包括标准技术要求的全部项目。

2. 取样数量及方法

(1) 彩釉砖组批每 50～500m^2 为一个检验批，不足 50m^2 时按一个检验批计。抽样采取随机抽取的方法，一次抽取满足表 4-12 规定的规格尺寸和表面质量检验所需的试样。

表 4-12　样本大小及合格判定数　(单位：块)

项　目	样本大小(n)	合格判断数(Ac)	项　目	样本大小(n)	合格判断数(Ac)
规格尺寸	60	6	变形	10	2
表面质量	1m^2 或 25	按表 4-8 要求	吸水率	5	0
分层	50	0	耐急冷急热性	10	0
抗冻性	5	0	耐酸性	5	—
弯曲强度	10	—	耐碱性	5	—
耐磨性	8	—			

(2) 变形、吸水率、耐急冷急热性能、抗冻性、耐磨性、耐酸性、耐碱性所需样本，可从尺寸偏差、表面质量检验合格的试样中抽取。非破坏性试验项目的试样可用于其他项目检验。

3. 合格判定

(1) 一批产品级别的判定，依尺寸偏差、表面质量、变形尺寸检验后其中最低一级作为该批产品的级别。

(2) 吸水率、耐急冷急热性能、抗冻性经试验后，不合格砖数超过表 4-12 规定的合格判定数、弯曲强度试验值低于 24.5MPa，即判该批产品不合格。

4.4.3 无釉陶瓷砖质量检测

1. 取样数量及方法

(1) 以同品种、同规格、同色号、同等级的产品每 50～500m^2 为一批，不足 50m^2 按一批计。

(2) 按 GB/T 3810.1—2006 随机抽样，一次抽取满足表 4-13 规定的试样数。

表 4-13　样本大小及合格判定　(单位：块)

项　目	样本大小(n)	合格判定(c)	项　目	样本大小(n)	合格判定(c)
尺寸偏差	60	5	抗冻性	5	0
表面质量	1m^2(至少 25 块)	5%	吸水率	5	—
变形	10	1	弯曲强度	10	—
夹层	60	1	耐磨性	5	—
耐急冷急热性能	5	0			

2. 合格判定

(1) 产品尺寸偏差不合格数不得超过表4-13的规定。

(2) 产品经抽样作表面质量检验，样本中有明显缺陷的砖数不大于5%，则该批砖合格。当有明显缺陷的砖数大于5%而小于8%时，可重新抽样复验1次。2次抽样样本中不合格砖数大于5%，则该批砖不符合被检级别。

(3) 样本中变形超过规定的砖数大于合格判定数，则该批砖不符合被检级别。

(4) 样本中有夹层的砖数超过规定的合格判定数，则该批无釉砖不合格。

(5) 经耐急冷急热性、抗冻性试验后，超过规定的合格判定数，则该批砖不合格。

(6) 吸水率、弯曲强度、耐磨性试验后，凡其中任何一项不符合技术要求的规定，则该批砖不合格。

4.4.4 建筑陶瓷砖质量标准

1. 外观质量检验

外观质量检验主要检查产品规格尺寸和表面质量两项内容，见表4-14。

表4-14 外观质量检验方法

测试方法	检验内容	检验方式	检验结果
目测检验	产品的破损情况，工作表面质量情况	(1) 外观缺陷：距产品0.5m； (2) 色泽：距产品1.5m	有以下缺陷者不合格：无光泽、色差、釉面、波纹、棕眼、橘釉斑点、熔洞、落脏、缺陷等
工卡量具测量	检查陶瓷砖的规格尺寸和平整度	常用金属直尺、卡尺与塞规等	(1) 砖的规格尺寸、平整度要符合允许偏差要求； (2) 检验起泡、斑点、变形、磕碰的缺陷情况
声音判断质量	产品的生烧、裂纹和夹层情况	可用一器物如瓷棒、铁棒敲击产品或两块产品互相轻轻碰击	(1) 声音清晰认为没有缺陷； (2) 声音混浊、暗哑，有生烧现象； (3) 声音粗糙、刺耳，内部有夹层或开裂

2. 产品性能检测

产品性能检测是指测试产品的吸水率、耐急冷急热性能、弯曲强度、耐磨性等。在购买陶瓷砖时，也可以用经验方法确定砖的质量。

图4.5 瓷砖的敲击检测

一敲，听声音。以左手拇指、食指和中指夹住瓷砖一角，让砖轻松垂下，用右手食指轻击瓷砖中下部如图4.5所示，如声音清亮、悦耳，则表明其瓷化程度高，质量也较好；如声音沉闷、混浊，往往是生烧或开裂；如果“嗒嗒”带破茬似的声音，说明砖内藏有裂纹，这些劣质现象一般从表面很难看出来，最好通过敲击检测。

二测，测吸水率。可将水滴在瓷砖背面，看瓷砖吸收水分的快慢程度。通过吸水的快慢可比较瓷砖之间的差异。一般来说，吸水越慢，表明该瓷砖密度越大，瓷化程度越高，其内在品质越好；吸水越快，说明该瓷砖密度越小，吸水率越高，瓷化程度越低，选购时可以在砖背面滴上清水看砖的吸水速度。越不吸水，即表示吸水率越低，品质较佳，如图 4.6 所示。

三刮，刮釉面。检查瓷砖的表面质量主要是看其釉面的质量。瓷砖的釉面均匀平整、光洁亮丽、色泽一致者为上品。如瓷砖表面有颗粒、不光滑、颜色深浅不一、厚薄不均，甚至凹凸不平、呈云絮状者为下品。可试以硬物刮擦瓷砖表面，如图 4.7 所示，若出现刮痕，则表示釉面不足，假若表面的釉磨光后，砖面便容易脏污，较难清洁，影响美观。

四看，看外观。外观的效果是最直观的判断，主要是查看色差和图案。同一品牌的砖与砖之间有没有颜色深浅的差别很重要。如果是必须用四片砖才能拼成整个图案的瓷砖，还应看好砖的图案是否能够清晰地衔接。将一箱里的多块砖摆在一个平面上，从稍远的地方看整体效果时不论白色或其他色的图案，均应色泽一致，如有个别的颜色深浅不一，铺好后会很难看，影响整体的装饰效果。

图 4.6　两块砖的吸水率对比

图 4.7　刮釉面

此外，可通过观察瓷砖的外观来判定是否符合国家标准的优级，以确保买到优质产品。还要看瓷砖所属等级是否与实际质量、等级相符，以及是否有建材生产许可证、产品合格证、商标和质检标签等。

4.5　其他陶瓷装饰材料

4.5.1　陶瓷锦砖

陶瓷锦砖俗称马赛克，是由各种颜色、多种几何形状的小块瓷片(长边一般不大于 50mm)，按一定的图案要求，用胶粘剂贴于牛皮纸上组成的。其基本特点是质地坚实、色泽美观、图案多样，而且耐酸、耐碱、耐磨、耐水、耐压、耐冲击、耐候，铺贴在牛皮纸上形成色彩丰富、图案繁多的装饰砖，故又称纸皮砖，如图 4.8 所示。每张皮纸称作一联，一般每联的尺寸为 305.5mm×305.5mm，每联的铺贴面积为 $0.093m^2$。陶瓷锦砖出厂时一般以 40 联为一箱，约可铺贴 $3.7m^2$。当然，由于生产厂家不同，陶瓷锦砖的基本形状、基本尺寸、拼花图案等均可能不同。用户也可向厂方定做。从表面的装饰方法来看，陶瓷锦砖也有施釉与不施釉两种，但目前国内生产的陶瓷锦砖主要是不施釉的单色无光产品。

陶瓷锦砖近年来在建筑物的内、外装饰工程中获得广泛的应用。这主要是取其不渗水、不吸水、易清洗，不滑等特点。当用于内、外墙面装饰时，效果要差一些，这主要是受施工精度的影响。

图 4.8 陶瓷锦砖

4.5.2 陶瓷壁画

陶瓷壁画是以陶瓷锦砖、面砖、陶板等为原料制作的具有较高艺术价值的现代建筑装饰元素，通过对绘画原稿进行艺术再创造，经过放大、制版、刻画、配种、施釉、焙烧等一系列工序，采用浸、点、涂、喷、填等多种施釉技法以及丰富多彩的窑变技术产生出神形兼备的艺术效果。陶瓷壁画的品种主要有高温花釉、釉中彩、陶瓷浮雕等。

陶瓷壁画具有单块砖面积大、厚度薄、强度高、平整度好、吸水率小、抗冻、耐酸蚀、耐急冷急热、施工方便等优点，适用于宾馆、酒楼、机场、火车站候车室、会议厅、地铁站等公共设施的装饰(图 4.9)。

图 4.9 陶瓷壁画

4.5.3 建筑琉璃制品

建筑琉璃制品是一种具有中华民族文化特色与风格的传统建筑材料。这种材料，虽然古老，但由于其具有独特的优良装饰性能，今天仍然是一种优良的高级建筑装饰材料。它不仅用于中国古典式建筑物，也用于具有民族风格的现代建筑物。

琉璃制品是一种釉陶制品，用难熔黏土经制坯、干燥、素烧、施釉、釉烧而成。制成品质地致密，机械强度高，表面光滑、耐污，经久耐用。它的表面有多种纹饰、色彩鲜艳，有金黄、宝蓝、翠绿等色，造型各异，古朴而典雅。建筑琉璃制品分为瓦类(板瓦、滴水瓦、筒瓦、沟头等)、脊类(正脊筒瓦、正当沟等)和饰件类(吻、兽、博古等)3 类。

琉璃瓦因价格昂贵、自重大，故主要用于具有民族色彩的宫殿式房屋，以及少数纪念性建筑物上，另外还常用以建造园林中的亭、台、楼阁，以增加园林的特色。

本章小结

建筑陶瓷是用于建筑饰面或做建筑构件的陶瓷制品。常用建筑陶瓷制品主要包括釉面内墙砖、陶瓷墙地砖和其他陶瓷制品。

本章重点讲述了釉面内墙砖、陶瓷墙地砖的品种、性能和应用范围以及陶瓷砖的技术要求和质量检验。

实训指导书

了解陶瓷墙地砖的种类、规格、品牌、价格和使用情况等。重点掌握内墙面砖和地砖的种类、规格、品牌、价格及施工工艺。

一、实训目的

让学生自主地到建筑装饰材料市场和建筑装饰施工现场进行调查和实习，了解内墙面砖和地砖的规格，熟悉其应用情况，能够掌握不同品牌内墙面砖和地砖的价格、使用要求及适用范围等。

二、实训方式

1. 建筑装饰材料市场的调查分析

学生分组：3～5 人一组，自主地到建筑装饰材料市场进行调查分析。

调查方法：学会以调查、咨询为主，认识不同品牌的内墙面砖和地砖的价格、收集材料样本、掌握材料的选用要求。

2. 建筑装饰施工现场装饰材料使用的调研

学生分组：10～15 人一组，由教师或现场负责人指导。

调查方法：结合施工现场和工程实际情况，在教师或现场负责人指导下，熟知内墙面砖和地砖在工程中的使用情况和注意事项。

三、实训内容及要求

(1) 认真完成调研日记。

(2) 填写材料调研报告。

(3) 实训小结。

第5章

建筑装饰玻璃

教学目标

了解玻璃的组成、性质及技术要求；掌握安全玻璃(钢化玻璃、夹层玻璃、夹丝玻璃)的技术指标和应用；节能玻璃(吸热玻璃、热反射玻璃、中空玻璃)的技术指标和应用；各种装饰玻璃的技术指标和应用。

教学要求

能力目标	相关试验或实训	重点
了解玻璃的技术性能		
能够识别平板玻璃的分类、规格与等级		
能够掌握装饰玻璃的技术指标和应用	调研装饰工程中装饰玻璃的应用	★
能够掌握安全玻璃的技术指标和应用		★
能够掌握节能玻璃的技术指标和应用	查阅我国最新的节能玻璃研究资料	★

引 例

玻璃是现代建筑装饰工程中广泛采用的材料之一，以其特有的透光、耐侵蚀、施工方便和美观等优点而日益受到消费者的欢迎。随着技术的进步，玻璃固有的脆性和破坏后碎片尖锐的弱点也得到改善；玻璃制品由过去单纯采光和装饰功能，逐步向控制光线、调节能源、控制噪声、降低建筑物自重、改善环境、提高建筑艺术等方面发展；从而为现代建筑的设计和装饰提供了更大的选择性。国家体育馆地处奥运中心区，紧邻国家体育场和国家游泳中心，设计者采用了玻璃幕墙的形式(图 5.1)，使国家体育馆与钢结构的国家体育场“鸟巢”、膜结构的国家游泳中心“水立方”遥相呼应。国家体育馆玻璃幕墙的总面积约为 25 400m^2，玻璃幕墙轻盈精美，晶莹剔透，给人以视觉享受。

在现代装饰工程中，如何根据建筑立面要求、空间功能、界面需求选用不同类型的玻璃：安全玻璃、节能玻璃及装饰玻璃。

图 5.1 国家体育馆玻璃幕墙

5.1 玻璃基本知识

玻璃在现代建筑中是一种重要的装饰材料，它具有独特的透明性，优良的机械力学性能和热工性质，还有艺术装饰的作用。

随着建筑业发展的需要，现代玻璃已具有采光、防震、隔声、绝热、节能和装饰等许多功能。多功能的玻璃制品为现代建筑设计和装饰设计提供了更大的选择余地。

5.1.1 玻璃的组成

玻璃是以石英砂、纯碱、石灰石和长石等为主要原料，并加入着色剂、助溶剂等辅助材料，经熔融、成型、冷却固化而成的非结晶无机材料。

玻璃的组成比较复杂，其主要化学成分为 SiO_2(含量 72%左右)、Na_2O(含量约 15%)和 CaO(含量约 8%)等。玻璃中的主要化学成分及作用见表 5-1。

表 5-1 玻璃中的主要化学成分及作用

化学成分	作用	
	增加	降低
SiO_2	化学稳定性、耐热性、机械强度	密度、热膨胀系数
Na_2O	热膨胀系数	化学稳定性、热稳定性
CaO	硬度、强度、化学稳定性	耐热性
Al_2O_3	化学稳定性、韧性、硬度、强度	析晶倾向
MgO	化学稳定性、耐热性、强度	韧性

5.1.2 玻璃的分类

玻璃的种类很多，通常按化学成分和功能进行分类，见表 5-2。

表 5-2 玻璃的分类

序号	分类标准	名称	说明
1	按化学成分分类	钠玻璃	钠玻璃又称钠钙玻璃或普通玻璃，主要由 Na_2O、SiO_2 和 CaO 组成。由于所含杂质较多，制品多带绿色，它的软化点较低，其力学性质、光学性质和化学稳定性均较差，多用于制造普通建筑玻璃和日用玻璃制品
		钾玻璃	钾玻璃又称硬玻璃，以 K_2O 代替钠玻璃中的 Na_2O，并提高 SiO_2 含量。钾玻璃的光泽度、透明度、耐热性均好于钠玻璃，可用来制造高级日用器皿和化学仪器
		铝镁玻璃	铝镁玻璃是指降低钠玻璃中碱土金属氧化物的含量，引入 MgO，并以 Al_2O_3 代替 SiO_2 而制成的一类玻璃。它的软化点低，力学、光学性能和化学性能强于钠玻璃，常用于制造高级建筑玻璃
		铅玻璃	铅玻璃又称铅钾玻璃或重玻璃、晶质玻璃，是由 PbO、K_2O 和少量 SiO_2 组成的，它光泽透明，力学性能、耐热性、绝缘性和化学稳定性较好，主要用于制造光学仪器和高级器皿
		硼硅玻璃	硼硅玻璃也称耐热玻璃，由 B_2O_5、SiO_2 及少量 MgO 组成。它具有较好的光泽和透明度，较强的力学性能、耐热性能、绝缘性能和化学稳定性，用以制造高级化学仪器和绝缘材料
		石英玻璃	由纯 SiO_2 制成，具有优良的力学性能、光学性能和热学性能，并能透过紫外线，可用于制造耐高温仪器及杀菌灯等特殊用途的仪器
2	按玻璃在建筑上功能分类	平板玻璃	平板玻璃是建筑工程中应用量比较大的建筑材料之一，它主要指普通平板玻璃，用于建筑物的门窗，起采光作用
		安全玻璃	安全玻璃是指与普通玻璃相比，具有力学强度高、抗冲击能力好的玻璃，可有效地保障人身安全，即使损坏了，其碎片也不易伤害人体。主要品种有钢化玻璃、夹层玻璃、夹丝玻璃和夹胶玻璃等
		节能玻璃	为满足对建筑玻璃节能的要求，玻璃业界研究开发了多种建筑节能玻璃。分涂层型节能玻璃，如热反射玻璃、低辐射玻璃；结构型节能玻璃，如中空玻璃、真空玻璃和多层玻璃；吸热玻璃等

续表

序号	分类标准	名称	说明
2	按玻璃在建筑上功能分类	装饰玻璃	建筑装饰玻璃包括深加工平板玻璃，如压花玻璃、彩釉玻璃、镀膜玻璃、磨砂玻璃、镭射玻璃等；熔铸制品，如玻璃马赛克、玻璃砖等
		其他玻璃	主要有隔声玻璃、增透玻璃、屏蔽玻璃、电加热玻璃、液晶玻璃等

5.1.3 玻璃的性质

1. 密度

玻璃的密度与其化学组成有关，不同种类的玻璃的密度并不相同，含有重金属离子时密度较大，含大量PbO的玻璃密度可达6.59kg/cm^3，普通玻璃的密度为2.5～2.69kg/cm^3。孔隙率P≈0，故认为玻璃是绝对密度的材料。

2. 光学性质

玻璃具有优良的光学性质。

当光线射入玻璃时，表现有透射、反射和吸收3种性质。

光线透过玻璃的性质称为透射，以透光率表示。

光线被玻璃阻挡，按一定角度反射出来称为反射，以反射率表示。

光线通过玻璃后，一部分光能量被损失，称为吸收，以吸收率表示。

玻璃的透光率、反射率和吸收率之和等于入射光的强度，为100%。

玻璃的用途不同，要求这3项光学性质所占的百分比不同。用于采光、照明时，要求透光率高，如3mm厚的普通平板玻璃要求透光率≥85%。

玻璃对光线的吸收能力随玻璃的化学组成和表现颜色而异。

无色玻璃可透过可见光线，而对其他波长的红外线和紫外线有吸收作用；各种着色玻璃能透过同色光线，而吸收其他色相的光线。

石英玻璃和磷酸盐、硼酸盐玻璃都有很强的透光性；锑、钾玻璃能透过红外线；铅、铋玻璃对x射线和γ射线有较强的吸收功能。彩色玻璃、热反射玻璃的透光率较低，有的可低至19%。

3. 热工性质

玻璃的热工性质主要是指其导热性、热膨胀性和热稳定性。玻璃是热的不良导体，它的导热性随温度升高而增大，它还与玻璃的化学组成有关。玻璃的热膨胀性比较明显，不同成分的玻璃热膨胀性差别很大，可以制得与某种金属膨胀性相近的玻璃，以实现与金属之间紧密封接。玻璃的热稳定性主要受热膨胀系数影响。玻璃热膨胀系数越小，热稳定性越高。此外，玻璃越厚、体积越大，热稳定性越差。

4. 力学性质

玻璃的抗压强度高，一般可达600～1200MPa。而抗拉强度很小，为40～80MPa。因此玻璃在冲击力作用下易破碎，是典型的脆性材料。玻璃在常温下具有弹性，普通玻璃的弹性模量为6×10^4～7×10^4MPa。

5. 化学稳定性质

玻璃具有较高的化学稳定性。一般情况下，对水、酸、碱以及化学试剂或气体等具有较强的抵抗能力，能抵抗除氢氟酸以外的各种酸类的侵蚀。但如果玻璃组成中含有较多易蚀物质，在长期受到侵蚀介质的作用时，化学稳定性将变差。

5.1.4 玻璃的选用

目前，随着建筑装饰要求的提高和玻璃工业生产技术的不断发展，新品种玻璃不断出现，建筑玻璃由过去单纯的采光材料，向着控制光线、调节热量、节约能源、控制噪声以及降低建筑结构自重、改善环境等方向发展，同时用着色、磨光、刻花等方法获得各种装饰效果。

5.2 平 板 玻 璃

平板玻璃是指未经其他加工的平板状玻璃制品，也称白片玻璃或净片玻璃。平板玻璃是传统的玻璃产品，主要用于一般建筑的门窗，起采光、围护、保温和隔声作用，同时也是深加工为具有特殊功能玻璃的基础材料。

5.2.1 平板玻璃的生产工艺

平板玻璃的生产过程如图5.2所示。

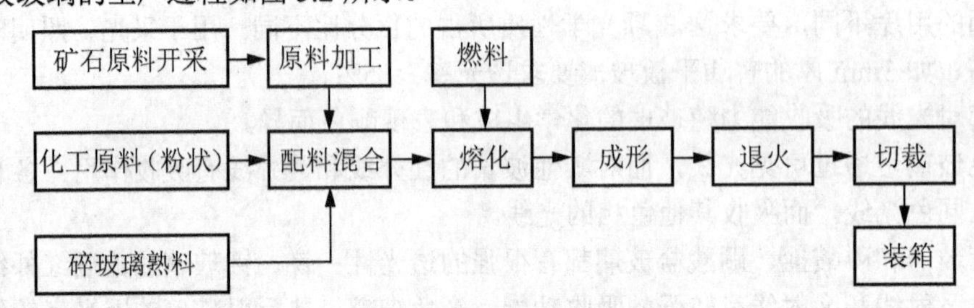

图5.2 平板玻璃的生产过程

普通平板玻璃的成形均用机械拉制，通常采用的是垂直引上法和浮法。垂直引上法是我国生产玻璃的传统方法，它是利用引拉机械从玻璃溶液表面垂直向上引拉成玻璃带，再经急冷而成。其主要缺点是产品易产生波纹和波筋。

浮法生产的成形过程是在通入保护气体(N_2及H_2)的锡槽中完成的。熔融玻璃从池窑中连续流入并漂浮在相对密度大的锡液表面上，在重力和表面张力的作用下，玻璃液在锡液面上铺开、摊平、形成上下表面并平整、硬化、冷却后被引上过渡辊台。经退火、切裁，就得到平板玻璃产品。浮法与其他成形方法比较，其优点是：适合于高效率制造优质平板玻璃，如没有波筋、厚度均匀、上下表面平整、互相平行；生产线的规模不受成形方法的限制，单位产品的能耗低；成品利用率高；易于科学化管理和实现机械化、自动化，劳动生产率高；是目前世界上生产平板玻璃最先进的方法。世界上浮法生产的平板玻璃已占平板玻璃总产量的1/3以上。

浮法玻璃是平板玻璃产品的主要品种，浮法玻璃的产量已经占到平板玻璃总产量的70%以上，以平整度好、透光率高等优点成为建筑市场的主导产品。

5.2.2 平板玻璃的分类、规格及技术要求

(1) 平板玻璃按颜色属性分为无色通明平板玻璃和本体着色平板玻璃。

(2) 平板玻璃按外观质量分为合格品、一等品和优等品。

(3) 平板玻璃按厚度分为2mm、3mm、4mm、5mm、6mm、8mm、10mm、12mm、15mm、19mm、22mm、25mm。

《平板玻璃》(GB 11614—2009)对平板玻璃的技术要求如下。

1. 尺寸偏差

平板玻璃应切裁成矩形，其长度和宽度的尺寸偏差应不超过表5-3规定。

表5-3 平板玻璃尺寸偏差 (单位：mm)

公称厚度	尺寸偏差	
	尺寸≤3000	尺寸＞3000
2～6	±2	±3
8～10	+2，−3	+3，−4
12～15	+3	±4
19～25	±5	±5

2. 厚度偏差和厚薄差

平板玻璃的厚度偏差和厚薄差应不超过表5-4规定。

表5-4 平板玻璃厚度偏差和厚薄差 (单位：mm)

公称厚度	厚度偏差	厚薄差
2～6	±0.2	0.2
8～12	±0.3	0.3
15	±0.5	0.5
19	±0.7	0.7
22～25	±1.0	1.0

3. 外观质量

(1) 平板玻璃合格品外观质量应符合表5-5的规定。

表5-5 平板玻璃合格品外观质量

缺陷种类	质量要求	
点状缺陷①	尺寸(L)/mm	允许个数限度
	$0.5 \leqslant L \leqslant 1.0$	$2 \times S$
	$1.0 < L \leqslant 2.0$	$1 \times S$
	$2.0 < L \leqslant 3.0$	$0.5 \times S$
	$L > 3.0$	0

续表

缺陷种类	质量要求		
点状缺陷密集度	尺寸≥0.5mm的点状缺陷最小间距不小于300mm； 直径100mm圆内尺寸≥0.3mm的点状缺陷不超过3个		
线道	不允许		
裂纹	不允许		
划伤	允许范围	允许条数限度	
	宽≤0.5mm、长≤60mm	3×*S*	
光学变形	公称厚度	无色透明平板玻璃	本体着色平板玻璃
	2mm	≥40°	≥40°
	3mm	≥45°	≥40°
	≥4mm	≥50°	≥45°
断面缺陷	公称厚度不超过8mm时，不超过玻璃板的厚度；8mm以上时，不超过8mm		

注： *S*是以平方米为单位的玻璃板面积数值。点状缺陷的允许个数限度及划伤的允许条数限度为各系数与*S*相乘所得的数值。

① 光畸变点视为0.5～1.0mm的点状缺陷。

(2) 平板玻璃一等品外观质量应符合表5-6的规定。

表5-6 平板玻璃一等品外观质量

缺陷种类	质量要求		
点状缺陷①	尺寸(*L*)/mm	允许个数限度	
	0.3≤*L*≤0.5	2×*S*	
	0.5<*L*≤1.0	0.5×*S*	
	1.0<*L*≤1.5	0.2×*S*	
	L>1.5	0	
点状缺陷密集度	尺寸≥0.3mm的点状缺陷最小间距不小于300mm； 直径100mm圆内尺寸≥0.2mm的点状缺陷不超过3个		
线道	不允许		
裂纹	不允许		
划伤	允许范围	允许条数限度	
	宽≤0.2mm、长≤40mm	2×*S*	
光学变形	公称厚度	无色透明平板玻璃	本体着色平板玻璃
	2mm	≥50°	≥45°
	3mm	≥55°	≥50°
	4～12mm	≥60°	≥55°
	≥15mm	≥55°	≥50°
断面缺陷	公称厚度不超过8mm时，不超过玻璃板的厚度；8mm以上时，不超过8mm		

注： *S*是以平方米为单位的玻璃板面积数值。点状缺陷的允许个数限度及划伤的允许条数限度为各系数与*S*相乘所得的数值。

① 光畸变点视为0.5～1.0mm的点状缺陷。

(3) 平板玻璃优等品外观质量应符合表 5-7 的规定。

表 5-7 平板玻璃优等品外观质量

<table>
<tr><th>缺陷种类</th><th colspan="3">质量要求</th></tr>
<tr><td rowspan="4">点状缺陷①</td><td colspan="2">尺寸(L)/mm</td><td>允许个数限度</td></tr>
<tr><td colspan="2">$0.3\leq L\leq 0.5$</td><td>$1\times S$</td></tr>
<tr><td colspan="2">$0.5<L\leq 1.0$</td><td>$0.2\times S$</td></tr>
<tr><td colspan="2">$L>1.0$</td><td>0</td></tr>
<tr><td>点状缺陷密集度</td><td colspan="3">尺寸≥0.3mm 的点状缺陷最小间距不小于 300mm；
直径 100mm 圆内尺寸≥0.1mm 的点状缺陷不超过 3 个</td></tr>
<tr><td>线道</td><td colspan="3">不允许</td></tr>
<tr><td>裂纹</td><td colspan="3">不允许</td></tr>
<tr><td rowspan="2">划伤</td><td colspan="2">允许范围</td><td>允许条数限度</td></tr>
<tr><td colspan="2">宽≤0.1mm、长≤30mm</td><td>$2\times S$</td></tr>
<tr><td rowspan="5">光学变形</td><td>公称厚度</td><td>无色透明平板玻璃</td><td>本体着色平板玻璃</td></tr>
<tr><td>2mm</td><td>≥50°</td><td>≥45°</td></tr>
<tr><td>3mm</td><td>≥55°</td><td>≥50°</td></tr>
<tr><td>4～12mm</td><td>≥60°</td><td>≥55°</td></tr>
<tr><td>≥15mm</td><td>≥55°</td><td>≥50°</td></tr>
<tr><td>断面缺陷</td><td colspan="3">公称厚度不超过 8mm 时，不超过玻璃板的厚度；8mm 以上时，不超过 8mm</td></tr>
</table>

注：S 是以平方米为单位的玻璃板面积数值。点状缺陷的允许个数限度及划伤的允许条数限度为各系数与 S 相乘所得的数值。

① 点状缺陷中不允许有光畸变点。

4. 光学特性

无色透明平板玻璃可见光透射比应不小于表 5-8 的规定。

表 5-8 无色透明平板玻璃可见光透射比最小值

公称厚度/mm	可见光透射比最小值/%
2	89
3	88
4	87
5	86
6	85
8	83
10	81
12	79
15	76
19	72
22	69
25	67

5.2.3 平板玻璃的选用

(1) 3～5mm 的平板玻璃一般是直接用于门窗的采光，8～12mm 的平板玻璃可用于隔断。

(2) 作为钢化、夹层、镀膜、中空等玻璃的原片。

5.2.4 玻璃的标志、包装、运输、储存

(1) 玻璃应用木箱或集装箱(架)包装，箱(架)应便于装卸、运输。每箱(架)的包装数量应与箱(架)的强度相适应。一箱(架)应装同一厚度、尺寸、级别的玻璃，玻璃之间应采用防护措施。

(2) 包装箱(架)应附有合格证，标明生产厂家或商标、玻璃级别、尺寸、厚度、数量、生产日期、标准号和轻搬正放、易碎、防雨怕湿的标志或字样。

(3) 运输时应防止箱(架)倾倒滑动。在运输和装卸时需有防雨措施。

(4) 玻璃应按品种、规格、等级分别储存于通风、干燥的仓库内。不应露天堆放，以免受潮发霉，也不能与潮湿物料或石灰、水泥、酸、碱、盐、酒精、油脂等挥发性物品放在一起。

特别提示

- 玻璃淋雨后应立即擦干，否则受日光直接暴晒易引起破碎。玻璃堆放时应将箱盖向上立放，不能斜放或平放，不得受重压和碰撞。堆放不宜过高，小尺寸和薄玻璃(2～3mm 厚的)可堆 2～4 层，大尺寸和厚玻璃只能堆1～2 层，堆垛下需要垫木，使箱底高于地面 10～30cm 以便通风。堆垛间要留通道，以便查点和搬运。堆垛木箱需要木条连接钉牢，以防倾倒。
- 玻璃在储存中应定期检查，如发现发霉、破损等情况，应及时处理。
- 如发现玻璃已发霉，可用盐酸、酒精或煤油涂抹有霉部位，停放约 10h 后用干布擦拭，即可恢复明亮。发霉严重的地方如用丙酮擦拭效果更好。发霉的玻璃有时会黏在一起，置于温水中即可分开，再擦拭存放。

5.3 安全玻璃

安全玻璃主要包括钢化玻璃、夹层玻璃、夹丝玻璃和防火玻璃。现对这 4 种玻璃介绍如下。

5.3.1 钢化玻璃

1. 定义及特点

钢化玻璃是经热处理工艺之后的玻璃。钢化玻璃表面形成了压应力层，机械强度和耐热冲击强度得到了提高，并且具有特殊的碎片状态。钢化玻璃具有以下特点。

(1) 机械强度高。玻璃经钢化处理产生了均匀的内应力，使玻璃表面具有预压应力。它的机械强度比经过良好退火处理的玻璃高 3～10 倍，抗冲击性能也有较大提高，其抗弯强度可达 125MPa 以上。钢化玻璃的抗冲击强度也很高，用钢球法测定时，0.8kg 的钢球从 1.2m 高度落下，钢化玻璃可保持完整而不破碎。

(2) 弹性好。钢化玻璃的弹性比普通玻璃大得多，比如：一块 1200mm×350mm×6mm 的钢化玻璃，受力后可发生达 100mm 的弯曲挠度，当外力撤除后，仍能恢复原状；而普通玻璃弯曲变形只能有几毫米，否则，将发生折断破坏。

(3) 热稳定性好。钢化玻璃在受急冷急热时，不易发生炸裂。这是因为钢化玻璃的压应力可抵消一部分因急冷急热产生的拉应力。钢化玻璃耐热冲击，最大安全工作温度为 288℃，较普通玻璃提高了 2～3 倍。

特别提示

钢化玻璃不能切割、磨削，边角不能碰击扳压，安装使用时必须按现成尺寸规格选用，或根据实际需要提出具体设计进行加工定制。

2. 分类

钢化玻璃的分类，见表 5-9。

表 5-9 钢化玻璃的分类

分类方法	种　类
按生产工艺分类	(1) 垂直法钢化玻璃：在钢化过程中采取夹钳吊挂的方式生产出的钢化玻璃； (2) 水平法钢化玻璃
按形状分类	平面钢化玻璃、两面钢化玻璃

3. 技术要求

《建筑用安全玻璃 第 2 部分：钢化玻璃》(GB 15763.2—2005)对钢化玻璃的技术要求如下。

(1) 尺寸及外观。钢化玻璃的尺寸及外观要求应符合表 5-10 的规定。

表 5-10 钢化玻璃的尺寸及外观要求

项　目	内　容
尺寸及其允许偏差	(1) 长方形平面钢化玻璃边长的允许偏差应符合表 5-11 的规定； (2) 长方形平面钢化玻璃的对角线差应符合表 5-12 的规定； (3) 其他形状的钢化玻璃的尺寸及其允许偏差由供需双方商定； (4) 边部加工形状及质量由供需双方商定； (5) 圆孔(只适用于公称厚度不小于 4mm 的钢化玻璃)： 1) 孔径 孔径一般不小于玻璃的公称厚度，孔径的允许偏差应符合表 5-13 的规定；小于玻璃的公称厚度的孔的孔径允许偏差由供需双方商定。 2) 孔的位置 ① 孔的边部距玻璃边部的距离 a 不应小于玻璃公称厚度的 2 倍，如图 5.3 所示。 ② 两孔孔边之间的距离 b 不应小于玻璃公称厚度的 2 倍，如图 5.4 所示。 ③ 孔的边部距玻璃角部的距离 c 不应小于玻璃公称厚度 d 的 6 倍，如图 5.5 所示(注：如果孔的边部距玻璃角部的距离小于 35mm，那么这个孔不应处在相对于角部对称的位置上，具体位置由供需双方商定)

续表

项　目	内　容
厚度及其允许偏差	钢化玻璃的厚度允许偏差应符合表5-14的规定。对于表5-14未作规定的公称厚度的玻璃，其厚度允许偏差可采用表5-14中与其邻近的较薄厚度的玻璃的规定，或由供需双方商定
外观质量	钢化玻璃的外观质量应满足表5-15的要求
弯曲度	平面钢化玻璃的弯曲度，弓形时应不超过0.3%，波形时应不超过0.2%

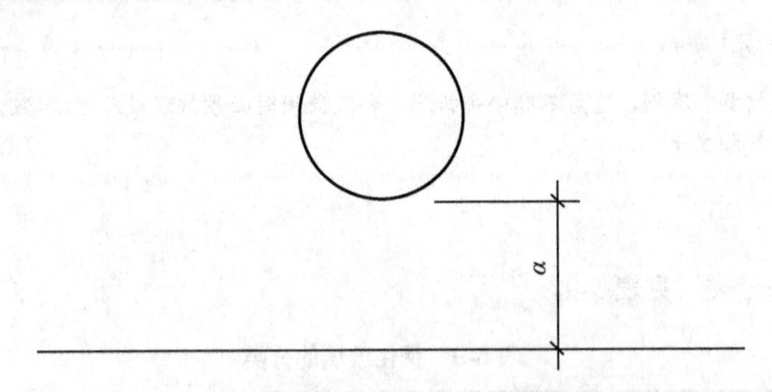

图5.3　孔的边部距玻璃边部的距离示意图

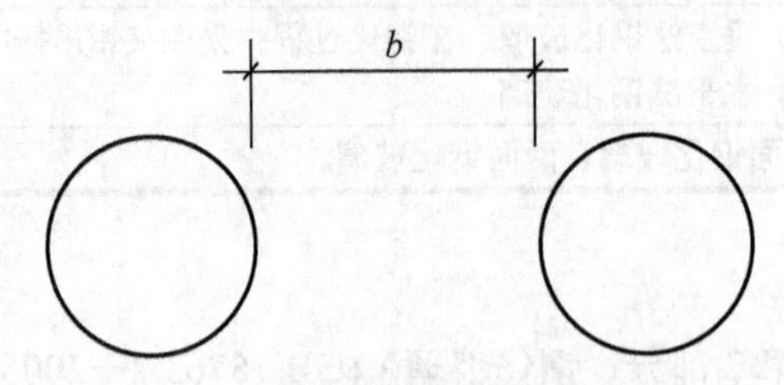

图5.4　两孔孔边之间的距离示意图

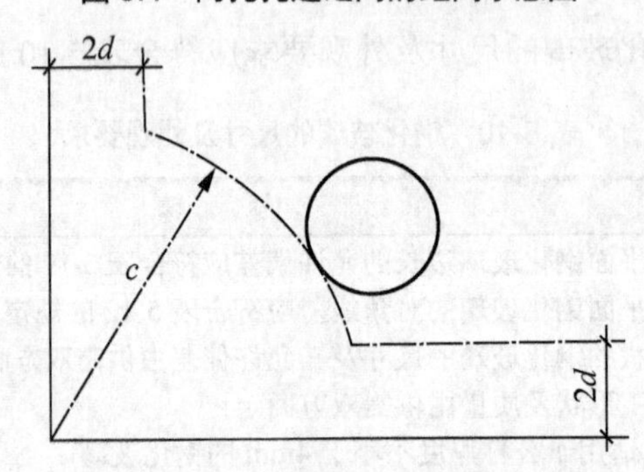

图5.5　孔的边部距玻璃角部的距离示意图

表5-11　长方形平面钢化玻璃边长允许偏差　(单位：mm)

厚度	边长 L 允许偏差			
	$L\leqslant1000$	$1000<L\leqslant2000$	$2000<L\leqslant3000$	$L>3000$
3、4、5、6	+1 −2	±3	±4	±5
8、10、12	+2 −3			

续表

厚度	边长 *L* 允许偏差			
	L≤1000	1000<*L*≤2000	2000<*L*≤3000	*L*>3000
15	±4	±4		
19	±5	±5	±6	±7
>19	供需双方商定			

表 5-12 长方形平面钢化玻璃对角线差允许值 (单位：mm)

公称厚度	对角线差允许值		
	边长≤2000	200<边长≤3000	边长>3000
3、4、5、6	±30	±4.0	±5.0
8、10、12	±4.0	±5.0	±6.0
15、19	±5.0	±6.0	±7.0
>19	供需双方商定		

表 5-13 钢化玻璃孔径及其允许偏差 (单位：mm)

公称孔径 *D*	允许偏差	公称孔径 *D*	允许偏差
4≤*D*≤50	±1.0	*D*>100	供需双方商定
50<*D*≤100	±2.0		

表 5-14 钢化玻璃厚度及其允许偏差 (单位：mm)

公称厚度	厚度允许偏差	公称厚度	厚度允许偏差
3、4、5、6	±0.2	15	±0.6
8、10	±0.3	19	±1.0
12	±0.4	>19	供需双方商定

表 5-15 钢化玻璃的外观质量

缺陷名称	说　明	允许缺陷数
焊边	每片玻璃每米边长上允许有长度不超过 10mm，自玻璃边部向玻璃板表面延伸深度不超过 2mm，自板面向玻璃厚度延伸深度不超过厚度 1/3 的爆边个数	1 处
划伤	宽度在 0.1mm 以下的轻微划伤，每平方米面积内允许存在条数	长度≤100mm 时 4 条
	宽度大于 0.1mm 的划伤，每平方米面积内允许存在条数	宽度 0.1～1mm、长度≤100mm 时，4 条
夹钳印	夹钳印与玻璃边缘的距离≤20mm，边部变形量≤2mm	
裂纹、缺角	不允许存在	

(2) 安全性能。钢化玻璃的安全性能要求应符合表 5-16、表 5-17 的规定。

表 5-16　钢化玻璃的安全性能要求

项　目	内　容
抗冲击性	取6块钢化玻璃进行试验，试样破坏不超过1块为合格，多于或等于3块为不合格。破坏数为2块时，再另取6块进行试验，试样必须全部不被破坏为合格
碎片状态	取4块玻璃试样进行试验，每块试样在任何50mm×50mm区域内的最少碎片数必须满足表5-18的要求，且允许有少量长条形碎片，其长度不超过75mm
霰弹袋冲击性能	取4块玻璃试样进行试验，应符合下列“(1)”或“(2)”中任意一条规定 (1) 玻璃破碎时，每块试样的最大10块碎片质量的总和不得超过相当于试样$65cm^2$面积的质量，保留在框内的任何无贯穿裂纹的玻璃碎片的长度不能超过120mm。 (2) 弹袋下落高度为1200mm时，试样不破坏

表 5-17　钢化玻璃最少允许碎片数

玻璃品种	公称厚度/mm	最少碎片数/片
平面钢化玻璃	3	30
	4～12	40
	≥15	30
曲面钢化玻璃	≥4	30

(3) 一般性能。钢化玻璃一般性能要求应符合表5-18的规定。

表 5-18　钢化玻璃一般性能要求

项　目	内　容
表面应力	钢化玻璃的表面应力不应小于90MPa。 以制品为试样，取3块试样进行试验，当全部符合规定为合格，2块试样不符合则为不合格。当2块试样符合时，再追加3块试样，如果3块全部符合规定则为合格
耐热冲击性能	钢化玻璃应耐200℃温差不破坏。 取4块试样进行试验，当4块试样全部符合规定时认为该项性能合格。当有2块以上不符合时，则认为不合格。当有1块不符合时，重新追加1块试样，如果它符合规定，则认为该项性能合格。当有2块不符合时，则重新追加4块试样，全部符合规定时则为合格

4. 选用

钢化玻璃主要用作建筑物的门窗、隔墙和幕墙以及电话亭、车、船、设备等门窗、观察孔、采光顶棚等。钢化玻璃可做成无框玻璃门。钢化玻璃用作幕墙时，可大大提高抗风压能力，防止热炸裂，并可增大单块玻璃的面积，减少支承结构。

使用时应注意的是钢化玻璃不能切割、磨削，边角不能碰击挤压，需按现成的尺寸规格选用或提出具体设计图纸进行加工定制。用于大面积玻璃幕墙的玻璃在钢化上要予以控制，选择半钢化玻璃，即其应力不能过大，以避免受风荷载引起震动而自爆。

5.3.2 夹层玻璃

1. 定义及特点

夹层玻璃是玻璃与玻璃和/或塑料等材料，用中间层分隔并通过处理，使其粘结为一体的复合材料的统称。常见和大多使用的是玻璃与玻璃，用中间层分隔并通过处理使其粘结为一体的玻璃构件。

夹层玻璃具有透明性好，抗冲击性能比普通平板玻璃高出几倍的特点。当玻璃被击碎后，由于中间有塑料衬片的黏合作用，所以只产生辐射状的裂纹，而不落碎片，不致伤人。另外，夹层玻璃还具有耐热、耐湿、耐寒、耐久等特点，同时具有节能、隔声、防紫外线等功能。

2. 分类

夹层玻璃的分类，见表 5-19。

表 5-19 夹层玻璃的分类

分　类	种　类
按形状分类	平面夹层玻璃、曲面夹层玻璃
按性能分类	Ⅰ类夹层玻璃，Ⅱ-1 类夹层玻璃、Ⅱ-2 类夹层玻璃，Ⅲ类夹层玻璃

3. 组成材料

夹层玻璃由玻璃、塑料以及中间层材料组合构成，见表 5-20。

表 5-20 夹层玻璃的组成材料

名　称	说　明
玻璃	(1) 可选用：浮法玻璃，普通平板玻璃、压花玻璃、抛光夹丝玻璃、夹丝压花玻璃等。 (2) 可以是：无色的、本体着色的或镀膜的；透明的、半透明的或不透明的；遇火的，热增强的或钢化的；表面处理的，如喷砂或酸腐蚀的等
塑料	(1) 可选用：聚碳酸酯、聚氨酯和聚丙烯酸酯等。 (2) 可以是：无色的、着色的、镀膜的；透明的或半透明的
中间层	(1) 可选用：材料种类和成分、力学和光学性能等不同的材料，如离子性中间层、PVB 中间层、EVA 中间层等。 (2) 可以是：无色的或有色的；透明的、半透明的或不透明的

4. 技术要求

《建筑用安全玻璃 第 3 部分：夹层玻璃》(GB 15763.3—2009)对夹层玻璃技术要求的规定，见表 5-21。

表 5-21 夹层玻璃技术要求

项　目	内　容
外观质量	(1) 可视区缺陷。 ① 可视区的点状缺陷数应满足表 5-22 的规定； ② 可视区的线状缺陷数应满足表 5-23 的规定。

续表

项目	内容
外观质量	(2) 周边区缺陷。使用时装有边框的夹层玻璃周边区域，允许直径不超过 5mm 的点状缺陷存在；如点状缺陷是气泡，气泡面积之和不应超过边缘区面积的 5%。使用时不带边框夹层玻璃的周边区缺陷，由供需双方商定。 (3) 裂口。不允许存在。 (4) 爆边。长度或宽度不得超过玻璃的厚度。 (5) 脱胶。不允许存在。 (6) 皱痕和条纹。不允许存在
尺寸允许偏差	(1) 长度和宽度允许偏差。夹层玻璃最终产品的长度和宽度允许偏差应符合表 5-24 的规定。 (2) 叠差。叠差如图 5.6 所示。夹层玻璃的最大允许叠差见表 5-25。 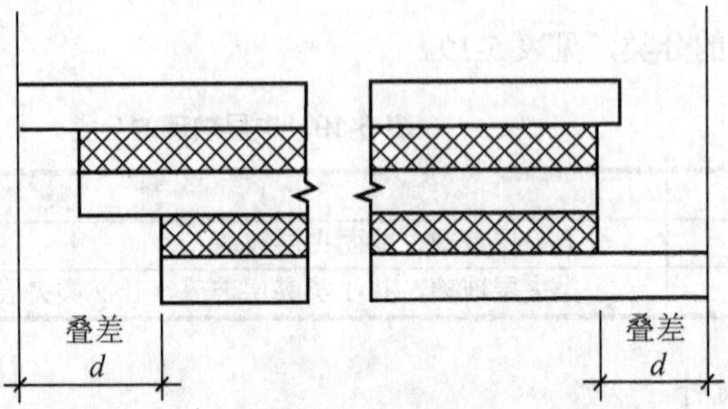 叠差 d　　叠差 d **图 5.6　叠差** (3) 厚度。对于三层原片以上(含三层)制品、原片材料总厚度超过 24mm 及使用钢化玻璃作为原片时，其厚度允许偏差由供需双方商定。 ① 干法夹层玻璃厚度偏差。干法夹层玻璃的厚度偏差不能超过构成夹层玻璃的原片厚度允许偏差和中间层材料厚度允许偏差总和。中间层的总厚度＜2mm 时，不考虑中间层的厚度偏差；中间层总厚度≥2mm，其厚度允许偏差为±0.2mm； ② 湿法夹层玻璃厚度偏差。湿法夹层玻璃的厚度偏差，不能超过构成夹层玻璃的原片厚度允许偏差和中间层材料厚度允许偏差总和。湿法中间层厚度允许偏差应符合表 5-26 的规定。 (4) 对角线差。矩形夹层玻璃制品，长边长度不大于 2400mm 时，对角线差不得大于 4mm；长边长度大于 2400mm 时，对角线差由供需双方商定
弯曲度	平面夹层玻璃的弯曲度，弓形时应不超过 0.3%，波形时应不超过 0.2%。原片材料使用有非无机玻璃时，弯曲度由供需双方确定
可见光透射比	夹层玻璃的可见光透射比由供需双方商定
可见光反射比	夹层玻璃的可见光反射比由供需双方商定
抗风压性能	应由供需双方商定是否有必要进行本项试验，以便合理选择给定风载条件下适宜的夹层玻璃的材料、结构和规格尺寸等，或验证所选定夹层玻璃的材料、结构和规格尺寸等能否满足设计风压值的要求
耐热性	试验后允许试样存在裂口，超出边部或裂口 13mm 部分，不能产生气泡或其他缺陷
耐湿性	试验后试样超出原始边 15mm、切割边 25mm、裂口 10mm 部分，不能产生气泡或其他缺陷

续表

项　目	内　容
耐辐照性	试验后试样不可产生显著变色、气泡及浑浊现象，且试验前后试样的可见光透射比相对变化率 ΔT 应不大于 3%
落球冲击剥离性能	试验后中间层不得断裂、不得因碎片剥离而暴露
霰弹袋冲击性能	在每一冲击高度试验后，试样应未破坏或安全破坏。破坏时，试样同时符合下列要求为安全破坏： (1) 破坏时，允许出现裂缝或开口，但是不允许出现可使直径为 76mm 的球在 25N 力作用下，通过的裂缝或开口。 (2) 冲击后试样出现碎片剥离时，称量冲击后 3min 内从试样上剥离下的碎片，碎片总质量不得超过相当于 100cm^2 试样的质量，最大剥离碎片质量应小于 44cm^2 面积试样的质量。 ① Ⅱ-1 类夹层玻璃：3 组试样在冲击高度分别为 300mm、750mm 和 1200mm 时冲击后，试样未破坏或安全破坏； ② Ⅱ-2 类夹层玻璃：2 组试样在冲击高度分别为 300mm 和 750mm 时冲击后，试样未破坏或安全破坏；但另 1 组试样在冲击高度为 1200mm 时，任何试样非安全破坏； ③ Ⅲ类夹层玻璃：1 组试样在冲击高度分别为 300mm 时冲击后，试样未破坏或安全破坏；但另 1 组试样在冲击高度为 750mm 时，任何试样非安全破坏； ④ Ⅰ类夹层玻璃：对霰弹袋冲击性能不做要求

表 5-22　夹层玻璃可视区允许点状缺陷数

缺陷尺寸 λ/min			0.5<λ≤1.0	1.0<λ≤3.0			
玻璃面积 S/m^2			S 不限	S≤1	1<S≤2	2<S≤3	3<S
允许缺陷数/个	玻璃层数	2	不得密集存在	1	2	1.0	1.2
		3		2	3	1.5	1.8
		4		3	4	2.0	2.4
		≥5		4	5	2.5	3.0

注：(1) 不大于 0.5mm 的缺陷不考虑，不允许出现大于 3mm 的缺陷；

(2) 当出现下列情况之一时，视为密集存在：

① 两层玻璃时，出现 4 个或 4 个以上的缺陷，且彼此相距＜200mm；

② 三层玻璃时，出现 4 个或 4 个以上的缺陷，且彼此相距＜180mm；

③ 四层玻璃时，出现 4 个或 4 个以上的缺陷，且彼此相距＜150mm；

④ 五层以上玻璃时，出现 4 个或 4 个以上的缺陷，且彼此相距＜100mm。

(3) 单层中间层单层厚度大于 2mm 时，上表允许缺陷数总数增加 1

表 5-23　夹层玻璃可视区允许的线状缺陷数

缺陷尺寸(长度 L、宽度 B)/mm	L≤30 且 B≤0.2	L>30 或 B>0.2		
玻璃面积 S/m^2	S 不限	S≤5	5<S≤8	8<S
允许缺陷数/个	允许存在	不允许	1	2

表5-24　夹层玻璃长度和宽度允许偏差　（单位：mm）

公称尺寸(边长 L)	公称厚度≤8	公称厚度＞8	
		每块玻璃公称厚度＜10	至少一块玻璃公称厚度≥10
L≤1100	+2.0 −2.0	+2.5 −2.0	+3.5 −2.5
1100＜L≤1500	+3.0 −2.0	+3.5 −2.0	+4.5 −3.0
1500＜L≤2000	+3.0 −2.0	+3.5 −2.0	+5.0 −3.5
2000＜L≤2500	+4.5 −2.5	+5.0 −3.0	+6.0 −4.0
L＞2500	+5.0 −2.0	+5.5 −2.5	+6.5 −4.5

表5-25　夹层玻璃的最大允许叠差　（单位：mm）

长度或宽度 L	最大允许叠差
L≤1000	2.0
1000＜L≤2000	3.0
2000＜L≤4000	4.0
L＞4000	6.0

表5-26　湿法夹层玻璃中间层厚度允许偏差　（单位：mm）

湿法中间层厚度 d	允许偏差
d＜1	±0.4
1≤d＜2	±0.5
2≤d＜3	±0.6
d≥3	±0.7

5. 选用

夹层玻璃一般用于有特殊安全要求的建筑物门窗、隔墙，工业厂房的天窗，安全性要求比较高的窗户，商品陈列橱窗，大厦地下室，屋顶及天窗等有飞散物落下的场所。

使用夹层玻璃时，特别是在室外使用时，要特别注意嵌缝化合物对玻璃或塑料层的化学作用，以防引起老化现象。

5.3.3　夹丝玻璃

1. 定义及特点

夹丝玻璃也称为防碎玻璃或钢丝玻璃。它是将普通平板玻璃加热到红热软化状态，再将通热处理后的钢丝网或钢丝压入玻璃中间而制成的。夹丝玻璃表面可以是压花的或磨光的，颜色可以制成无色透明或彩色的。

夹丝玻璃具有安全性和防火性好的特点。夹丝玻璃由于钢丝网的骨架作用，不仅提高了玻璃的强度，而且当受到冲击或温度骤变而破坏时，碎片也不会飞散，避免了对人的伤害。在出现火情时，当火焰燃烧，夹丝玻璃受热炸裂，由于金属网的作用，玻璃碎片仍能保持在原位，隔绝火焰。

2. 分类

夹丝玻璃分为夹丝压花玻璃和夹丝磨光玻璃两类。夹丝玻璃的常用厚度有 6mm、7mm、10mm；等级分为优等品、一等品和合格品；面积一般不小于 600mm×400mm，不大于 2000mm×1200mm。

3. 技术要求

《夹丝玻璃》[JC 433—1991(1996)]规定夹丝玻璃的技术要求，见表 5-27。

表 5-27 夹丝玻璃的技术要求

项 目	内 容
丝网要求	夹丝玻璃所用的金属丝网和金属丝线分为普通钢丝和特殊钢丝两种，普通钢丝直径为 0.4mm 以上，或特殊钢丝直径为 0.3mm 以上。夹丝网玻璃应采用经过处理的点焊金属丝网
尺寸偏差	长度和宽度允许偏差为±4.0mm
厚度偏差	厚度允许偏差应符合表 5-28 的规定
弯曲度	夹丝压花玻璃应在 1.0%以内，夹丝磨光玻璃应在 0.5%以内
玻璃边部凸出、缺口和偏斜	夹丝玻璃边部凸出、缺口的尺寸不得超过 6mm，偏斜的尺寸不得超过 4mm。一片玻璃只允许有一个缺角，缺角的深度不得超过 6mm
外观质量	夹丝玻璃外观质量应符合表 5-29 的规定
防火性能	夹丝玻璃用作防火门、窗等镶嵌材料时，其防火性能应达到《高层民用建筑设计防火规范》2005 版[GB 50045—1995]规定的耐火极限要求

表 5-28 夹丝玻璃厚度偏差 (单位：mm)

厚 度	允许偏差范围	
	优等品	一等品、合格品
6	±0.5	±0.6
7	±0.6	±0.7
10	±0.9	±1.0

表 5-29 夹丝玻璃外观质量要求

项 目	说 明	优等品	一等品	合格品
气泡	$\phi3$～$\phi6$ 的圆泡，每平方米面积内允许个数	5	数量不限，但不允许密集	
	长泡，每平方米面积内允许个数	长 6～8mm 2	长 6～8mm 10	长 6～10mm，10 长 10～20mm，4
花纹变形	花纹变形程度	不许有明显的花纹变形		不规定
	破坏性的	不允许		

续表

项　目	说　明	优等品	一等品	合格品
异物	ϕ 0.5～ϕ 2 非破坏性的，每平方米面积内允许个数	3	5	10
裂纹	/	目测不能识别		不影响使用
磨伤	/	轻微	不影响使用	
金属丝	金属丝夹入玻璃内状态	应完全夹入玻璃内，不得露出表面		
	脱焊	不允许	距边部 30mm 内不限	距边部 100mm 内不限
	断线	不允许		
	接线	不允许	目测看不见	

注：密集气泡是指直径 100mm 圆面积内超过 6 个。

4. 选用

夹丝玻璃作为防火材料，通常用于防火门窗；作为非防火材料，可用于易受到冲击的地方或者玻璃飞溅可能导致危险的地方，如震动较大的厂房、顶棚、高层建筑、公共建筑的天窗、仓库门窗、地下采光窗等。

5.3.4 防火玻璃

1. 特性

防火玻璃是指能够同时满足耐火完整性、耐火隔热性和热辐射强度的玻璃。

耐火完整性是指在标准的耐火试验条件下，当建筑分隔构件一面受火时，能在一定时间内防止火焰穿透或防止火焰在背火面出现的能力。

耐火隔热性是指当建筑分隔构件一面受火时，能在一定时间内背火面温度不超过规定值的能力。

热辐射强度指在玻璃背火面一定距离、一定时间内热辐射强度值。

2. 分类及标记

(1) 防火玻璃的分类，见表 5-30。

表 5-30　防火玻璃的分类

分类方法	种　类
按结构分类	(1) 复合防火玻璃(以 FFB 表示)； (2) 单片防火玻璃(以 DFB 表示)
按耐火性能分类	(1) 隔热型防火玻璃(A 类)； (2) 非隔热型防火玻璃(C 类)
按耐火极限分类	防火玻璃按耐火极限可分为 5 个等级：0.50h、1.00h、1.50h、2.00h、3.00h

(2) 防火玻璃的标记方式，如图 5.7 所示。

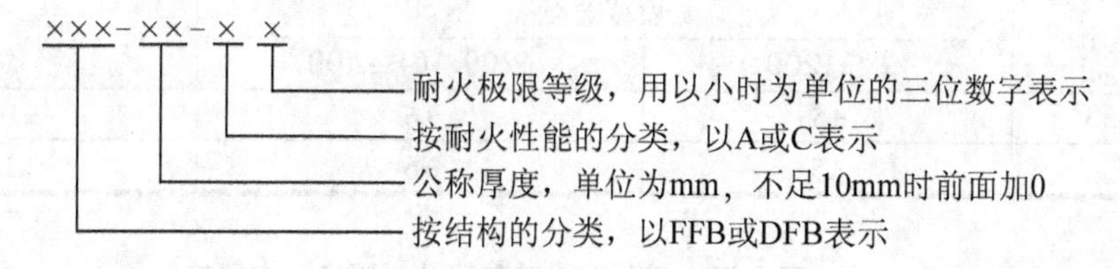

图 5.7 防火玻璃标记方式

标记示例：

一块公称厚度为 25mm、耐火性能为隔热类(A 类)，耐火等级为 1.50h 的复合防火玻璃标记为 FHB-25-A 1.50；

一块公称厚度为 12mm、耐火性能为非隔热类(C 类)，耐火等级为 1.00h 的单片防火玻璃标记为 DFB-12-C 1.00。

3. 技术要求

《建筑用安全玻璃 第 1 部分：防火玻璃》(GB 15763.1—2009)对防火玻璃的技术要求，见表 5-31。

表 5-31 防火玻璃的技术要求

项　目	内　容
尺寸、厚度允许偏差	防火玻璃的尺寸、厚度允许偏差应符合表 5-32 和表 5-33 的规定
外观质量	防火玻璃的外观质量应符合表 5-34 和表 5-35 的规定
耐火性能	隔热型防火玻璃(A 类)和非隔热型防火玻璃(C 类)的耐火性能应满足表 5-36 的要求
弯曲度	防火玻璃的弓形弯曲度不应超过 0.3%，波形弯曲度不应超过 0.2%
可见光透射比	防火玻璃的可见光透射比应符合表 5-37 的要求
耐热性能	试验后复合防火玻璃试样的外观质量应符合本表第 2 项的规定
耐寒性能	试验后复合防火玻璃试样的外观质量应符合本表第 2 项的规定
耐紫外线辐照性	当复合防火玻璃使用在有建筑采光要求的场合时，应进行耐紫外线辐照性能测试。复合防火玻璃试样试验后，试样不应产生显著变色、气泡及浑浊现象，且试验前后可见光透射比相对变化率 ΔT 应不大于 10%
抗冲击性能	单片防火玻璃不破坏是指试验后不破碎；复合防火玻璃不破坏是指试验后玻璃满足下述条件之一： (1) 玻璃不破碎； (2) 玻璃破碎但钢球未穿透试样
碎片状态	每块试验样品在 50mm×50mm 区域内的碎片数应不低于 40 块，允许有少量长条碎片存在，但其长度不得超过 75mm，且端部不是刀刃状；延伸至玻璃边缘的长条形碎片与玻璃边缘形成的夹角不得大于 45°

表 5-32 复合防火玻璃的尺寸、厚度允许偏差 (单位：mm)

公称厚度 d	长度或宽度 L		厚　度
	$L\leqslant1200$	$1200<L\leqslant2400$	
$5\leqslant d<11$	±2	±3	±1.0
$11\leqslant d<17$	±3	±4	±1.0
$17\leqslant d<24$	±4	±5	±1.3

续表

公称厚度 d	长度或宽度 L		厚　　度
	L≤1200	1200<L≤2400	
24≤d<35	±5	±6	±1.5
d≥35	±5	±6	±2.0

表 5-33　单片防火玻璃尺寸、厚度允许偏差　　(单位：mm)

公称厚度	长度或宽度 L			厚　　度
	L≤1000	1000<L≤2000	L>2000	
5 6	+1 −2	±3	±4	±0.2
8 10	+2 −3			±0.3
12	±4	±4		±0.3
15				±0.5
19	±5	±5	±6	±0.7

表 5-34　复合防火玻璃的外观质量

缺陷名称	要　　求
气泡	直径 300mm 圆内允许长 0.5～1.0mm 的气泡 1 个
胶合层杂质	直径 500mm 圆内允许长 2.0mm 的杂质 2 个
划伤	宽度≤0.1mm、长度≤50mm 的轻微划伤，每平方米面积内不超过 4 条
	0.1mm<宽度<0.5mm、长度≤50mm 的轻微划伤，每平方米面积内不超过 1 条
爆边	每米边长允许有长度不超过 20mm、自边部向玻璃表面延伸深度不超过厚度一半的爆边 4 个
叠差、裂纹、脱胶	脱胶、裂纹不允许存在：总叠差不应大于 3mm

注：复合防火玻璃周边 15mm 范围内的气泡、胶合层杂质不作要求。

表 5-35　单片防火玻璃的外观质量

缺陷名称	要　　求
爆边	不允许存在
划伤	宽度≤0.1mm、长度≤50mm 的轻微划伤，每平方米面积内不超过 2 条
	0.1mm<宽度<0.5mm、长度≤50mm 的轻微划伤，每平方米面积内不超过 1 条
结石、裂纹、缺角	不允许存在

表 5-36　单片防火玻璃的耐火性能

分类名称	耐火极限等级	耐火性能要求
隔热型防火玻璃 (A 类)	3.00h	耐火隔热时间≥3.00h，且耐火完整性时间≥3.00h
	2.00h	耐火隔热时间≥2.00h，且耐火完整性时间≥2.00h
	1.50h	耐火隔热时间≥1.50h，且耐火完整性时间≥1.50h
	1.00h	耐火隔热时间≥1.00h，且耐火完整性时间≥1.00h
	0.50h	耐火隔热时间≥0.50h，且耐火完整性时间≥0.50h

续表

分类名称	耐火极限等级	耐火性能要求
非隔热型防火玻璃(C类)	3.00h	耐火完整性时间≥3.00h，耐火隔热性无要求
	2.00h	耐火完整性时间≥2.00h，耐火隔热性无要求
	1.50h	耐火完整性时间≥1.50h，耐火隔热性无要求
	1.00h	耐火完整性时间≥1.00h，耐火隔热性无要求
	0.50h	耐火完整性时间≥0.50h，耐火隔热性无要求

表5-37 防火玻璃的可见光透射比

项目	允许偏差最大值(明示标称值)	允许偏差最大值(未明示标称值)
可见光透射比	±3%	≤5%

4. 选用

防火玻璃作为防火材料，主要用于建筑物的防火门窗，也适用于建筑复合防火玻璃及钢化工艺制造的单片防火玻璃。

5.4 节能玻璃

玻璃在建筑上的传统应用主要是采光，随着建筑的发展，人们对建筑保温、隔热、隔声、环保及光学性能要求也相应地提高了。节能装饰型玻璃兼具节能、隔声和装饰性，常用作建筑物的外墙玻璃或制作玻璃幕墙，可以起到显著的节能效果。建筑上常用的节能装饰型玻璃有吸热玻璃、热反射玻璃和中空玻璃等。

5.4.1 吸热玻璃

1. 概念

吸热玻璃是一种能控制热能透过的玻璃，可以显著地吸收阳光中红外线、近红外线，又能保持良好的透明度。吸热玻璃通常都带有一定的颜色，所以也称为着色吸热玻璃。

吸热玻璃的制造一般有两种方法：一种是在普通玻璃中加入一定量的着色剂，着色剂通常为过渡金属氧化物(如氧化亚铁、氧化镍等)，它们具有强烈吸收阳光中红外辐射的能力即吸热的能力；另一种是在玻璃的表面喷涂具有吸热和着色能力的氧化物薄膜(如氧化锡、氧化锑等)。吸热玻璃常带有蓝色、茶色、灰色、绿色、古铜色等色泽。

2. 性能特点

(1) 吸收太阳的辐射热。吸热玻璃主要是遮蔽辐射热，其颜色和厚度不同，对太阳的辐射热吸收程度也不同。图 5.8 所示为吸热玻璃与同厚度的浮法玻璃吸收太阳辐射热性能的比较。

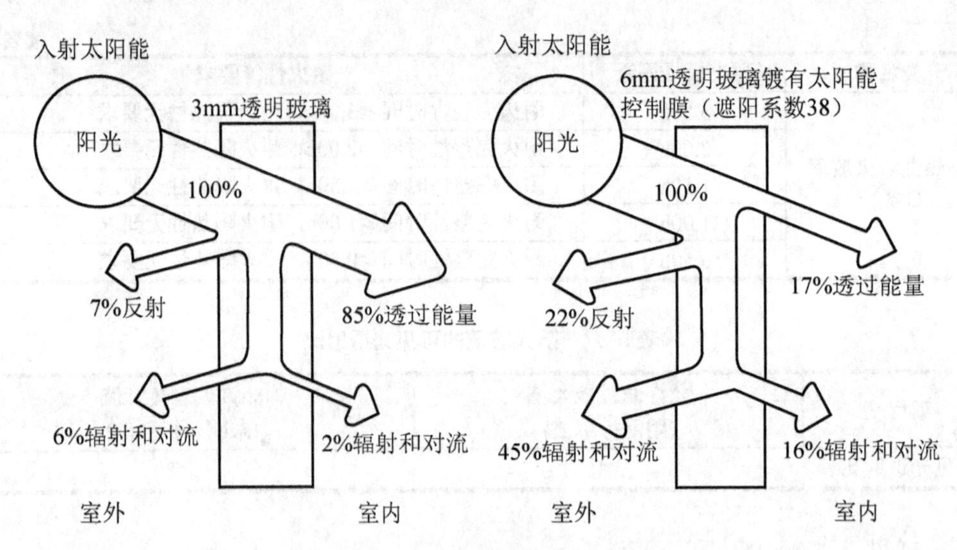

图 5.8 吸收太阳能辐射热比较图

从图 5.8 中可知，当太阳光照射到浮法玻璃上时，相当于太阳光全部辐射能 87%的热量进入室内，这些热量会在室内聚集，引起室内温度的升高，造成所谓的“暖房效应”；而吸热玻璃接收的总热量仅为太阳光全部辐射能的 33%，即在房间造成所谓的“冷房效应”，避免温度的升高，减少空调的能源消耗。此外，对紫外线的吸收，也起到了对室内物品的防晒作用。

(2) 吸收太阳的可见光。吸热玻璃比普通玻璃吸收的可见光要多得多，0.6mm 厚古铜色吸热玻璃吸收太阳的可见光是同样厚度的普通玻璃的 3 倍。这一特点能使透过它的阳光变得柔和，能有效地改善室内色泽。

(3) 吸收太阳的紫外线。吸热玻璃能有效地防止紫外线对室内家具、日用器具、商品、档案资料与书籍等的照射而产生的褪色和变质。

(4) 具有一定的透明度，能清晰地观察室外景物。

(5) 色泽经久不变，能增加建筑物的外形美观。

3. 吸热玻璃的用途

吸热玻璃在建筑装饰工程中应用得比较广泛，凡是有采光和隔热要求的场所均可使用。采用不同颜色的吸热玻璃能合理利用太阳光，调节室内温度，节省空调费用，而且对建筑物的外表有很好的装饰效果。此外，它还可以按不同的用途进行加工，制成磨光、夹层、中空玻璃等。

特 别 提 示

由于吸热玻璃对太阳辐射热的吸收，使玻璃的温度也随之升高，容易产生玻璃不均匀性热膨胀而导致所谓“热炸裂”现象。因此，吸热玻璃在使用中，应注意采取构造性措施，减少不均匀热胀，以避免玻璃破坏。

5.4.2 热反射玻璃

1. 概念

热反射玻璃是由无色透明的平板玻璃镀覆金属膜或金属氧化物膜而制得的，又称镀膜玻璃或阳光控制膜玻璃。生产这种镀膜玻璃的方法有热分解法、喷涂法、浸涂法、金属离子迁移法、真空镀膜法、真空磁控溅射法、化学浸渍法等。

2. 特点

1) 对光线的反射和遮蔽作用(也称阳光控制能力)

热反射玻璃对可见光的透过率在 20%～65%的范围内，它对阳光中热作用强的红外线和近红外线的反射率可高达 30%，而普通玻璃只有 7%～8%。这种玻璃可在保证室内采光柔和的条件下，有效地屏蔽进入室内的太阳辐射能。在建筑物上以热反射玻璃作窗玻璃，可以克服普通玻璃窗造成的暖房效应。

热反射玻璃的隔热性能可用遮蔽系数表示。遮蔽系数是指太阳辐射能量透过某玻璃组件的量，与同样条件下通过 3mm 厚的透明玻璃的量的比值。遮蔽系数越小，通过玻璃射入室内的光能越少，冷房效果越好。

2) 单向透视性

热反射玻璃的镀膜层具有单向透视性。在装有热反射玻璃幕墙的建筑里，白天看不到室内的人和物，但从室内可以清晰地看到室外的景色；晚间正好相反，室内有灯光照明，就看不到玻璃幕墙外的事物，给人以不受干扰的舒适感。

3) 镜面效应

热反射玻璃具有强烈的镜面效应，因此也称为镜面玻璃。用这种玻璃作玻璃幕墙，可将周围的景观及天空的云彩映射在幕墙之上，使建筑物与自然环境达到完美和谐。

3. 常用规格和性能要求

热反射玻璃常带有颜色，常见的有灰色、青铜色、茶色、金色、浅蓝色和古铜色等。它的常用厚度为 6mm，尺寸规格有 1600mm×2100mm、1800mm×2000mm 和 2100mm×3600mm 等。其性能要求见表 5-38。

表 5-38 热反射玻璃的技术性能

项　目	指　标
反射率高	200～2500nm 的光谱反射率高于 30%，最大可达 60%
耐擦洗性好	用软纤维或动物毛刷任意刷洗，涂层无明显改变
耐急冷急热性好	在-40～50℃温度变化范围内急冷急热涂层无明显改变
化学稳定性好	在 5%的 HCl 溶液或 5%的 NaOH 溶液中浸泡 24h，表面涂层无明显改变

4. 用途

热反射玻璃可用作建筑门窗玻璃、幕墙玻璃，还可以用于制作高性能中空玻璃、夹层玻璃等复合玻璃制品。热反射玻璃具有良好的节能和装饰效果，而发展非常迅速，很多现代建筑都选用热反射玻璃做幕墙，如北京的长城饭店、首都机场航站楼等。

但热反射玻璃幕墙使用不恰当或使用面积过大会造成光污染和建筑物周围温度升高，影响环境的和谐。

5.4.3 中空玻璃

1. 特点

中空玻璃是两片或多片平板玻璃，用边框隔开，四周边用胶接、焊接或熔接的方法密封，中间充入干燥空气或其他气体的玻璃制品。中空玻璃的隔热性能好，能有效地降低噪声，避免冬季窗户结露，并且有良好的隔声性能、装饰效果等特点。

2. 规格

常用中空玻璃的形状和最大尺寸，见表5-39。

表5-39 中空玻璃材料技术要求 (单位：mm)

玻璃厚度	间隔厚度	长边最大尺寸	短边最大尺寸(正方形除外)	最大面积(mm^2)	正方形边长最大尺寸
3	6 9～12	2110 2110	1270 1271	2.4 2.4	1270 1270
4	6 9～10 12～20	2420 2440 2440	1300 1300 1300	2.86 3.17 3.17	1300 1300 1300
5	6 9～10 12～20	3000 3000 3000	1750 1750 1815	4.00 4.80 5.10	1750 2100 2100
6	6 9～10 12～20	4550 4550 4550	1980 2280 2440	5.88 8.54 9.00	2000 2440 2440
10	6 9～10 12～20	4270 5000 5000	2000 3000 3180	8.54 15.00 15.90	2440 3000 3250
12	12～20	5000	3180	15.90	3250

3. 技术要求

(1) 中空玻璃所用材料应满足表5-40的要求。

表5-40 中空玻璃材料技术要求

项 目	内 容
玻璃	可采用平板玻璃、夹层玻璃、钢化玻璃、半钢化玻璃、着色玻璃、镀膜玻璃和压花玻璃等。平板玻璃应符合《平板玻璃》(GB 11614—2009)的规定，夹层玻璃应符合《建筑用安全玻璃 第3部分：夹层玻璃》(GB 15763.3—2009)的规定，钢化玻璃应符合《建筑用安全玻璃 第2部分：钢化玻璃》(GB 15763.2—2005)的规定，半钢化玻璃应符合《半钢化玻璃》(GB/T 17841—2008)的规定。其他品种的玻璃应符合相应标准或由供需双方商定
密封胶	密封胶应满足以下要求： (1) 中空玻璃用弹性密封胶应符合《中空玻璃用弹性密封胶》(JC/T 486—2001)的规定； (2) 中空玻璃用弹性密封胶应符合有关规定
胶条	用塑性密封胶制成的含有干燥剂和波浪型铝带的胶条，其性能应符合相应标准
干燥剂	干燥剂质量、性能应符合相应标准

(2)《中空玻璃》(GB/T 11944—2002)规定中空玻璃的质量技术要求应符合表5-41的要求(《中空玻璃》GB/T 11944—2012新标准，于2013年9月1日发布实施)。

表5-41 中空玻璃质量技术要求

项　目	内　容
尺寸偏差	(1) 中空玻璃的长度及宽度允许偏差见表5-42； (2) 中空玻璃厚度允许偏差见表5-42； (3) 正方形和矩形中空玻璃对角线之差应不大于对角线平均长度的0.2%； (4) 单道密封胶层厚度为10mm±2mm，双道外层密封胶层厚度为5～7mm(图5.9)，胶条密封胶层厚度为8mm±2mm(图5.10)，特殊规格或有特殊要求的产品由供需双方商定； (5) 其他规格和类型的尺寸偏差由供需双方协商决定
外观	中空玻璃不得有妨碍透视的污迹、夹杂物及密封胶飞溅现象
密封性能	(1) 20块4mm+12mm+4mm试样全部满足以下两条规定为合格： ① 在试验压力低于环境气压10kPa±0.5kPa下，初始偏差必须不小于0.8mm； ② 在改气压下保持2.5h后，厚度偏差的减少应不超过初始偏差的15%。 (2) 20块5mm+9mm+5mm试样全部满足以下两条规定为合格： ① 在试验压力低于环境气压10kPa±0.5kPa下，初始偏差必须不小于0.5mm； ② 在改气压下保持2.5h后，厚度偏差的减少应不超过初始偏差的15%。 (3) 其他厚度的样品供需双方商定
露点	20块试样露点均不大于-40℃为合格
耐紫外线辐射性能	2块试样紫外线照射168h，试样内表面上均无结雾或污染的痕迹、玻璃原片无明显错位和产生胶条蠕变为合格。如果有1块或2块试样不合格，可另取2块备用试样重新试验，2块试样均满足要求为合格
气候循环耐久性能	试样经循环试验后进行露点测试。4块试样露点不大于-40℃为合格

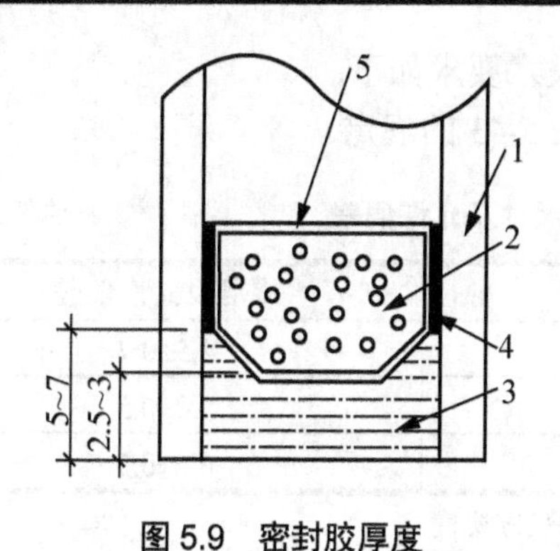

图5.9 密封胶厚度

1—玻璃；2—干燥剂；3—外层密封胶；4—内层密封胶；5—内隔框

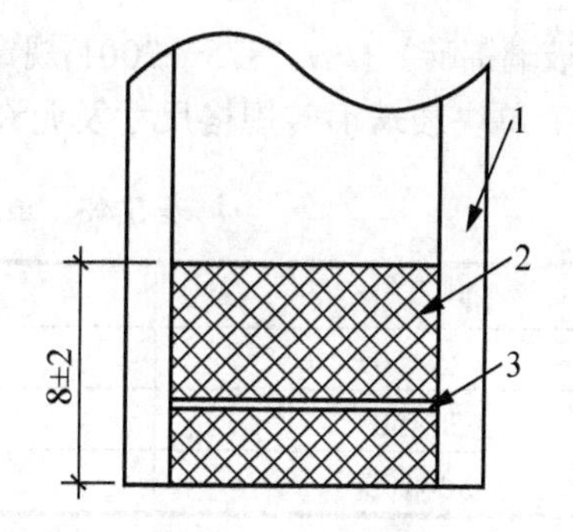

图5.10 胶条厚度

1—玻璃；2—胶条；3—铝带

表5-42 中空玻璃的长度、宽度及厚度允许偏差 (单位：mm)

长(宽)度 L	允许偏差	公称厚度 t	允许偏差
$L<1000$	±2	$t<17$	±1.0
$1000\leqslant L<2000$	+2、-3	$17\leqslant t<22$	±1.5
$L\geqslant 2000$	±3	$t\geqslant 22$	±2.0

注：中空玻璃的公称厚度为玻璃原片的玻璃厚度与间隔厚度之和。

4. 选用

中空玻璃由于具有许多优良性能，因此应用范围很广。无色透明的中空玻璃主要用于普通住宅、空调房间、空调列车、商用展柜等；有色中空玻璃主要用于建筑艺术要求较高的建筑物，如影剧院、展览馆、银行等；热反射中空玻璃主要用于热带地区建筑物；夹层中空玻璃多用在防弹橱窗等方面；钢化中空玻璃、夹丝中空玻璃以安全为目的，主要用于玻璃幕墙、采光天棚等处。

5.5 装饰玻璃

5.5.1 玻璃锦砖

1. 特点

玻璃锦砖又称玻璃马赛克，是指由不同色彩的小块玻璃镶嵌而成的平面装饰。它是将长度不超过45mm的各种颜色和形状的玻璃质小块铺贴在纸上而制成的一种装饰材料。玻璃锦砖色彩绚丽，典雅美观，装饰效果非常好，并且质地坚硬、性能稳定，具有耐热、耐寒、耐候、耐酸碱等性能，此外，还具有价格较低、施工方便等特点。

2. 规格尺寸

玻璃锦砖一般规格有25mm×50mm、50mm×50mm和50mm×105mm这3种，其他规格尺寸、形状由供需双方协商。

3. 技术要求

《玻璃锦砖》(JC/T 875—2001)规定玻璃锦砖的技术要求如下：

(1) 单块玻璃锦砖规格尺寸及允许偏差应符合表5-43的规定。

表5-43 单块玻璃锦砖规格尺寸及允许偏差 (单位：mm)

规　格	边长允许偏差	厚度及允许偏差
25×50	±0.4	4.5±0.4
50×50	±0.5	5.0±0.5
50×105	±0.5	6.0±0.5

注：以上规格装饰面均为平面，其他形状的规格尺寸由供需双方协商。

(2) 玻璃锦砖的联长、周边距、线路及允许偏差应符合表5-44的规定。

表5-44 玻璃锦砖的联长、周边距、线路及允许偏差 (单位：mm)

项　目	尺　寸	允许偏差
联长	325	±3.0
周边距	/	1～8
线路	3.0	±0.8

注：其他尺寸的联长由供需双方协商，周边距只适用于贴纸时。

(3) 玻璃锦砖的外观质量应符合表 5-45 的规定。

表 5-45　玻璃锦砖的外观质量

(单位：mm)

缺陷名称		表示方法	缺陷允许范围	备注
变形	凹陷	深度	≤0.5	
	弯曲	弯曲度	≤0.5	
缺边		长度	3.0≤长度≤6.0	允许一处
		宽度	1.0≤宽度≤2.0	
缺角		损伤长度	≤5.0	
裂纹		/	不允许	
皱纹		/	不密集	

(4) 色差。

① 同一色号的玻璃锦砖允许单块间稍有色差。

② 同一批同色号产品目测应基本均匀一致。

(5) 玻璃锦砖的理化性能应符合表 5-46 的规定。

表 5-46　玻璃锦砖的理化性能

试验项目		条　　件	指　　标
玻璃锦砖与铺贴纸粘合牢固度		用双手捏住联一边的两角，垂直提起然后平放，反复 3 次	无脱落
脱纸时间		18～25℃水浸泡 40min	70%以上脱落
耐急冷急热		70℃±2℃　18～25℃ 水 30min　水 10min 循环 3 次	无裂纹、无破损
化学稳定性	盐酸	1mol/L 溶液　室温下浸泡 24h	无变点及剥离现象
	硫酸	1mol/L 溶液　室温下浸泡 24h	无变点及剥离现象
	氢氧化钠	1mol/L 溶液　室温下浸泡 24h	无变点及剥离现象

(6) 其他。

① 单块玻璃锦砖的背面应有阶梯状的沟纹。

② 所有粘结剂除保证粘结强度外，还应易从玻璃锦砖上擦去。所有粘结剂不能损坏或使玻璃锦砖变色。

③ 所用铺贴纸应在合理搬运和正常施工过程中不发生撕裂。

4. 选用

玻璃锦砖主要用作宾馆、医院、办公楼、礼堂、住宅等建筑物的内外墙装饰材料或大型壁画的镶嵌材料。使用时，要注意应一次订货订齐，后追加部分，色彩会有差异，特别是用废玻璃生产的玻璃锦砖，每批颜色差别较大。粘贴时，浅颜色玻璃锦砖应用白水泥粘结，因为装饰后的色调由锦砖和粘结砂浆的颜色综合决定。

5.5.2 空心玻璃砖

1. 特点

空心玻璃砖是一种带有干燥空气的空腔、周边密封的玻璃制品。它具有抗压、保温、隔热、不结霜、隔声、防水、耐磨、化学性能稳定、不燃烧和透光不透视的性能。

2. 分类

空心玻璃砖按外形分为正方形、长方形和异性；按颜色可分为无色和本体着色两类。

3. 技术要求

《空心玻璃砖》(JC/T 1007—2006)规定空心玻璃砖的技术要求，见表5-47。

表5-47 空心玻璃砖的技术要求

项目	内容
外形尺寸	(1) 外形尺寸长(*L*)、宽(*b*)、厚(*h*)的允许偏差值不大于1.5mm； (2) 正外表面最大上凸不大于2.0mm，最大凹进不大于1.0mm； (3) 两个半坯允许有相对移动或转动，其间隙不大于1.5mm
外观质量	空心玻璃砖的外观质量应符合表5-48的规定
颜色均色性	正面应无明显偏离主色调的色带或色道，同批次的产品之间，其正面颜色应无明显色差
单块质量	单块质量的允许偏差小于或等于其公称质量的10%。其公称质量见表5-49
抗压强度	平均抗压强度不小于7.0N/mm^2，单块最小值不小于6.0N/mm^2
抗冲击性	以钢球自由落体方式做抗冲击试验，试样不允许破裂
抗热震性	冷热水温度应保持30℃，试验后试样不允许出现裂纹或其他破损现象

表5-48 空心玻璃砖的外观质量

项目名称	要求
裂纹	不允许有贯穿裂纹
熔接缝	不允许高出砖外边缘
缺口	不允许有
气泡	直径不大于1mm的气泡忽略不计，但不允许密集存在；直径1～2mm的气泡允许有2个；直径2～3mm的气泡允许有1个；直径大于3mm的气泡不允许有；宽度小于0.8mm、长度小于10mm的拉长气泡允许有2个；宽度小于0.8mm、长度小于15mm的拉长气泡允许有1个，超过该范围的不允许有
结石或异物	直径小于1mm的允许有2个
玻璃屑	直径小于1mm的忽略不计，直径1～3mm的允许有2个，大于3mm的不允许
线道	距1m观察不可见
划伤	不允许有长度大于30mm的划伤
麻点	连续的麻点痕长度不超过20mm
剪刀痕	正表面边部10mm范围内每面允许有1条，其他部位不允许有
料滴印	距1m观察不可见
模底印	距1m观察不可见
冲头印	距1m观察不可见
油污	距1m观察不可见

注：密集是指100mm直径的圆面积内多于10个。

表 5-49　空心玻璃砖的形状、规格尺寸及公称质量

规　格	长度 L/mm	宽度 b/mm	厚度 h/mm	公称质量/kg
190×190×80	190	190	80	2.5
145×145×80	145	145	80	1.4
145×145×95	145	145	95	1.6
190×190×50	190	190	50	2.1
190×190×95	190	190	95	2.6
240×240×80	240	240	80	3.9
240×115×80	240	115	80	2.1
115×115×80	115	115	80	1.2
190×90×80	190	90	80	1.4
300×300×80	300	300	80	6.8
300×300×100	300	300	100	7.0
190×90×90	190	90	90	1.6
190×95×80	190	95	80	1.3
190×95×100	190	95	100	1.3
197×197×79	197	197	79	2.2
197×197×98	197	197	98	2.7
197×95×79	197	95	79	1.4
197×95×98	197	95	98	1.6
197×146×79	197	146	79	1.9
197×146×98	197	146	98	2.0
298×298×98	298	298	98	7.0
197×197×51	197	197	51	2.1

4. 选用

空心玻璃砖可用于宾馆、商场、舞厅、展厅及办公楼等处的外墙、内墙、隔断、天棚等处的装饰。空心玻璃砖不能作为承重墙使用，不能切割。

5.5.3　压花玻璃

1. 特点

压花玻璃又称花纹玻璃或滚花玻璃，是采用压延方法制造的一种平板玻璃。由于一般压花玻璃的一个或两个表面压有深浅不同的各种花纹图案，其表面凹凸不平，当光线通过玻璃时，产生无规则的折射，因而压花玻璃具有透光不透视的特点，并且呈低透光度，从玻璃的一面看另一面的物体时，物像模糊不清。压花玻璃由于表面具有各种花纹，还可以制成一定的色彩，因此具有一定的艺术效果。

2. 分类

压花玻璃按外观质量分为一等品、合格品。压花玻璃按厚度分为 3mm、4mm、5mm、6mm 和 8mm。

3. 技术要求

《压花玻璃》[JC/T 511—2002]规定压花玻璃的技术要求如下。

(1) 压花玻璃应为长方形或正方形，其长度和宽度尺寸允许偏差应符合表5-50规定。

表5-50 压花玻璃长度和宽度尺寸允许偏差 (单位：mm)

长(宽)度	尺寸允许偏差
3	±2
4	±0.4
5	±0.4
6	±0.5
8	±0.6

(2) 压花玻璃的厚度偏差应符合表5-51的规定。

表5-51 压花玻璃厚度尺寸允许偏差 (单位：mm)

厚　度	尺寸允许偏差
3	±0.3
4	±0.4
5	±0.4
6	±0.5
8	±0.6

(3) 压花玻璃对角线差应小于两对角线平均长度的0.2%。

(4) 压花玻璃的弯曲度不应超过0.3%。

(5) 压花玻璃外观质量应符合表5-52的规定。

表5-52 压花玻璃外观质量

缺陷类型	说　明	一等品			合格品		
图案不清	目测可见	不允许					
气泡	长度范围/min	$2\leqslant L<5$	$5\leqslant L<10$	$L\geqslant 10$	$2\leqslant L<5$	$5\leqslant L<15$	$L\geqslant 15$
	允许个数	$6.0\times S$	$3.0\times S$	0	$9.0\times S$	$4.0\times S$	0
杂物	长度范围/min	$2\leqslant L<3$		$L\geqslant 3$	$2\leqslant L<3$		$L\geqslant 3$
	允许个数	$1.0\times S$		0	$2.0\times S$		0
线条	长度范围/min	不允许			长度 $100\leqslant L<200$、宽度 $W<0.5$		
	允许个数				$3.0\times S$		
皱纹	目测可见	不允许			边部50mm以内轻微的允许存在		
压痕	长度范围/min	不允许			$2\leqslant L<5$		$L\geqslant 5$
	允许个数				$2.0\times S$		0
划伤	长度范围/min	不允许			长度 $L\leqslant 60$、宽度 $W<0.5$		
	允许个数				$3.0\times S$		

续表

缺陷类型	说　明	一等品	合格品
裂纹	目测可见	不允许	
断面缺陷	爆边、凹凸、缺角等	不应超过玻璃板的厚度	

注：(1) 表中 L 表示相应缺陷的长度；W 表示其宽度；S 是以 m^2 为单位的玻璃板的面积，气泡、杂物、压痕和划伤的数量允许上限值是指以 S 乘以相应系数所得的数值，此数值应按《数值修约规则与极限数值的表示和判定》(GB/T 8170—2008)修约至整数；

(2) 对于 2mm 以下的气泡，在直径为 100mm 的圆内不允许超过 8 个；

(3) 破坏性的杂物不允许存在。

(6) 对有特殊要求的压花玻璃由供需双方商定。

4. 选用

压花玻璃是各种公共设施室内装饰和分隔的理想材料，用于门窗、室内间隔、浴厕等处，也可用于居室的门窗装配，起着采光但又阻隔视线的作用。

5.5.4 彩色玻璃

彩色玻璃有透明的和不透明的两种。透明的彩色玻璃是在玻璃原料中加入一定量的金属氧化物制成的。不透明彩色玻璃又名釉面玻璃，它是以平板玻璃、磨光玻璃或玻璃砖等为基料，在玻璃表面涂敷一层熔性色釉，加热到彩釉的熔融温度，使色釉与玻璃牢固结合在一起，再经退火或钢化而成。彩色玻璃的彩面也可用有机高分子涂料制得。

彩色玻璃的颜色有红、黄、蓝、黑、绿、灰色等十余种，可用以镶拼成各种图案花纹，并有耐蚀、抗冲刷、易清洗等特点，主要用于建筑物的内外墙、门窗及对光线有特殊要求的部位。有时在玻璃原料中加入乳浊剂(如萤石)可制得乳浊有色玻璃，这类玻璃透光而不透视，具有独特的装饰效果。

5.5.5 磨砂玻璃

磨砂玻璃又称毛玻璃，是将平板玻璃的表面用机械喷砂或手工研磨或氢氟酸溶蚀等方法处理成均匀的毛面。其特点是透光不透视，且光线不刺眼，用于要求透光而不透视的部位，如卫生间、浴室、办公室等的门窗及隔断。安装时应将毛面朝向室内一侧。磨砂玻璃还可用作黑板。

5.5.6 冰裂纹玻璃

冰裂纹玻璃是一种将具有很强黏附力的胶液均匀地涂在玻璃的表面上，因胶液在干燥过程中体积的强烈收缩，而胶体与粗糙的玻璃表面良好的粘接性，使得玻璃表面发生不规则撕裂现象，从而产生冰裂纹的一种工艺品。胶体薄膜因龟裂而产生的裂纹成为撕裂的界线，犹如叶子的茎脉，而在撕裂表面形成凹凸起伏、连续而不规则的美丽“冰花”花纹。

冰裂纹玻璃可以用无色平板玻璃制造，也可用茶色、蓝色、绿色等彩色平板玻璃制造。冰裂纹玻璃具有立体感强、花纹自然、质感柔和、透光不透明、视感舒适的特点。冰裂纹玻璃装饰效果优于压花玻璃，给人以典雅清新之感，是一种新型的室内装饰玻璃，可以用于建筑玻璃和艺术玻璃的生产，如用于散光隔板、室内隔断、卫生间门窗及要采光而不宜透视的场所，还可以用来作局部装饰。目前最大规格尺寸为 2400mm×1800mm。

5.5.7 镭射玻璃

镭射玻璃是以玻璃为基材的新一代建筑装饰材料，其特征在于经特种工艺处理，玻璃背面出现全息或其他光栅，在阳光、月光、灯光等光源照射下，形成物理衍射分光而出现艳丽的七色光。且在同一感光面上会因光线入射角的不同而出现色彩变化，使被装饰物显得华贵高雅、富丽堂皇。镭射玻璃的颜色有银白、蓝、灰、紫、红等多种。

镭射玻璃按其结构有单层、普通夹层和钢化夹层之分；按外形有花形、圆柱形和图案产品等。镭射玻璃适用于酒店、宾馆和各种商业、文化、娱乐设施的装饰，如内外墙面、商业门面、招牌、地砖、桌面、吧台、隔断、柱面、天棚、雕塑贴面、电梯间、艺术屏风、装饰画、高级喷水泉、发廊、大中型灯饰以及电子产品装饰等。

功能玻璃与建筑应用

近年来，玻璃随着电子学、通信技术、能源技术等各学科的发展，已被赋予了更多的性能，形成了各种功能玻璃，这些玻璃具有很多新的功能，如自清洁、节能等。

功能玻璃有很多种，如光功能玻璃、热功能玻璃、机械功能玻璃、生物玻璃以及近几年才发展起来的自洁净玻璃等。当前比较热门的能够用于建筑物的功能玻璃主要有光功能玻璃(如光色玻璃)、热功能玻璃(如低辐射玻璃)以及自洁净玻璃。

自洁净玻璃是通过在玻璃表面镀上一层 TiO_2 光催化膜而实现的。当镀 TiO_2 薄膜的表面与油污接触时，利用薄膜的光催化氧化作用，能够分解聚集在表面的油污，同时因其表面有超亲水性，污物不易在表面附着，即使附着也是同表面的外层水膜结合，附着的污物在水淋冲力的作用下，能自动从 TiO_2 表面剥离下来，而且干后不会留下难看的水痕。利用阳光中的紫外线就能维持 TiO_2 薄膜的光催化氧化作用和超亲水性从而达到自清洁目的。

2007 年 6 月，举世瞩目的中国国家大剧院终于掀开了神秘的面纱。国家大剧院以幕墙玻璃为穹顶结构的造型带给人们美观的视觉享受。然而在被这美丽的椭圆形透明蛋壳所震撼的同时，参观者乃至大剧院的设计者——法国建筑师安德鲁可能都忽略了一个问题：如何对大剧院所使用的面积达 6000m^2 的玻璃外墙进行清洗？采用传统的人工清洗方式，需要在楼层顶端安装擦窗机，破坏了整体的外观美感；使用机器人进行清洗也需要找到安装的“落脚点”，而穹顶设计使这些都无法实现。使用自洁净玻璃，既可以保持大面积玻璃表面的清洁，也能最大限度上避免灰尘的覆盖，在下雨的时候，玻璃幕墙表面的污迹还会自动脱落。在见证了国家大剧院工程实施效果后，自洁净玻璃又经北京市科委推荐，被应用到了北京 2008 奥运工程——五棵松体育馆上。

除了清洁功能外，镀膜还有分解有机物的特性，起到杀灭细菌、净化空气的作用。经检测，自洁薄膜在阳光和紫外线照射下，对有机物具有强烈的分解作用，具有杀菌防霉、清除甲醛、除味、除臭、治理空气环境的作用，因此非常适合在医院、餐馆等对卫生具有高要求的场所使用。由于水无法在基材表面形成水珠，而是形成均匀的水膜，因而可以用于玻璃表面的防雾，特别是在家庭卫生间、汽车后视镜和船舶用玻璃的自洁、防雾与防浪。此外，镀了膜的自洁玻璃还具有抗刮擦和耐久性，日晒雨淋对纳米膜发挥作用并不会造成什么影响。

进入 21 世纪后，TiO_2 光催化自洁净玻璃生产已经在国内外形成了规模化。国内一些大企业与大专院校科研院所等联合也研制生产了这种玻璃，整个市场已呈现出勃勃生机。但由于用 TiO_2 的光催化自洁抗菌是有条件的，一是必须有合适波段的光照射，主要是 300～400nm 的紫外光，而该波段范围的光线仅占到达地面的阳光辐射总量的 4%左右，且随着时间变化，能量变化明显，使得阳光和自然光使用效率较低；另一个条件是采用 TiO_2 光催化性质发挥抗菌作用，必须有氧气参与，使得 TiO_2 光催化型抗菌玻璃对部分厌氧菌的抑制很困难，这使得这类玻璃的使用范围受到限制。但毕竟这种玻璃为人们的建筑设计增添了新的选择，发挥着净化、美化人们生存环境的作用。

低辐射玻璃因其所镀的膜层具有极低的表面辐射率而得名(辐射率低于 0.25)。这种不到头发丝百分之一厚的低辐射膜层对远红外波段的反射率很高，能将 80%以上的远红外热辐射反射回去，而普通的浮法玻璃、吸热玻璃、阳光控制镀膜玻璃的远红外反射率在 11%左右，而在可见光波段低辐射玻璃又具有高透过率、低反射率、低吸收的特点。冬季，它对室内暖气及室内物体散发的热辐射，能像热反射镜一样，将绝大部分热量反射回室内，而又能让太阳光中的可见光和近红外光进入室内，这样就能有效地阻止室内热量的散失，从而节约取暖费用。夏季，它可以阻止室外地面、建筑物发出的热辐射进入室内，节约空调制冷费用，达到冬暖夏凉的效果和节能的目的。

光色玻璃是指当玻璃受到日光或紫外光照射时，玻璃由于在可见光区产生光吸收而自动变色，当光照停止时，能可逆地自动恢复到初始的透明状态。这样的玻璃应用在窗玻璃上，可以起到调节室内光线的作用。光强时，颜色变深，阴天时，颜色变浅，达到节能的目的。光色玻璃优于其他许多有机、无机光色材料，其长处是它可以长时间反复变色而无疲劳老化现象，而且机械强度好，化学稳定性好，因此近年来发展迅速。

由于功能玻璃具有各种奇特的功能，其发展潜力是巨大的。随着膜技术的发展，更多地以功能膜为基础的功能玻璃将会得到更广泛的开发，也会有更多的功能玻璃用于建筑物以提高人们的居住和生活环境质量。

本章小结

本章主要介绍了玻璃的生产工艺、组成和分类，详细介绍了平板玻璃、安全玻璃、节能玻璃和常用的建筑装饰用玻璃的特点、技术标准及制品的应用，另外还介绍了一些新型的玻璃制品。其中，玻璃制品的特点、技术标准及应用是本章重点。

实训指导书

了解装饰玻璃的种类、规格、性能和技术要求等，重点掌握各类玻璃的应用情况。

一、实训目的

让学生自主地到建筑装饰材料市场和建筑装饰施工现场进行考察和实训，了解常用装饰玻璃的价格，熟悉装饰玻璃的应用情况，能够准确识别各种常用装饰玻璃的名称、规格、种类、价格、使用要求及适用范围等。

二、实训方式

1. 建筑装饰材料市场的调查分析

学生分组：3～5 人一组，自主地到建筑装饰材料市场进行调查分析。

调查方法：学会以调查、咨询为主，认识各种装饰玻璃、调查材料价格、收集材料样本图片、掌握材料的选用要求。

2. 建筑装饰施工现场装饰材料使用的调研

学生分组：10～15人一组，由教师或现场负责人指导。

调查方法：结合施工现场和工程实际情况，在教师或现场负责人指导下，熟知装饰玻璃在工程中的使用情况和注意事项。

三、实训内容及要求

(1) 认真完成调研日记。

(2) 填写材料调研报告。

(3) 实训小结。

第6章

塑料装饰材料

教学目标

了解塑料装饰材料的组成、特性及使用注意事项；掌握常用的各种塑料装饰材料的名称、性能、用途和使用要求。

教学要求

能力目标	相关试验或实训	重　点
了解塑料组成和特性		
能够识别当地市场各种塑料装饰板材	铝塑板的应用	★
能够识别当地市场各种塑料装饰卷材		
能够正确检测塑钢门窗的质量	参观塑钢门窗的制作	★

引 例

观察周围建筑用的都是什么材料的门窗？建筑门窗由木门窗发展到钢门窗，又发展到铝合金门窗，最后发展到今天以塑钢及彩板门窗，为什么塑钢及彩板会成为建筑门窗的主流？

常用的建筑塑料有哪些？用于门窗、楼梯扶手、踢脚板、隔墙及隔断、塑料地砖、地面卷材、上下水管道、卫生洁具等部位(图 6.1)的塑料材料有哪些？其特点、性能、技术指标有何要求？如何正确地选用这些材料？

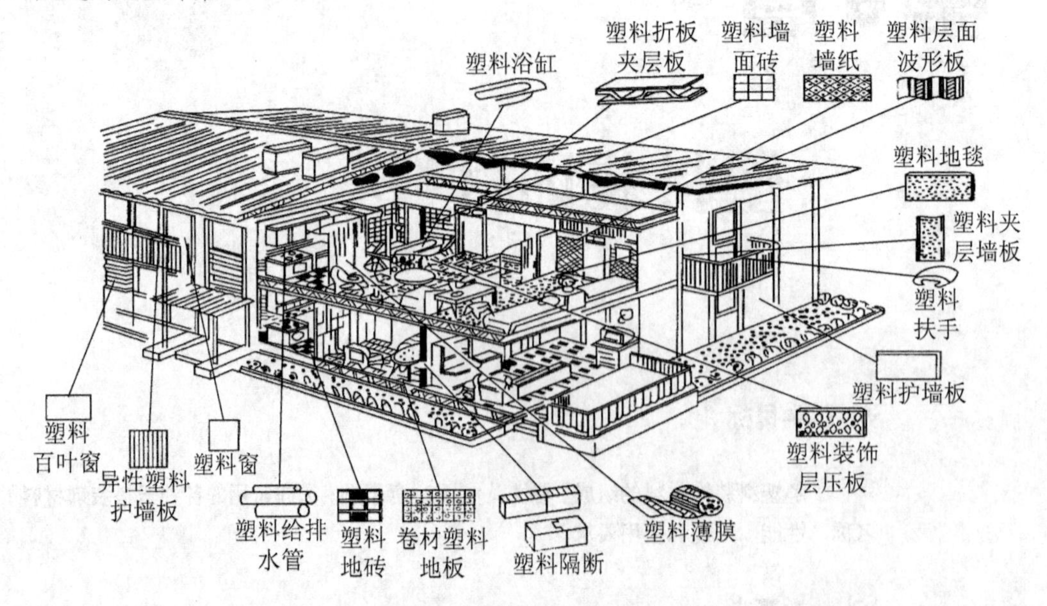

图 6.1 塑料在建筑中的应用

6.1 概 述

塑料是指以合成树脂或天然树脂为主要基料，加入其他添加剂(如填料、增塑剂、稳定剂、润滑剂、色料等)，经过混炼、塑化、成型，在一定温度和压力等条件下可以塑制成一定形状，在常温下保持形状不变的材料。其与合成橡胶、合成纤维被称为三大合成高分子材料。

6.1.1 塑料的组成

1. 合成树脂

合成树脂是塑料的最主要成分，含量在塑料的全部组分中占 40%～100%，起着胶黏作用，能将自身和其他材料胶结成一个整体。虽然加入的添加剂可以改变塑料的性质，但合成树脂是决定塑料类型、性能和用途的根本因素。

2. 填充剂

填料又称填充剂，是塑料中的另一个重要组分，能增强塑料的性能，降低塑料成本。根据填料化学组成不同，可分为有机和无机填料两类。常用的有机填料有木粉、棉布和纸屑等，常用的无机填料有滑石粉、石墨粉、石棉、云母及玻璃纤维等。如加入纤维、布类填料，可提高塑料的机械强度；加入石棉填料，可增加塑料的耐热性能；加入云母填料，可增加塑料的电绝缘性能；石墨、二硫化钼填料的加入，可改变塑料的磨耗性能等。

3. 增塑剂

增塑剂能增加塑料的柔软性、延伸性、可塑性，降低塑料流动温度和硬度，有利于塑料制品的成型。增塑剂一般是相对分子量较小，难挥发的液态和熔点低的固态有机物。对增塑剂的要求是与树脂的相容性要好，增塑效率高，增塑效果持久，挥发性低，而且对光和热比较稳定，无色、无味、无毒、不燃、电绝缘性和抗化学腐蚀性好。

常用的有苯二甲酸酯类、癸二酸酯类、氯化石蜡及樟脑等。人们最常见的是樟脑。

4. 着色剂

着色剂是使塑料制品具有绚丽多彩性的一种添加剂。着色剂除满足色彩要求外，还具有附着力强、分散性好、在加工和使用过程中保持色泽不变、不与塑料组成成分发生化学反应等特性。常用的着色剂是一些有机或无机染料或颜料。

5. 稳定剂

塑料制品在加工、贮存和使用过程中，在光、热、氧的作用下，会发生褪色、脆化、开裂的老化现象。为延缓和阻止老化现象的发生，必须加入稳定剂。当今性能最优秀的塑料稳定剂是甲基锡热稳定剂(简称 181)，对硬质聚乙烯(PVC)的压延、挤塑、注塑和吹塑成型都非常有效。又由于它安全性高，所以特别用于食品包装和高清晰度的硬质聚乙烯制品，同时，它也被普遍应用于塑料门窗，上水管道等装饰材料中，以取代其他高毒性的塑料热稳定剂。

6. 润滑剂

润滑剂是为了改进塑料熔体的流动性，防止塑料在挤出、压延、注射等加工过程中对设备发生黏附现象，改进制品的表面光洁程度，降低界面黏附为目的而加入的添加剂，是塑料中重要的添加剂之一，对成形加工和对制品质量有着重要的影响，尤其对聚氯乙烯塑料在加工过程中是不可缺少的添加剂。常用的润滑剂有液体石蜡、硬脂酸、硬脂酸盐等。

7. 其他添加剂

为使塑料适于各种使用要求和具有各种特殊性能，常加入一些其他添加剂，如掺加阻燃剂可阻止塑料的燃烧，并使之具有自熄性；掺入发泡剂可制得泡沫塑料等。

6.1.2 塑料的主要特性

作为建筑材料，塑料的主要特性如下。

(1) 重量轻。塑料的密度一般为 1000～2000kg/m^3，特别是发泡塑料，因内有微孔，质地更轻，相对密度仅为 10kg/m^3。这种特性使得塑料可用于要求减轻自重的产品生产中。

(2) 比强度高(强度除以密度就是比强度)。塑料及其制品的比强度高。其比强度远远超过水泥、混凝土，接近或超过钢材，是一种优良轻质高强材料。与其他材料相比，塑料也存在着明显的缺点，如易燃烧，刚度不如金属高、耐老化性差、不耐热等。

(3) 导热性低。塑料的导热性较低，泡沫塑料的微孔中含有气体，其隔热、隔音、防震性好。如聚氯乙烯(PVC)的导热系数仅为钢材的1/357、铝材的1/1250。在隔热能力上，单玻塑窗比单玻铝窗高40%、双玻高50%。将塑料窗体与中空玻璃结合起来后，在住宅、写字楼、病房、宾馆中使用，节约能源，是良好的隔热、保温材料。

(4) 电绝缘性好。塑料的导电性低，又因热导率低，是良好的电绝缘材料，因此被广泛用作装修电路隐蔽管线。

(5) 耐热性差、易燃。塑料一般是可燃的，燃烧时产生大量烟雾，有时还会产生有毒气体。在使用时应给予特别注意，采取必要措施。

(6) 易老化。塑料制品在阳光、空气、热及环境介质中的酸、碱、盐等作用下，其机械性能变差，易发生硬脆、破坏等现象成为老化，但经改进的塑料制品的使用寿命可大大延长。

6.1.3 常用塑料品种

1. 聚氯乙烯(PVC)

聚氯乙烯塑料是由氯乙烯单体聚合而成的，是常用的热塑性塑料之一。它的商品名称简称为“氯塑”，英文缩写为PVC。

PVC是建筑中应用广泛的塑料之一，可制成塑料地板、百叶窗、门窗框、楼梯扶手、踢脚板、密封条、管道、屋面采光板等。

硬质聚氯乙烯管材是以聚氯乙烯树脂为主要原料加入稳定剂、抗冲击改性剂、润滑剂等助剂，经捏合、塑炼、切粒、挤出成形加工而成的。硬质聚氯乙烯管材广泛适用于化工、造纸、电子、仪表、石油等工业的防腐蚀流体介质的输送管道(但不能用于输送芳烃、脂烃、芳烃的卤素衍生物、酮类及浓硝酸等)，也用于农业上的排灌类管，建筑、船舶、车辆扶手及电线电缆的保护套管等。

2. 聚乙烯(PE)

聚乙烯塑料是乙烯单体的聚合物。由于在聚合时因压力、温度等聚合反应条件不同，可得出不同密度的树脂：低密度聚乙烯、中密度聚乙烯和高密度聚乙烯。

3. 聚丙烯(PP)

聚丙烯是由丙烯聚合而制得的一种热塑性树脂，有等规物、无规物和间规物3种构型，聚丙烯也包括丙烯与少量乙烯的共聚物在内，通常为半透明无色固体，无臭无毒。由于其结构规整而高度结晶化，故熔点高达167℃，耐热。密度只有0.90g/cm^3，是最轻的通用塑料，耐腐蚀，抗张强度30MPa，强度、刚性和透明性都比聚乙烯好。缺点是耐低温冲击性差，较易老化，但可分别通过改性和添加抗氧剂予以克服。工程用聚丙烯纤维分为聚丙烯单丝纤维和聚丙烯网状纤维。聚丙烯网状纤维以改性聚丙烯为原料，经挤出、拉伸、成网、表面改性处理、短切等工序加工而成的高强度束状单丝或者网状有机纤维，其固有的耐强酸，耐强碱，弱导热性，具有极其稳定的化学性能。加入混凝土或砂浆中可有效地控制混凝土(砂浆)固塑性收缩、干缩、温度变化等因素引起的微裂缝，防止及抑止裂缝的形成及发展，大大改善混凝土的阻裂抗渗性能、抗冲击及抗震能力，可以广泛地使用于地下工程防水，工业民用建筑工程的屋面、墙体、地坪、水池、地下室等，以及道路和桥梁工程中，是砂浆/混凝土工程抗裂，防渗，耐磨，保温的新型理想材料。

4. ABS 塑料

ABS 塑料是由丙烯腈、丁二烯和苯乙烯 3 种单体共聚而成的，具有优良的综合性能，ABS 塑料中的 3 个组分各显其能，丙烯腈使 ABS 塑料有良好的耐化学性及表面硬度，丁二烯使 ABS 塑料坚韧，苯乙烯使它具有良好的加工性能。其综合性能取决于这 3 种单体在 ABS 塑料中的比例。ABS 树脂是一种较好的建筑材料，可制作带有花纹图案的塑料装饰板材。

知识链接

塑料品种简易鉴别方法

塑料的鉴别可以利用红外线光谱仪、顺磁共振仪及 X 射线等科学的方法，但也可以用较为简易的方法进行鉴别。

(1) 看。先看制品的色泽、透明度。透明的制品有聚苯乙烯和有机玻璃。半透明的制品有低密度聚乙烯、纤维素塑料、聚氯乙烯、聚丙烯、环氧树脂、不饱和树脂。不透明的制品有高密度聚乙烯、聚氨脂及各种有色塑料。

(2) 听。用硬质物品敲击时，其声不同，聚苯乙烯似金属声，有机玻璃其声较粗、发闷。

(3) 摸。用手摸产品感觉像蜡状的，必定是聚烯烃材料。其次，摸其软硬程度，塑料品种由硬到软的排列顺序可简单表示如下：聚苯乙烯→聚丙烯→聚酰胺→有机玻璃→高密度聚乙烯→硬聚氯乙烯→低密度聚乙烯→软聚氯乙烯。

再测试表面硬度，用不同硬度铅笔划其表面，就能作出区别：聚乙烯塑料用 HB 铅笔能划出线痕；聚丙烯塑料用 ZH 铅笔能划出线痕。由于人们生理情况的差异，感官鉴定所得感觉并不相同，所以本办法仅作参考。

6.2 塑料板材

塑料装饰板材是指以树脂为浸渍材料或以树脂为基材，采用一定的生产工艺，制成的具有装饰功能的普通或异型断面的板材，具有质轻、装饰性强、生产施工简单、易于保养、适于与其他土建材料复合等特点，主要用于护墙板、屋面板和平顶板。

6.2.1 塑料贴面板

塑料贴面板是将底层纸、装饰纸等用酚醛树脂或三聚氰胺甲醛等热固性树脂浸渍后，经热压固化而成的薄型贴面材料。

由于采用热固性塑料，所以耐热性优良，经 100℃以上的温度不软化、不开裂和不起泡，具有良好的耐烫、耐燃性。由于骨架是纤维材料厚纸，所以有较高的机械强度，其抗拉强度可达 90MPa，且表面耐磨。塑料贴面板表面光滑致密，具有较强的耐污性，耐湿，耐擦洗，耐酸、碱、油脂及酒精等溶剂的侵蚀，经久耐用。其表面可制成木材和石材的纹理图案，适用于室内外的门面、墙裙、柱面、台面、家具、吊顶等饰面工程。

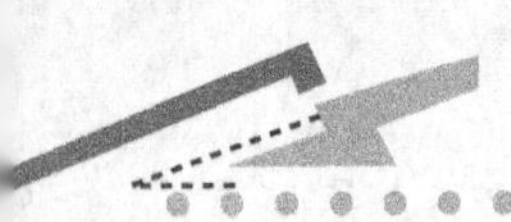

6.2.2 硬质PVC板

硬质PVC板是以PVC为基料，掺加增塑剂、抗老化剂，经挤压而成形，分为透明和不透明两种，不透明板是以PVC为基材，掺入填料、稳定剂、颜料等，经捏和、混炼、拉片、切粒、挤出或压延而成形，主要用作护墙板、屋面板和平顶板。

硬质PVC板按其断面形式可分为平板、波形板、异形板和格子板等。

1. 平板

硬质PVC平板表面光滑、色泽鲜艳、不变形、易清洗、防水、耐腐蚀，同时具有良好的施工性能，可锯、刨、钻、钉，常用于室内饰面、家具台面的装饰。

2. 波形板

硬质PVC波形板是具有各种波形断面的板材，有纵向波形板和横向波形板两种。

3. 异形板

硬质PVC异形板有单层异形板和中空异形板两种基本结构，如图6.2所示。

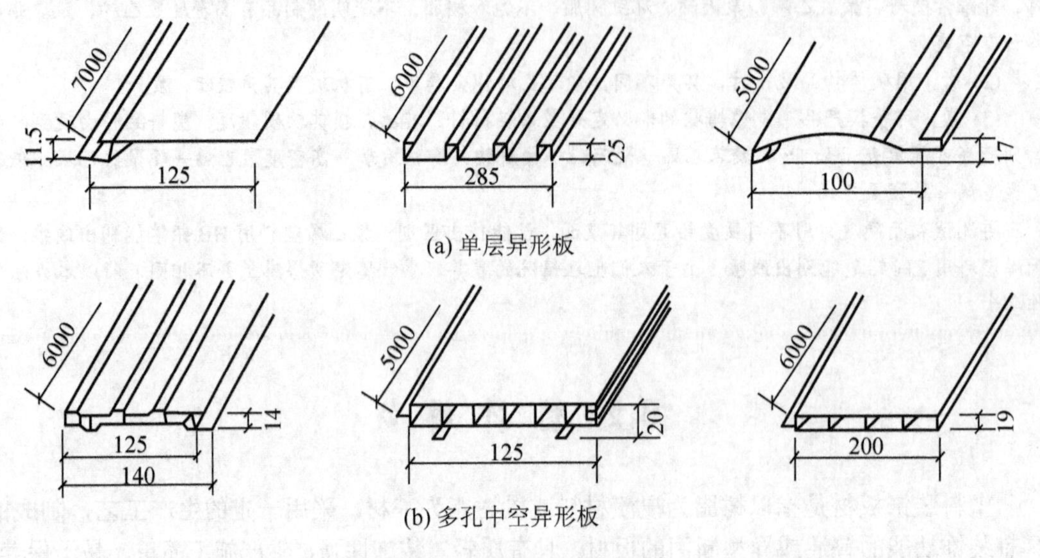

图6.2 硬质PVC异形板

4. 格子板

硬质PVC格子板是将硬质PVC平板在烘箱内加热至软化，放在真空吸塑模上，利用板上下的空气压力差使硬板吸入模具成形，然后喷水冷却定形，再经脱模、修整而成的方形立体板材。常用的规格为500mm×500mm，厚度为2～3mm，用于体育馆、图书馆、展览馆或医院等公共建筑的墙面或吊顶。

6.2.3 聚碳酸酯采光板(PC板)

聚碳酸酯采光板是以聚碳酸酯塑料为基材，填加各种助剂，采用挤出成形工艺，制成的栅格状中空结构异形断面板材，其结构如图6.3所示。厚度4mm、6mm、8mm、10mm，常用的板面规格为 5800mm×1210mm。按产品结构分为双层板、三层板。按是否含防紫外线共挤层分为两种：含 UV 共挤层防紫外线型板、不含 UV 共挤层普通型板。

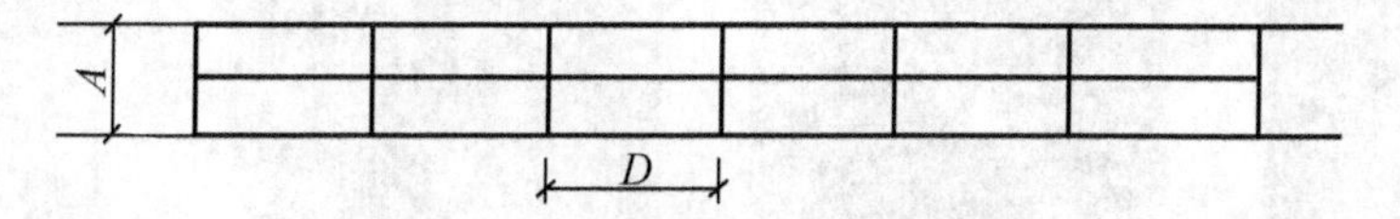

图 6.3 聚碳酸酯采光板剖面图

聚碳酸酯采光板的特点为轻、薄、刚性大，不易变形，色彩丰富，外观美丽，透光性好，耐候性好，适用于遮阳棚、大厅采光天幕、游泳池和体育场馆的顶棚、大型建筑和蔬菜大棚的顶罩等，如图 6.4 所示。

图 6.4 PC 板效果

6.2.4 铝塑板

铝塑板是以经过化学处理的铝合金薄板为表层材料，用聚乙烯塑料为芯材，在专用铝塑板生产设备上加工而成的复合材料。厚度为 3mm、4mm、5mm、6mm 或 8mm，常见规格为 1220 mm×2440 mm。铝塑板表面铝板经过阳极氧化和着色处理，色泽鲜艳。由于采取了复合结构，所以兼有金属材料和塑料的优点，如图 6.5 所示，主要特点为质量轻，坚固耐久，可自由弯曲，弯曲后不反弹。由于经过阳极氧化和着色、涂装表面处理，所以不但装饰性好，而且有较强的耐候性，可锯、铆、刨(侧边)、钻，可冷弯、冷折，易加工、组装、维修和保养。

其优良的加工性能、绝佳的防火性、经济性、可选色彩的多样性、便捷的施工方法及高贵的品质，决定了其广泛用途；其被广泛地应用于建筑物的外墙和室内外墙面、柱面和顶面的饰面处理，广告招牌、展示台架等。铝塑板在国内已大量使用，属于一种新型金属塑料复合板材。为保护其表面在运输和施工时不被擦伤，铝塑板表面都贴有保护膜，施工完毕后再行揭去。

塑板品种比较多，按用途分为建筑幕墙用铝塑板、外墙装饰铝塑板与广告用铝塑板、室内用铝塑板，按产品功能分为防火板、抗菌防霉铝塑板、抗静电铝塑板。按表面装饰效果分为涂层装饰铝塑板、氧化着色铝塑板、贴膜装饰复合板、彩色印花铝塑板、拉丝铝塑板和镜面铝塑板。

(a) 净色系列

(b) 木纹系列

(c) 石纹系列

(d) 石纹系列
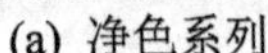

图 6.5 铝塑板

6.2.5 泡沫塑料板

泡沫塑料是在树脂中加入发泡剂，经发泡、固化或冷却等工序而制成的多孔塑料制品。其内部具有无数微小气孔的塑料，孔隙率高达 95%～98%，且孔隙尺寸小于 1.0mm，具有优良的隔热保温性。根据软硬程度的不同分为软、半硬质和硬质泡沫塑料 3 种；根据气泡结构又可分为开孔泡沫塑料和闭孔泡沫塑料。开孔泡沫塑料是指泡孔相互联通、互相通气的；它的特点是有良好的吸音性能和缓冲性能；闭孔塑料是指泡孔互不贯通、互不相干的；它的特点是有较低的导热性，吸水性较小，有漂浮性。

建筑上常用的有聚苯乙烯泡沫塑料、聚氯乙烯泡沫塑料、聚氨酯泡沫塑料、脲醛泡沫塑料等。泡沫塑料板目前逐步成为墙体保温的主要材料。

6.2.6 塑料地板

塑料地板是以聚氯乙烯及其共聚树脂为主要原料，加入填料、增塑剂、稳定剂、着色剂等辅料经压延、挤出或热压工艺所生产的单层和同质复合的半硬质块状塑料地板，是较为流行、应用广泛的地面装饰材料。其柔韧性好、脚感舒适、隔音、保温、耐腐蚀、抗静电、易清洗、耐磨损并具有一定的电绝缘性。其色彩丰富、图案多样、平滑美观、价格较廉、施工简便。一般分为单层和同质复合地板；按颜色分为单色与复色；按使用的树脂分为聚氯乙烯树脂型、氯乙烯-醋酸乙烯型、聚乙烯树脂型、聚丙烯树脂型等。一般商业上通常又分为彩色地板砖、印花地板砖和石英地板砖，适用于家庭、宾馆、饭店、写字楼、医院、幼儿园、商场等建筑物室内和车船等地面装修与装饰。

1. 单色半硬质 PVC 地砖

半硬质 PVC 地砖表面比较硬，但仍有一定柔性。脚感较硬，但与水磨石相比略有弹性，无冷感，步行的噪声较小。耐烟头性好，烟头在上面踩灭时会烧焦，略有发黄，用细砂纸一打就能去除。均质的地砖不会发生翘曲，粘贴得好，粘合剂粘接强度较高可以避免翘曲脱胶。耐凹陷性、耐玷污性好，但耐刻划性一般较差，易被划伤。机械强度较低，抗折强度低，有的较易折断，虽并不影响使用性能，但铺设时基层必须平整。

单色半硬质 PVC 地砖主要有以下几个品种。

1) 均质 PVC 地砖

这种地砖的底面层是均一的，组成相同，一般用新料生产，因此价格高些。它是单色的，色彩品种各厂不同，一般有 10～15 种颜色。

2) 复合 PVC 地砖

由两层或三层复合而成，都以 PVC 为主要原料，但通常面层为新料，底层为回收的旧料。底面层的配方不同，填料含量不同，颜色也不同。这种地砖的价格较低。

3) 全部用回收旧料再生的均质 PVC 地砖

这种地砖是均质的，全部为再生料。它的色彩受回收料的限制，一般只有铁黄色和铁红色等有限的几种。由于回收料多为软质聚氯乙烯，因此这种地砖比较软。

单色地砖还分为素色的和杂色拉花的两种。杂色拉花地砖就是在单色的底色上拉出直条的其他颜色的条纹，有的外观类似大理石花纹，所以也有人称之为“大理石花纹地砖”。花纹的颜色一般是白色、铁红色和黑色。杂色拉花不仅增加表面的花纹，同时对表面划伤有遮掩作用。单色半硬质 PVC 地砖在国内主要用热压法生产，因其设备较简单用立式二辊压延工艺生产。

半硬质 PVC 块材地砖适宜用于公共建筑，包括车站、机场候机楼、影院、剧场休息室、餐厅、饭店、舞厅、各种商店、超级市场、医院、学校、试验室、办公大楼等。在工业建筑中也可应用于要求洁净的生产车间，如电子产品生产车间、医药产品生产车间。在有铲车通行的车间内这种地板也能承受动负载。

2. 印花 PVC 地砖

印花 PVC 地砖主要有两种不同的类型，其结构如图 6.6 所示。

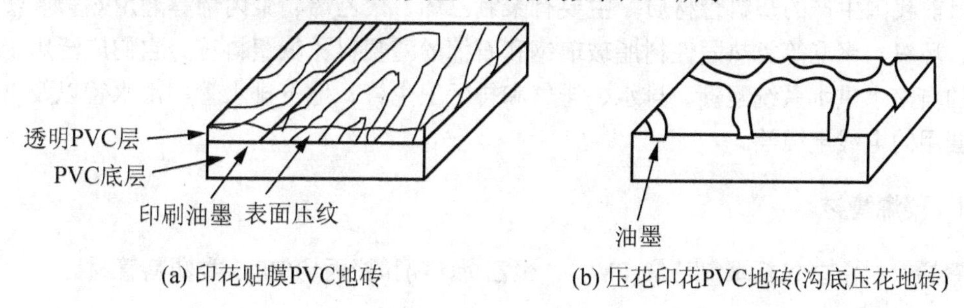

(a) 印花贴膜PVC地砖　(b) 压花印花PVC地砖(沟底压花地砖)

图 6.6 印花 PVC 地砖

1) 印花贴膜 PVC 地砖

它由面层、印刷层和底层组成。面层为透明 PVC 膜，厚度一般为 0.2mm 左右。底层为加填料的 PVC，也有的产品用回收的旧塑料。印刷图案有单色也有多色的。表面有的是平的，也有的压上橘皮纹或其他花纹起消光作用。

这种地砖有的接近于半硬质 PVC 地砖，有的较软。一般说硬性的耐磨性和尺寸稳定性比软性的好，但脚感较硬。装饰性方面比单色地砖好。由于面层为透明 PVC 膜，不含填料，容易被烟头的高温烧熔烧焦，耐热性较差。并且，由于是两层复合的地板，如果配方设计不当，两层材料收缩性不同就会发生翘曲，一般较硬的印花地砖收缩性小，不易发生翘曲。透明 PVC 膜如果增塑剂含量较多，就较软，比较容易沾灰，鞋印明显。耐刻划性和耐磨性比半硬质地砖优良。

印花 PVC 地砖可用于民用建筑的地面，烟头危害较轻的公共建筑和工业建筑也可使用，如图书馆、试验室、学校等。

在检查印花贴膜 PVC 地砖的质量时应注意以下问题。

(1) 印刷图案不应有漏印、白点等缺陷，多色套印的套印误差应小于 1mm，肉眼观察不明显。

(2) 底面层复合有足够的强度，不允许有分层现象。

(3) 对有规则的印刷图案各块地砖相互应该能准确对花。

(4) 不允许地砖有明显翘曲现象。

2) 压花印花 PVC 地砖(沟底压花地砖)

它表面没有透明 PVC 膜，印刷图案是凹下去的，通常是线条、组点等，在使用时油墨不易磨去。除了有压花印花图案外，其他性能与单色半硬质 PVC 地砖相同，应用范围也基本相同。

6.3 塑料管材

塑料管材具有重量轻、水流阻力小、不结垢、安装使用方便、耐腐蚀性好、使用寿命长等优点，并且生产能耗低，如塑料上水管比传统钢管节能 62%～75%，塑料排水管比铸铁管节能 55%～68%；使用塑料管安装费用约为钢管的 60%左右，材料费用仅为钢管的 30%～80%，生产能源可节省约 80%。

目前我国生产的塑料管材质，主要有聚氯乙烯、聚乙烯、聚丙烯等通用热塑性塑料及酚醛、环氧、聚酯等类热固性树脂玻璃钢和石棉酚醛塑料、氟塑料等。它们广泛用于房屋建筑的自来水供水系统配管、排水、排气和排污卫生管、地下排水管、雨水管以及电线安装配套用的电线电缆等。

6.3.1 聚烯管材

聚烯管材主要包括聚氯乙烯(PVC)、聚乙烯(PE)和聚丙烯(PP)3 类塑料管材。

1. 聚氯乙烯(PVC)塑料管材

聚氯乙烯(PVC)塑料管材是建筑中广泛使用的一类塑料管道，系列产品有 PVC、硬质聚氯乙烯(UPVC)、氯化聚氯乙烯(CPVC)等品种。由于 PVC 树脂原料来源广，价格较低，产品性能佳，因此使用量很大。在建筑工程中，广泛使用 UPVC 管材。

硬聚氯乙烯管是 PVC 树脂在一定温度下添加铅、锡、镭、汞等金属化合物作为稳定剂熔融而成的，管道初次使用有重金属析出。其中铅析出量随着时间的延长，浓度会减小，但水温和 pH 值对铅渗析量有很大影响，pH 值为中性时，渗析量最小；pH 值偏低或偏高都将加大管材的铅渗析量；水温越高，管网中水停留时间越长，铅的渗析量越大。建筑用 UPVC 管，管材外径为ϕ20～ϕ315，工作压力为 1.0～2.5MPa。连接方式小口径为承插式粘接，大口径为承插胶圈连接。供水温度不高于 40℃，如图 6.7 所示。由于 UPVC 开发早，采用原料全部国产，造价低，国内市场较大。

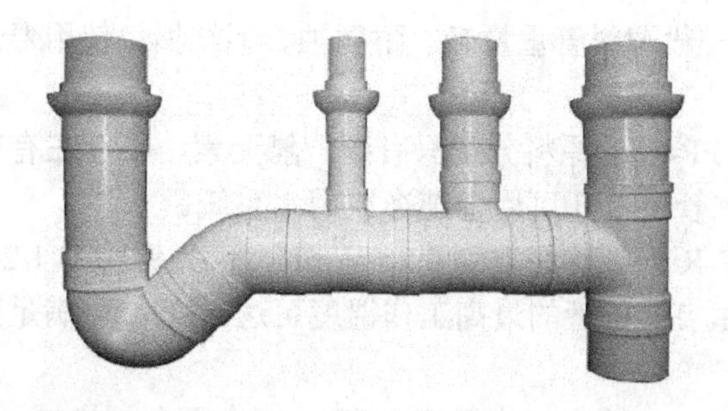

图 6.7 硬质聚氯乙烯管

2. 聚乙烯(PE)塑料管材

聚乙烯塑料管以聚乙烯树脂为原料，配以一定量的助剂，经挤出成形、加工而成。

聚乙烯塑料管一般用于建筑物内外(架空或埋地)输送液体、气体、食用液(如给水用)等。这里引用的标准不适用于输送温度超过 45℃水的管材。

聚乙烯(PE)塑料管材具有以下特点。

(1) 连接可靠：聚乙烯管道系统之间采用电热熔方式连接，接头的强度高于管道本体强度。

(2) 低温抗冲击性好：聚乙烯的低温脆化温度极低，可在-60～60℃温度范围内安全使用。冬季施工时，因材料抗冲击性好，不会发生管子脆裂。

(3) 耐化学腐蚀性好：聚乙烯是电的绝缘体，因此不会发生腐烂、生锈或电化学腐蚀现象；此外它也不会促进藻类、细菌或真菌生长。

(4) 耐老化，使用寿命长：含有 2%～2.5%的均匀分布的碳黑的聚乙烯管道能够在室外露天存放或使用 50 年，不会因遭受紫外线辐射而损害。

(5) 耐磨性好：HDPE 管道与钢管的耐磨性对比试验表明，HDPE 管道的耐磨性为钢管的 4 倍。这意味着 HDPE 管道具有更长的使用寿命和更好的经济性。

(6) 可挠性好：HDPE 管道的柔性使得它容易弯曲，工程上可通过改变管道走向的方式绕过障碍物，能够减少管件用量并降低安装费用。

3. 聚丙烯(PP)塑料管材

聚丙烯塑料管以聚丙烯树脂为原料，加入适量的稳定剂，经挤出成形加工而成。产品具有质轻、耐腐蚀、耐热性较高、施工方便等特点。

聚丙烯塑料管适用于化工、石油、电子、医药、饮食等行业及各种民用建筑输送流体介质(包括腐蚀性流体介质)，也可作自来水管、农用排灌、喷灌管道及电器绝缘套管之用。

聚丙烯塑料管的连接多采用胶粘剂粘接，目前市售胶粘剂种类很多，采用沥青树脂胶粘剂较为廉价。

6.3.2 三型聚丙烯(PP-R)管

三型聚丙烯管，采用无规共聚聚丙烯经挤出成为管材，注塑成为管件，是欧洲 20 世纪 90 年代初开发应用的新型塑料管道产品。PP-R 是 20 世纪 80 年代末，采用气相共聚工艺使 5%左右 PE 在 PP 的分子链中随机地均匀聚合(无规共聚)而成为新一代管道材料。它具有较好的抗冲击性能和长期抗蠕变性能。

PP-R管除了具有一般塑料管重量轻、耐腐蚀、不结垢、使用寿命长等特点外，还具有以下主要特点。

(1) 无毒、卫生。PP-R的原料分子只有碳、氢元素，不存在有害有毒的元素，卫生可靠，不仅可用于冷热水管道，还可用于纯净饮用水系统。

(2) 保温节能。PP-R管导热系数为0.21W/mK，仅为钢管的1/200。

(3) 较好的耐热性。PP-R管的最高工作温度可达95℃，可满足建筑给排水规范中热水系统的使用要求。

(4) 使用寿命长。PP-R管在工作温度70℃，工作压力1.0MPa条件下，使用寿命可达50年以上；常温下(20℃)使用寿命可达100年以上。

(5) 安装方便，连接可靠。PP-R具有良好的焊接性能，管材、管件可采用热熔和电熔连接，安装方便，接头可靠，其连接部位的强度大于管材本身的强度。

PP-R管主要用途如下。

(1) 建筑物的冷热水系统，包括集中供热系统。

(2) 建筑物内的采暖系统包括地板、壁板及辐射采暖系统。

(3) 可直接饮用的纯净水供水系统。

如何选用PP-R管？

(1) 注意管道总体使用系数C(即安全系数)的确定：一般场合，且长期连续使用温度＜70℃，可选C=1.25；在重要场合，且长期连续使用温度≥70℃，并有可能较长时间在更高温度运行，可选C=1.5。

(2) 用于冷水(≤40℃)系统，选用PN1.0～1.6MPa管材、管件；用于热水系统选用≥PN2.0MPa管材、管件。

(3) 在考虑上述3个原则后，管件的SDR(标准尺寸比)应不大于管材的SDR，即管件的壁厚应不小于同规格管材壁厚。

6.3.3 铝塑复合管(PAP)

铝塑管(PAP)是以聚乙烯(PE)或交联聚乙烯(PEX)为内外层，中间芯层夹的铝管表面涂覆胶粘剂与塑料层粘接，通过一次或两次复合工艺成形的管材，具有五层结构，即塑料、专用热熔胶、铝材、专用热熔胶和塑料，具有较高的耐压、耐冲击、抗破裂能力，在相当大的范围内可以任意弯曲，不回弹。耐腐蚀性好，不渗透，气密性高，耐寒耐热性好，保温性好。抗静电性强，用作通信线路时具有屏蔽作用，可以防止各种变频、磁场的干扰，同时可用于输送煤气、天然气。安装方便，综合费用低。但铝塑复合管也有很难回收，生产成本高，管件价格较贵，管结构复杂、质量控制难度大，受成形工艺影响大等缺点。

根据中间铝层成形方式不同，铝塑管分为“对接焊法”和“搭接焊法”。焊接方式有超声波焊接(适于ϕ32以下)、氩弧焊接(熔融焊接)和激光焊接3种。根据采用的材料不同，可分为非交联型铝塑复合管(采用普通HDPE或MDPE作塑料层，结构为PE/Al/PE)和交联型铝塑复合管(采用PEX作塑料层)。交联型铝塑复合管又有两种：一种是内外均交联的，结构为PEX/Al/PEX；另一种为内层交联的，结构为PE/Al/PEX。

铝塑复合管主要用于室内冷热水配管、煤气与天然气输送管道、中压(2MPa)以下压缩空气管道、化工、食品工业酸、碱、盐流体输送管道等，另外可用于通信、电信等电气屏蔽导管。

如何选购铝塑复合外管

铝塑复合外管根据用途不同通常做成不同颜色，以便用户区分，冷水管一般为白色或蓝色，热水管一般为红色，燃气管一般为黄色，铝塑复合管因其优越性能为广大消费者所接受，但因为价格较高，使其受到一定限制。而市场上存在大量以次充好的伪劣产品，价格低廉，选购时应注意以下几点。

(1) 用户选择铝塑复合管时，首先应考虑，塑料层是聚乙烯(PE)还是交联聚乙烯(PEX)，如果用于冷水管道系统，适用非交联铝塑管，如果用于低温(≤60℃)采暖系统(如地板采暖等)可选用内层交联型铝塑管，但如果用于高温集中供暖系统，则一定要选用内外层均交联的铝塑管。

(2) 应考虑铝层是搭接焊还是对接焊。因搭接焊铝塑管，铝层一般较薄，为0.2～0.3mm，产品主要集中在32mm以下的小口径管材，生产设备结构简单，成本较低。但整体壁厚不均匀(尤其是焊缝处)，会影响与管件的连接质量，并易产生应力集中，因此用户应按用途之重要性适当选择。而对接焊铝塑管，一般采用氩弧焊接工艺，铝管壁厚均匀，铝层厚度可以为0.2～2mm，且铝材强度较高，从而具有金属管在强度和可靠性方面的优势。其最大尺寸可生产出63mm直径的复合管，但成本偏高。

(3) 目前南方市场出现了一种价格低廉的所谓铝塑复合管，其实为塑料夹铝管，此品实际为三层结构，在铝层和聚乙烯层之间根本就没有粘接层。仅江浙一带就有近百家企业生产这种管子。最便宜的仅卖2元1米，而正规铝塑复合管则10多元1米。因此用户选择时要特别注意。简单判断此品与正规铝塑复合管差别，可用小刀切开塑料外层，观察外塑料层与铝层之间是否有粘接，好的铝塑复合管即使借助工具也很难将粘在铝层上的塑料剥干净，另外有的企业生产的这种塑料夹铝管，甚至铝层都没有焊接，用户也可用切开的方法检查。这种塑料夹铝管如果用在农业滴灌上，应该说是可以的，但用在饮水工程上则不可用，因其耐压性能尤其是高温耐压性能远远达不到要求。

6.4 塑料卷材

6.4.1 塑料壁纸

壁纸和墙布是目前国内外广泛使用的墙面装饰材料之一。目前国产的塑料壁纸均为聚氯乙烯壁纸。它是以纸为基材，以聚氯乙烯为面层，用压延或涂敷方法复合，再经印刷、压花或发泡而制成的。其中花色有套花并压纹的，有仿锦缎、仿木纹、石材的，也有仿各种织物的、仿清水砖墙并有凹凸质感及静电植绒的等。

1. 塑料壁纸的特点

塑料壁纸是目前使用广泛的室内墙面装饰材料之一，也可用于顶棚、梁柱等处的贴面装饰。壁纸与传统装饰材料相比具有一定的绅缩性和耐裂强度，装饰效果好。性能优越，根据需要可加工成具有难燃、隔热、吸声、防霉等特性，不怕水洗，不易受机械损伤的产品。塑料壁纸的湿纸状态强度仍较好，耐拉耐拽，易于粘贴，且透气性能好，施工简单，表面可清洗，对酸碱有较强的抵抗能力，陈旧后易于更换；使用寿命长，易维修保养。

总之，与其他各种装饰材料相比，壁纸的艺术性、经济性和功能性综合指标极佳。壁纸的图案色彩多样，适应不同用户所要求的丰富多彩的个性。选用时应以色调和图案为主要指标，综合考虑其价格和技术性质，以保证其装饰效果。

2. 塑料壁纸的分类

壁纸和墙布的品种繁多，有各种分类方法，如按外观装饰效果分类，有印花壁纸、压花壁纸、浮雕壁纸；从功能上分类，有装饰性壁纸、耐水壁纸、防火壁纸等；从施工方法分类，有现裱壁纸和背胶墙纸；按其结构及加工方法不同可分为普通壁纸、发泡壁纸和特种壁纸(也称功能壁纸)。

1) 普通壁纸

普通壁纸是以 $80g/m^2$ 的纸作基材，以 $100g/m^2$ 左右聚氯乙烯糊状树脂(PVC 糊状树脂)为面材，经印花、压花而成的。这种壁纸花色品种多，适用面广，价格低。一般住房、公共建筑的内墙装饰都用这类壁纸，是生产最多，使用最普遍的品种。

① 单色压花壁纸。经凸版轮转热轧花机加工可制成仿丝绸、纺锦缎等多种花色。

② 印花压花壁纸。经多套色凹版轮转印刷机，印花后再轧花，可制成印有各种色彩图案并压有布纹、隐条凹凸花纹等的双重花纹，也称艺术装饰壁纸。

③ 有光印花和平光印花壁纸。前者是在抛光辊轧光的面上印花，表面光洁明亮；后者是在消光辊轧平的面上印花，表面平整柔和，以适应用户的不同要求。

2) 发泡壁纸

发泡壁纸是以 $100g/m^2$ 的纸作基材，涂有 $300\sim400g/m^2$ 掺有发泡剂的 PVC 糊状树脂，经印花后再加热发泡而成。这类壁纸有高发泡印花、低发泡印花和发泡印花压花等品种。高发泡壁纸表面有弹性凹凸花纹，有仿木纹、拼花、仿瓷砖等效果，图案逼真，色彩多样，立体感强，浮雕艺术效果及柔光装饰效果好，适用于室内墙裙、客厅和楼内走廊等装饰。但发泡的 PVC 图案易落灰烟尘土，易脏污陈旧，不宜用在烟尘较大的候车室等场所，是一种装饰和吸音多功能壁纸。

3) 特种壁纸(也称功能壁纸)

特种壁纸是指具有特定功能的壁纸。常见的有耐水壁纸、防火壁纸、特殊装饰壁纸等。

(1) 耐水壁纸。它是用玻璃纤维毡作为基材(其他工艺与塑料壁纸相同)，配以具有耐水性的胶粘剂，以适应卫生间、浴室等墙面的装饰要求，它能进行洒水清洗，但使用时若接缝处渗水，则水会将胶粘剂溶解，导致耐水壁纸脱落。

(2) 防火壁纸。它是用 $100\sim200g/m^2$ 的石棉纸作为基材，同时面层的 PVC 中掺有阻燃剂，使该种壁纸具有很好的阻燃防火功能，适用于防火要求很高的建筑室内装饰。另外，防火壁纸燃烧时，不会放出浓烟或毒气。

(3) 特殊装饰壁纸。其面层采用金属彩砂，壁纸可使墙面产生光泽、散射、珠光等艺术效果，可用于厅、柱头、走廊、顶棚等局部装饰。

3. 塑料壁纸的规格、性能

《聚氯乙烯壁纸》(QB/T 3805—1999)规定了塑料壁纸的规格及性能。

1) 规格尺寸

(1) 宽度和每卷长度。壁纸的宽度为(530±5)mm 或[(900～1000)±10]mm。

530mm 宽的壁纸，每卷长度为(10±0.05)m。

900～1000mm 宽的壁纸，每卷长度为(50±0.50)m。

(2) 每卷壁纸的段数和段长。10m/卷者每卷为一段。50m/卷者每卷的段数及段长应符合表 6-1 的要求。壁纸的宽度和长度可用最小刻度为 1mm 的铜卷尺测量。

2) 技术要求

塑料壁纸的技术要求主要有外观质量及物理性质两个方面，见表 6-1 和表 6-2。在使用选择塑料壁纸时，应按其技术要求进行检验。

表 6-1　塑料壁纸的外观质量

名　称	优等品	一等品	合格品
色差	不允许有	不允许有明显差异	允许有差异，但不影响使用
伤痕和皱折	不允许有	不允许有	允许纸基有明显折印，但表面不允许有死折
气泡	不允许有	不允许有	不允许有影响外观的气泡
套印精度	偏差≤0.7mm	偏差≤1mm	偏差≤2mm
露底	不允许有	不允许有	允许有 2mm 的露底，但不允许密集
漏印	不允许有	不允许有	不允许有影响使用的漏印
污染点	不允许有	不允许有目视明显的污染点	允许有目视明显的污染点，但不允许密集

表 6-2　塑料壁纸的物理性质

<table>
<tr><th colspan="3" rowspan="2">项　目</th><th colspan="3">指　标</th></tr>
<tr><th>优等品</th><th>一等品</th><th>合格品</th></tr>
<tr><td colspan="3">褪色性(级)</td><td>>4</td><td>≥4</td><td>≥3</td></tr>
<tr><td rowspan="2">耐摩擦色牢度(级)</td><td>干摩擦</td><td>纵向</td><td rowspan="2">>4</td><td rowspan="2">≥4</td><td rowspan="2">≥3</td></tr>
<tr><td>湿摩擦</td><td>纵向</td></tr>
<tr><td colspan="3">遮蔽性(级)</td><td>4</td><td>≥3</td><td>≥3</td></tr>
<tr><td colspan="2">湿润拉伸负荷/(N/15mm)</td><td>纵向
横向</td><td>>2.0</td><td>>2.0</td><td>>2.0</td></tr>
<tr><td colspan="3">粘合剂可拭性(横向)①</td><td colspan="3">20 次无外观上的损伤和变化</td></tr>
<tr><td colspan="3" rowspan="3">可洗性②</td><td>可洗</td><td colspan="2">摩擦 30 次无外观上的损伤和变化</td></tr>
<tr><td>特别可洗</td><td colspan="2">摩擦 100 次无外观上的损伤和变化</td></tr>
<tr><td>可刷洗</td><td colspan="2">摩擦 40 次无外观上的损伤和变化</td></tr>
</table>

注：① 表中可拭性是指粘贴壁纸的粘合剂附在壁纸的正面，在粘合剂未干时，应用湿布或海绵拭去而不留下明显痕迹的性能。

② 表中可洗性是指可洗壁纸在粘贴后的使用期内可洗干净而不损坏的性能，是对壁纸用在有污染和高温度房间的使用要求。

3) 常见塑料壁纸的品种、规格和性能

塑料壁纸常见的品种、规格和性能见表 6-3。

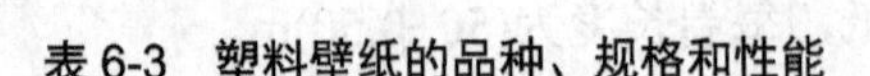
表6-3　塑料壁纸的品种、规格和性能

名　称	品　种	规格/mm	技术性能	
			项　目	指　标
中、高档壁纸(郁金香牌)	印花、压花、印花发泡壁纸，仿瓷砖、仿织物壁纸	幅宽：530 长度：10 000 每卷：$5.3m^2$	产品达到欧洲壁纸标准(PREN233)和国际壁纸协会(IGI1987)以及国际草案优级品要求	
高级浮雕壁纸(西湖牌)	密突压花、印花壁纸，低、中、高发泡印花壁纸	幅宽：530 长度：1 000 每卷：$5.3m^2$		
PVC塑料壁纸(金狮牌)	印刷壁纸，压花壁纸，发泡压花、印刷发泡、印花压花壁纸，布基壁纸及阻燃等功能型壁纸	幅宽：920、1 000、12 000 长度：15 000、30 000、50 000	耐磨性(干擦25次，湿擦2次) 纵向湿强度(N/1.5cm) 褪色性(光老化) 施工性	无明显掉色 ≥2 褪色良好 无浮起剥落
PVC壁纸(苏威牌)	全封闭、高发泡壁纸	幅宽：500 正负公差≤1% 厚：1.0±0.1	耐磨性(干湿级) 湿强度(N/1.5cm) 褪色性(级) 遮盖性(级) 施工性	≥3.6 ≥2 ≥3.6 ≥3 无浮起剥落
塑料壁纸(朱雀牌)	有轧花、发泡轧花、印花轧花、沟底印轧花、发泡印花轧花等	幅宽：970、1 000 长度：50m/卷		

特别提示

- 塑料壁纸的燃烧性等级应予以重视，同时应注意其老化特性，防止其老化褪色或老化开裂。使用塑料壁纸作墙面装饰时，还应注意其封闭性，即这种材料的水密性及气密性，有时常出现由于塑料墙面材料的封闭性，破坏了砖墙体及混凝土墙体的呼吸效应，使室内空气干燥，空气新鲜程度下降，令人产生不适的现象。

6.4.2　塑料卷材地板

塑料卷材地板是以聚氯乙烯树脂为主要原料，加入适当助剂，在片状连续基材上经涂敷工艺生产的地面和楼面覆盖材料，简称卷材地板，具有耐磨、耐水、耐污、隔声、防潮、色彩丰富、纹饰美观、行走舒适、铺设方便、清洗容易、重量轻及价格较廉等特点，适用于宾馆、饭店、商店、会客室、办公室及家庭厅堂、居室等地面装饰。

6.4.3　玻璃贴膜

玻璃贴膜是以金属氧化纳米材料以及用先进的有机无机杂化技术合成的一种无毒无刺激、耐酸碱的水性液体在常温下20分钟成膜的材料。表干5～7天完全固化，成膜后玻璃表面形成一层8～10μm的膜。主要分为建筑玻璃贴膜、家居玻璃贴膜、电脑膜、汽车膜等。玻璃贴膜能为家居环境起到隔热、保温、防辐防紫、防眩防幻、保护安全隐私的作用，材质为五层膜体，含金属高分子纳米技术，是现代企业建筑、家居生活节能、环保、实用的优质产品。

塑料的发展趋势

塑料的发展可概括为两个方面。一是提高性能，即以各种方法对现有品种进行改性，使其综合性能得到提高；二是发展功能，即发展具有光、电、磁等物理功能的高分子材料，使塑料能够具有光电效应、热电效应、压电效应等。

从当前塑料发展情况看，德国和瑞典居首位，日本和欧洲一些国家次之，美国较慢。目前，国外塑料包装呈现以下发展趋势。

(1) 共聚复合包装膜：当前欧美一些国家大量投资开发非极性、极性乙烯共聚物等，这将大大提高塑膜的拉伸和共挤性能，并提高透明度、密封强度、抗应力、抗龟裂，以及增强稳定性能、改善分子量布与挤塑流变性能。国外专家们认为：当前世界塑料行业的发展重点在于对塑料改性、塑料制品的涂布技术、废塑的快速生物降解，以及塑料的回收再利用综合技术。如欧美一些厂商采取以线性乙烯-α 烯共聚物与乙烯-醋酸乙烯共聚物混料/PA袋，适于包装冰激凌、乳脂类等食品。

(2) 多功能性复合薄膜：国外大量开发多功能性复合薄膜使其作用进一步细化。例如：耐寒薄膜可耐-18℃、-20℃、-35℃低温环境；对PP作防潮处理制成的防潮薄膜，其系列产品可分为防潮、防结露、防蒸冷、可调节水分等几种类型；防腐膜可包装易腐、酸度大、甜度大的食品；摩擦薄膜堆垛稳定；特种PE薄膜耐化学、耐腐蚀；防蛀薄膜中添加了无异味防虫剂；以双向拉伸尼龙66的耐热薄膜取代双向拉伸尼龙6包装食品，其耐高温达140℃；新型专用食品包装膜可提高食品包装的保香性；非结晶尼龙薄膜透明度类似玻璃；高屏蔽薄膜可保色、香、味，营养指标及口感质量的稳定性；金属保护膜采用LDPE改性薄膜包装液态产品，在低温环境下可热封；以PP合成纸提高该包装的耐光性、耐寒性、耐热性、耐水性、耐潮性、抗油脂性、抗酸性、抗碱性以及抗冲击性能等。

6.5 塑料门窗

6.5.1 塑料门窗的概念

目前塑料门窗主要采用改性聚氯乙烯，并适量加入各种添加剂，经混炼、挤出等工序而制成塑料门窗异形材；再将异形材经过切割、焊接的方式制成门窗框、扇，配装上玻璃、橡胶密封条、五金配件等附件即可制成塑料门窗。

6.5.2 塑料门窗的性能

目前发达国家塑料门窗已形成规模巨大、技术成熟、标准完善、社会协作周密、高度发展的生产领域，被誉为继木、钢、铝之后崛起的新一代建筑门窗。与传统的木窗和钢窗相比，塑料窗有如下优点。

(1) 耐水和耐腐蚀。塑料窗由于具有耐水性和耐腐蚀性，这使它不仅可以用于多雨湿热的地区，还可用于地下建筑和有腐蚀性的工业建筑。

(2) 隔热性能好。虽然塑料的传热系数与木材接近，但由于塑料窗的框料是由中空的异形材拼装而成的，所以塑料窗的隔热性比钢木窗的效果好得多。表6-4为几种门窗的隔热性能的比较，从中可以看出塑料门窗良好的隔热性能。

表 6-4 几种门窗的隔热性能的比较

材料传热系数/[W/(m^2·K)]					整窗的传热系数/[W/(m^2·K)]		
铝	钢	松、杉木	PVC	空气	铝窗	木窗	PVC
150	50	0.15～0.30	0.11～0.25	0.04	5.20	1.479	0.378

(3) 气密性和水密性好。PVC 窗异形材设计时就考虑了气密和水密的要求，在窗扇和窗框之间设有密封毛条，因此密封、隔音性能很好。

(4) 装饰性好。PVC 塑料可以着色，目前较多的为白色，但也可以根据设计生产成不同的颜色，对建筑物起到美化作用。

(5) 保养方便。PVC 窗不锈不腐，不像木窗和钢窗那样需要涂漆保护，其表面光洁，清理方便，部分配件可换可调，维修方便。

(6) 耐候性。塑料型材采用特殊配方，通过人工加速老化试验表明，塑料窗可长期使用于温差较大的环境中(−50～70℃)，烈日暴晒、潮湿都不会使塑料门窗出现变质、老化、脆化等现象。

(7) 防火性能。塑料门窗不自燃、不助燃、能自熄、安全可靠，这一性能更扩大了塑钢窗的使用范围。

6.5.3 塑钢门窗

塑钢门窗是一种新型的门窗产品，是由塑料与金属材料复合而成的，既有钢门窗的刚度和耐火性，又具有塑料门窗的保温性和密封性，其隔音隔热效果很好，耐腐蚀性很强，结构如图 6.8 所示。塑料门按其结构形式分为镶嵌门、框板门和折叠门；塑料窗按其结构形式分为平开窗、上旋窗、下旋窗、垂直滑动窗、垂直旋转窗、垂直推拉窗、水平推拉窗和百叶窗等。

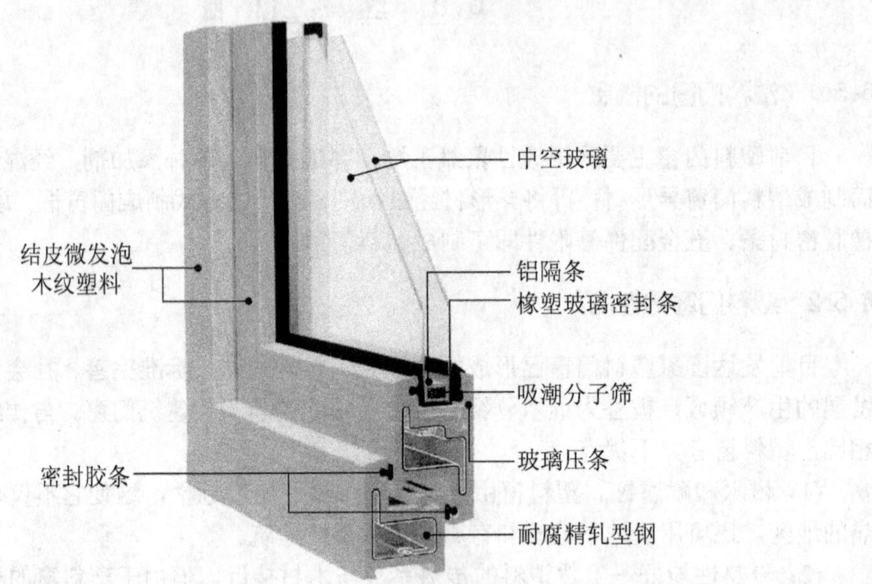

图 6.8 塑钢窗断面示意图

铝塑板在幕墙装修工程中的应用实例

1. 工程名称

某办公楼室外幕墙装修工程。

2. 工程概况

建筑面积：5000m^2。

幕墙面积：2360m^2。

建筑结构：四层砖混结构。

设计要求：建筑外墙勒脚处粘贴 1.2m 高蘑菇石，勒脚上部墙面为铝塑板金属幕墙与点式玻璃幕墙相结合，入口为高档复古铜门，台阶、雨搭及入口墙面采用进口花岗岩饰面装修(干挂)，花岗岩机刨台阶石，窗采用彩色铝合金推拉窗。

3. 材料选用

1) 幕墙骨架的选用

幕墙骨架采用铝合金幕墙骨架，壁厚 2.0mm。密封胶、配件及连接件等符合幕墙设计要求。

2) 铝塑板的选用

铝塑板选用外墙铝塑板(双面)，板材规格 1220mm×2440mm，板厚 4mm，铝板厚度为 0.5mm。市场参考价为 300.00 元/张。板材与龙骨之间采用铝铆钉和硅酮耐候胶粘接。

本章小结

本章重点介绍了塑料装饰材料的组成、分类、性能及应用。主要考查塑料装饰材料中各种塑料装饰板材、塑料壁纸和塑钢门窗等掌握情况，理论教学部分要求学生掌握塑料的组成及特性，学会利用所掌握的理论知识解释各种塑料装饰材料的性能特点及使用注意事项；实践教学部分应使学生掌握常用的塑料装饰材料的名称、性能、用途和使用要求。对每种材料应结合在实际工程中的使用情况要求学生掌握其名称、规格、性能、价格和用途等。

实训指导书

了解塑料装饰板材的种类、规格、性能、价格和使用情况等。重点掌握铝塑板和三聚氰胺层压板(防火板)的规格、性能、价格及应用情况。

一、实训目的

让学生自主地到建筑装饰材料市场和建筑装饰施工现场进行考察和实训，了解塑料装饰材料的价格，熟悉塑料装饰材料的应用情况，能够准确识别各种材料的名称、规格、种类、价格、使用要求及适用范围等。

二、实训方式

1. 建筑装饰材料市场的调查分析

学生分组：3～5 人一组，自主地到建筑装饰材料市场进行调查分析。

调查方法：学会以调查、咨询为主，认识各种塑料装饰板材、调查材料价格、收集材料样本、掌握材料的选用要求。

2. 建筑装饰施工现场装饰材料使用的调研

学生分组：10～15 人一组，由教师或现场负责人指导。

调查方法：结合施工现场和工程实际情况，在教师或现场负责人指导下，熟知塑料在工程中的使用情况和注意事项。

三、实训内容及要求

(1) 认真完成调研日记。
(2) 填写材料调研报告。
(3) 实训小结。

第7章

建筑涂料

教学目标

掌握建筑涂料的组成及特性；掌握常用的建筑装饰工程涂料的性能、特点及使用注意事项，并根据装饰工程具体情况选用建筑涂料。

教学要求

能力目标	相关试验或实训	重　点
了解涂料的分类、性能和用途		
能正确进行外墙涂料选择及应用		★
能正确进行内墙涂料选择及应用		★
能根据国家有关标准正确进行涂料的质量检测及简易质量评价	了解涂料黏度试验	★

引 例

如图7.1所示在进行居住建筑装修时，如何根据建筑空间界面要求，选择合适的墙面材料？市场上有哪些材料可以使用，它们又有什么区别和装饰效果呢？若选用内墙乳胶漆、壁纸、石材、木质材料、软包材料、装饰玻璃等，如何根据空间的功能、使用要求、界面装修而从众多品种中筛选？

图7.1 居住空间装修

7.1 涂料的基本知识

涂料是指涂敷于建筑物表面，能与建筑物黏结牢固形成完整而坚韧的保护膜的一种材料。涂料是装饰工程中的常用材料，施工方法简单方便，具有装饰性好、工期短、工效高、自重轻、维修方便等特点，其使用范围非常广泛。

背景知识

涂料名称的由来

涂料最早是以天然植物油脂、天然树脂如亚麻籽油、桐油、松香、生漆等为主要原料，故以前称为油漆。随着现代石油化学工业的飞速发展，为各种新型涂料的生产提供了丰富的原材料，以合成树脂、有机稀释剂为主要原料的涂料品种非常繁多，甚至出现了以水为稀释剂的乳液型涂料(乳胶漆)，所以人们通常称呼的油漆与传统中的油漆概念有了很大的区别，现在人们仍把溶剂涂料称为油漆，而把用于建筑物上涂饰的涂料统称为建筑涂料；油漆仅仅是一类油性涂料而已。

7.1.1 涂料的组成

按涂料中各组分所起的作用，可将其分为主要成膜物质、次要成膜物质和辅助成膜物质。

1. 主要成膜物质

主要成膜物质也称胶粘剂或固化剂，是涂膜的主要成分，包括各种合成树脂、天然树脂和植物油料，还包括部分不挥发的活性稀释剂，它是使涂料牢固附着于被涂物面上形成坚韧的保护膜的主要物质，是构成涂料的基础，决定着涂料的基本特性。

1) 油料

在涂料工业中，油料(主要为植物油)是一种主要的原料，用来制造各种油类加工产品、清漆、色漆、油改性合成树脂以及作为增塑剂使用。在目前的涂料生产中，含有植物油的品种仍占较大比重。

涂料工业中应用的油类分为干性油、半干性油和不干性油3类。

2) 树脂

涂料用树脂有天然树脂、人造树脂和合成树脂3类。天然树脂是指天然材料经处理制成的树脂，主要有松香、虫胶和沥青等；人造树脂系由有机高分子化合物经加工而制成的树脂，如松香甘油酯(酯胶)、硝化纤维等；合成树脂系由单体经聚合或缩聚而制得的，如醇酸树脂、氨基树脂、丙烯酸酯、环氧树脂、聚氨酯等。其中合成树脂涂料是现代涂料工业中产量最大、品种最多、应用最广的涂料。

2. 次要成膜物质

次要成膜物质的主要组分是颜料和填料(有的称为着色颜料和体质颜料)，它能提高涂膜的机械强度和抗老化性能，使涂膜具有一定的遮盖能力和装饰性。但它不能离开主要成膜物质而单独构成涂膜。

1) 颜料

颜料在建筑涂料中不仅能使涂层具有一定的遮盖能力，增加涂层色彩，而且还能增强涂膜本身的强度。颜料还有防止紫外线穿透的作用，从而可以提高涂层的耐老化性及耐候性。同时，颜料能使涂膜抑制金属腐蚀，具有耐高温等特殊效果。

颜料的品种很多，按化学组成可分为有机颜料和无机颜料两大类；按来源可分为天然颜料和合成颜料；按所起的作用可分为着色颜料、防锈颜料和体质颜料等。着色颜料的主要作用是着色和遮盖物面，是颜料中品种最多的一类。着色颜料根据它们的色彩可分为红、黄、蓝、白、黑及金属光泽等类。防锈颜料的主要作用是防金属锈蚀，品种有红丹、锌铬黄、氧化铁红、偏硼酸钡、铝粉等。体质颜料又称填料，它们不具有遮盖力和着色力，其主要作用是增加涂膜厚度、加强涂膜体质、提高涂膜耐磨性，这类产品大部分是天然产品和工业上的副产品，如碳酸钙、碳酸钡、滑石粉等。

2) 填料

填料是一些白色粉末状物质，在涂料中起骨架和填充的作用，它能提高膜层的某些性能(如耐磨性、抗老化性和耐久性等)，降低涂料的制作成本。常用的填料种类有碱金属盐和硅酸盐等。

3. 辅助成膜物质

辅助成膜物质不能构成涂膜或不是构成涂膜的主体，但对涂膜的成膜过程有很大影响，或对涂膜的性能起一些辅助作用。辅助成膜物质主要包括溶剂和辅助材料两大类。

1) 溶剂

溶剂又称稀释剂，是液态建筑涂料的主要成分。溶剂是一种能挥发的液体，具有溶解或分散基料，降低涂料的黏度，增加涂料的渗透力，改善涂料与基层的黏结力，保证涂料施工质量等作用。溶剂在涂料中占很大的比例，在涂膜形成过程中逐渐挥发，最终形成均匀、连续的涂膜。它们最后并不留在涂膜中，因此称为辅助成膜物质，主要影响涂膜的质量和涂料的成本。

配制溶剂型合成树脂涂料选择有机溶剂时，首先应考虑有机溶剂对基料树脂的溶解力；此外，还应考虑有机溶剂本身的挥发性、易燃性和毒性等对配制涂料的适应性。

常用的有机溶剂有松香水、酒精、汽油、苯、二甲苯、丙酮等。对于乳胶型涂料，是借助具有表面活性的乳化剂，以水为稀释剂，而不采用有机溶剂。

2) 辅助材料

有了成膜物质、颜料和溶剂，就构成了涂料，但为了改善涂膜的性能，诸如涂膜干燥时间、柔韧性、抗氧化性、抗紫外线作用、耐老化性能等，还常在涂料中加入一些辅助材料。辅助材料又称为助剂，它们掺量很少，但作用显著。建筑涂料使用的助剂品种繁多，常用的有以下几种类型：催干剂、固化剂、催化剂、引发剂、增塑剂、紫外光吸收剂、抗氧剂、防老剂等。某些功能性涂料还需采用具有特殊功能的助剂，如防火涂料用的难燃助剂，膨胀型防火涂料用的发泡剂等。

7.1.2 涂料的作用

建筑涂料具有以下功能。

1. 保护作用

建筑涂料通过刷涂、滚涂或喷涂等施工方法，涂敷在建筑物的表面上，形成连续的薄膜，厚度适中，有一定的硬度和韧性，并具有耐磨、耐候、耐化学侵蚀以及抗污染等功能，可以提高建筑物的使用寿命。

2. 装饰作用

建筑涂料所形成的涂层能装饰美化建筑物。若在涂料中掺加粗、细骨料，再采用拉毛、喷涂和滚花等方法进行施工，可以获得各种纹理、图案及质感的涂层，使建筑物产生不同凡响的艺术效果，以达到美化环境、装饰建筑的目的。

3. 改善建筑的使用功能

建筑涂料能提高室内的亮度，起到吸声和隔热的作用；一些特殊用途的涂料还能使建筑具有防火、防水、防霉、防静电等功能。

在工业建筑、道路设施等构筑物上，涂料还可起到标志作用和色彩调节作用，在美化环境的同时提高了人们的安全意识，改善了心理状况，减少了不必要的损失。

7.1.3 涂料的分类

建筑涂料是当今产量最大、应用最广的建筑装饰材料之一。建筑涂料品种繁多，据统计，我国的涂料已有100余种。涂料的分类方法很多，通常有以下几种分类方法。

(1) 按基料的种类分类可分为有机涂料、无机涂料、有机—无机复合涂料。有机涂料由于其使用的溶剂不同，又分为有机溶剂型涂料和有机水性(包括水乳型和水溶型)涂料两类。生活中常见的涂料一般都是有机涂料。无机涂料指的是用无机高分子材料为基料所生产的涂料，包括水溶性硅酸盐系、硅溶胶系、有机硅及无机聚合物系。有机—无机复合涂料有两种复合形式，一种是涂料在生产时采用有机材料和无机材料共同作为基料，形成复合涂料；另一种是有机涂料和无机涂料在装饰施工时相互结合。

(2) 按装饰效果分类可分为：①表面平整光滑的平面涂料(俗称平涂)，这是最为常见的一种施工方式；②表面呈砂粒状装饰效果的砂壁状涂料，如真石漆；③形成凹凸花纹立体装饰效果的复层涂料，如浮雕。

(3) 按在建筑物上的使用部位分类分为内墙涂料、外墙涂料、地面涂料和顶棚涂料。

(4) 按使用功能分类可分为普通涂料和特种功能性建筑涂料(如防火涂料、防水涂料、防霉涂料、道路标线涂料等)。

(5) 按照使用颜色效果分类：如金属漆，透明清漆等。

背景知识

涂料的发展

涂料本身却有着悠久的历史。中国是使用天然树脂作为成膜物质的涂料最早的国家之一。早期的画家使用的矿物颜料，是水的悬浮液用水或清蛋白来调配的，这就是最早的水性涂料。真正懂得使用溶剂，用溶剂来溶解固体的天然树脂，制得快干的涂料是19世纪中叶才开始的。所以从一定意义上讲，溶剂型涂料的使用历史远没有水性涂料那么久远。最简单的水性涂料是石灰乳液，大约在一百年前就曾有人向其中加入乳化亚麻仁油进行改良，这就是最早的乳胶漆。从20世纪30年代中期开始，德国开始把聚乙烯醇作为保护胶的聚醋酸乙烯酯乳液作为涂料使用。到了20世纪50年代，纯丙烯酸酯乳液在欧洲和美国就已经有销售，但是由于价格昂贵，其产量没有太大增加。进入20世纪60年代，在有所发展的乳状液中，最为突出的是醋酸乙烯酯-乙烯，醋酸乙烯酯与高级脂肪酸乙烯共聚物也有所发展，产量有所增加。20世纪70年代以来，由于环境保护法的制定和人们环境保护意识的加强，各国限制了有机溶剂及有害物质的排放，而制造油漆的75%的原料来自石油化工，使油漆的使用受到种种限制。出于节约能源资源和保护环境的考虑，水性涂料，特别是乳胶漆，越来越引起人们的重视。

20世纪70年代～80年代作为当代水性涂料的代表——乳胶漆得到了一定的发展，但推广应用却进入了低谷。90年代至今，乳胶漆的质量及性能大大提高，在价格上也慢慢被人们接受。

7.2 外墙涂料

外墙涂料主要功能是装饰和保护建筑物的外墙面，使建筑物外貌整洁美观，从而达到美化环境的目的，同时能够起到保护建筑物外墙的作用。外墙涂料一般应具有以下特点。

(1) 装饰性好。外墙涂料色彩丰富，保色性好，能较长时间保持良好的装饰性。

(2) 耐水性好。外墙面暴露在大气中，经常受到雨水的冲刷，因而外墙涂料应具有很好的耐水性能。某些防水型外墙涂料其防水性能更佳，当基层墙面发生小裂缝时，涂层仍有防水的功能。

(3) 耐污性好。大气中的灰尘及其他物质玷污涂层后，涂层会失去装饰效能，因而要求外墙装饰层耐污性好。

(4) 耐候性好。暴露在大气中的涂层，要经受日光、雨水、风沙、冷热变化等作用。在这类因素反复作用下，一般的涂层会发生开裂、剥落、脱粉、变色等现象，使涂层失去

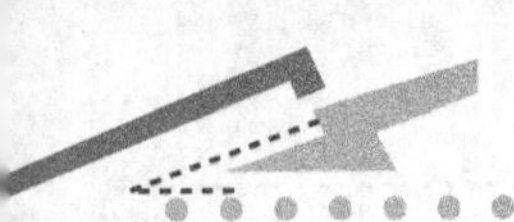

原有的装饰和保护功能。因此作为外墙装饰的涂层要求在规定的年限内不发生上述破坏，即有良好的耐候性。此外，外墙涂料还应有施工及维修方便、价格合理等特点。

7.2.1 溶剂型涂料

溶剂型涂料是以高分子合成树脂为主要成膜物质，有机溶剂为稀释剂，加入一定量的颜料、填料及助剂，经混合、搅拌溶解、研磨而配制成的一种挥发性涂料。涂刷在外墙面以后，随着涂料中所含溶剂的挥发，成膜物质与其他不挥发组分共同形成均匀连续的薄膜，即涂层。

常用的过氯乙烯外墙涂料具有耐候性好、耐化学腐蚀性强、耐水、耐霉性好，干燥快、施工方便等特点，但它的附着力较差，在配制时应选用适当的合成树脂，以增强其附着力。在涂料常加入醇酸树脂、酚醛树脂、丙烯酸树脂、顺丁烯二酸酐树脂等合成树脂，以改善过氯乙烯外墙涂料的附着力、光泽、耐久性等性能。过氯乙烯树脂溶剂释放性差，因而涂膜虽然表干很快，但完全干透很慢，只有到完全干透之后才变硬并很难剥离。常用的增塑剂是邻苯二甲酸二丁酯，其加入量为 30%～40%。常用的稳定剂是二甲基亚磷酸铅，用量为 2%左右，其他稳定剂还有蓖麻油酸钡、低碳酸钡、紫外线吸收剂 UV-9 等。过氯乙烯树脂在光和热的作用下容易引起树脂分解，加入稳定剂的目的是为了阻止树脂分解，延长涂膜的寿命。常用的颜料及填料有氧化锌、钛白粉、滑石粉等。

由于涂膜较紧密，通常具有较好的硬度、光泽、耐水性、耐酸碱性和良好的耐候性、耐污染性等特点。但由于施工时有大量有机溶剂挥发，容易污染环境。涂膜透气性差，又有疏水性，如在潮湿基层上施工，易产生起皮、脱落等现象。由于这些原因，国内外这类外墙涂料的用量低于乳液型外墙涂料。近年来发展起来的溶剂型丙烯酸外墙涂料，其耐候性及装饰性都很突出，耐用年限在 10 年以上，施工周期也较短，且可以在较低温度下使用。国外有耐候性、防水性都很好且具有高弹性的聚氨酯外墙涂料，耐用期可达 15 年以上。

7.2.2 乳液型涂料

以高分子合成树脂乳液为主要成膜物质的外墙涂料称为乳液型外墙涂料。乳液型外墙涂料以水为分散介质，不会污染周围环境，不易发生火灾，对人体的毒性小。施工方便，可刷涂，也可滚涂或喷涂。涂料透气性好，耐候性良好，尤其是高质量的丙烯酸酯外墙乳液涂料，其光亮度、耐候性、耐水性及耐久性等各种性能可以与溶剂型丙烯酸酯类外墙涂料媲美。乳液型外墙涂料存在的主要问题是其在太低的温度下不能形成优质的涂膜，通常必须在 10℃以上施工才能保证质量，因而冬季一般不宜应用。

按乳液制造方法不同可以分为两类：一是由单体通过乳液聚合工艺直接合成的乳液；二是由高分子合成树脂通过乳化方法制成的乳液。目前，大部分乳液型外墙涂料是由乳液聚合方法生产的乳液作为主要成膜物质的。

按涂料的质感又可分为乳胶漆(薄型乳液涂料)、厚质涂料及彩色砂壁状涂料等。

1. 苯-丙乳液涂料

苯-丙乳液涂料是以苯乙烯-丙烯酸酯共聚乳液(简称苯-丙乳液)为主要成膜物质，加入颜料、填料及助剂等，经分散、混合配制而成的乳液型外墙涂料。

纯丙烯酸酯乳液配制的涂料，具有优良的耐候性和保光、保色性，适于外墙涂装，但价格较贵。以一部分或全部苯乙烯代替纯丙乳液中的甲基丙烯酸甲酯制成的苯-丙乳液涂料，具有优良的耐碱、耐水性，外观细腻，色彩艳丽，质感好，仍然具有良好的耐候性和保光保色性，价格有较大的降低。从资源、造价分析，它是适合外墙的乳液涂料，目前生产量较大。用苯-丙乳液配制的各种类型外墙乳液涂料，性能优于乙-丙乳液涂料；用于配制有光涂料，光泽度高于乙-丙乳液涂料，而且由于苯-丙乳液的颜料结合力好，可以配制高颜(填)料体积浓度的内用涂料，性能较好，成本也较低。

2. 乙-丙乳液涂料

乙-丙乳液涂料是以醋酸乙烯-丙烯酸共聚物乳液为主要成膜物质，掺入一定量的粗集料组成的一种厚质外墙涂料。该涂料的装饰效果较好，属于中档建筑外墙涂料，使用年限为8～10年。主要的技术性能见表7-1。乙-丙乳液涂料具有涂膜厚实、质感好，耐候、耐水、冻融稳定性好，保色性好、附着力强以及施工速度快、操作简便等优点。

表7-1 乙-丙乳液涂料的主要技术性能指标

性　能	指　标
干燥时间	≤30min
固体含量	≥50%
耐水性(浸水500h)	无异常
耐碱性[浸饱和 $Ca(OH)_2$，500h]	无异常
冻融试验(50次循环)	无异常

3. 彩色砂壁状外墙涂料

彩色砂壁状外墙涂料又称彩砂涂料，是以合成树脂乳液为主体，外加着色骨料、增稠剂及各种助剂材料配制而成的。彩色砂壁状外墙涂料的色彩丰富，有较强的质感，它的耐候性、耐久性和色牢度等性能要好于同类型的其他涂料，施工方法简便。由于采用高温烧结的彩色砂粒、彩色陶瓷或天然带色石屑作为骨料，使制成的涂层具有丰富的色彩及质感，如图7.2所示，其保色性及耐候性比其他类型的涂料有较大的提高，耐久性约为10年以上，主要的技术性质见表7-2。

图7.2 彩色砂壁状外墙涂料

表7-2 彩色砂壁状外墙涂料的主要技术性能指标

性 能	指 标	性 能	指 标
骨料沉降率	<10%	常温储存稳定性(3个月)	不变质
干燥时间	≤2h	黏结力	5kg/cm^2
低温安定性(−5℃)	不变稠	耐水性(500h)	无异常
耐热性(60℃恒温8h)	无异常	耐碱性(300h)	无异常
冻融循环(30次)	无异常	耐酸性(300h)	无异常
耐老化(250h)	无异常		

7.2.3 无机高分子涂料

无机高分子建筑涂料是近年来发展起来的新型建筑涂料。建筑上广泛应用的有碱金属硅酸盐和硅溶胶两类。有机高分子建筑涂料一般都有耐老化性能较差、耐热性差、表面硬度小等缺点。无机高分子涂料恰好在这些方面性能较好，耐老化、耐高温、耐腐蚀、耐久性等性能好，涂膜硬度大、耐磨性好，若选材合理，耐水性能也好，而且原材料来源广泛，价格便宜，因而近年来受到国内外普遍重视，发展较快。

硅溶胶外墙涂料是以胶体二氧化硅(硅溶胶)为主要成膜物质，有机高分子乳液为辅助成膜物质，加入颜料、填料和助剂等，经搅拌、研磨、调制而成的水分散性涂料，是近年来新开发的性能优良的涂料品种，其以水为分散介质，无毒、无臭，不污染环境。以硅溶胶为主要成膜物质，具有耐酸、耐碱、耐沸水、耐高温等性能，且不易老化，耐久性好。施工性能好，对基层渗透力强，附着性好，遮盖力强。涂膜细腻，颜色均匀明快，装饰效果好，不产生静电，不易吸附灰尘，耐污染性好。硅溶胶涂料原材料资源丰富，价格较低，广泛用于外墙装饰。若加入粗填料，则可配制成薄质、厚质、黏砂等多种质感和各种花纹的建筑涂料，具有广阔的应用前景。

7.3 内墙涂料

内墙涂料的主要功能是装饰及保护室内墙面，使其美观整洁，获得良好的装饰效果。内墙涂料具有耐碱性、耐水性、耐粉化性，且透气性好，色彩丰富。涂刷容易，价格合理。

刷浆材料石灰浆、大白粉和可赛银等是我国传统的内墙装饰材料，因常采用排笔涂刷而得名。石灰浆又称石灰水，具有刷白作用，是一种最简便的内墙涂料，其主要缺点是颜色单调，容易泛黄及脱粉；大白粉也称白垩粉、老粉或白土等，为具有一定细度的碳酸钙粉，在配制浆料时应加入胶粘剂，以防止脱粉。大白粉遮盖力较高，价格便宜，施工及维修方便，是一种常用的低档内墙涂料。可赛银是以碳酸钙和滑石粉等为填料，以酪素为胶粘剂，掺入颜料混合而制成的一种粉末状材料，也称酪素涂料。

7.3.1 醋酸乙烯乳胶漆

醋酸乙烯乳胶漆是由醋酸乙烯乳液加入颜料、填料及各种助剂，经研磨或分散处理而制成的一种乳液涂料。该涂料具有无毒、不燃、涂膜细腻、平滑、透气性好、价格适中等优点，但它的耐水性、耐碱性及耐候性不及其他共聚乳液，故仅适宜涂刷内墙。

7.3.2 乙-丙有光乳胶漆

乙-丙有光乳胶漆是以乙-丙共聚乳液为主要成膜物质，掺入适当的颜料、填料及助剂，经过研磨或分散后配制而成半光或有光内墙涂料，用于建筑内墙装饰，其耐水性、耐碱性、耐久性优于醋酸乙烯乳胶漆，并具有光泽，是一种中高档内墙装饰涂料。

乙-丙有光乳胶漆的特点如下。

(1) 在共聚乳液中引入了丙烯酸丁酯、甲基丙烯酸甲酯、甲基丙烯酸、丙烯酸等单体，从而提高了乳液的光稳定性，使配制的涂料耐候性好，适宜用于室外。

(2) 在共聚物中引进丙烯酸丁酯，能起到增塑作用，提高了涂膜的柔韧性。

(3) 主要原料为醋酸乙烯，国内资源丰富，涂料的价格适中。

乙-丙有光乳胶漆主要技术性能指标见表 7-3。

表 7-3 乙-丙有光乳胶漆主要技术性能指标

项 目	技术指标	项 目	技术指标
光泽	≤20%	耐水性	96h 无起泡、掉粉
黏度(涂-4 黏度计)	20～50s	抗冲击性	≥4N·m
固体含量	≥45%	韧性	≥1mm
遮盖力	≤170g/m^2	最低成膜温度	≥5℃

7.3.3 聚乙烯醇类水溶性内墙涂料

1. 聚乙烯醇水玻璃涂料

这是一种在国内普通建筑中广泛使用的内墙涂料，其商品名为“106”。它是以聚乙烯醇树脂的水溶液和水玻璃为胶粘剂，加入一定数量的体质颜料和少量助剂，经搅拌、研磨而成的水溶性涂料。其原材料具有资源丰富、价格低、生产工艺简单、不燃、无毒、施工方便、膜层光滑平整、装饰性好的特点，但膜层的耐擦洗性能较差、易产生起粉脱落现象。它能在稍潮湿的墙面上施工，与墙面有一定的黏结力。产品质量应符合表 7-4 要求。

表 7-4 聚乙烯醇水玻璃涂料的技术指标

性 能	指 标	性 能	指 标
容器中状态	经搅拌无结块、沉淀或絮凝现象	白度①	不大于 80 度
黏度(涂-4 黏度计)	30～60s	附着力划格	100%
细度(刮板法)	不大于 90 μm	耐擦洗性	稍有起粉
涂膜的外观	涂膜平整光滑，色泽均匀	遮盖力	不大于 300g/m^2
耐水性(浸水 24h)	无脱落、起泡和皱皮现象		

注：①该项试验项目仅对白色涂料而言。

聚乙烯醇水玻璃涂料的品种有白色、奶白色、湖蓝色、果绿色、蛋青色、天蓝色等，适用于住宅、商店、医院、学校等建筑物的内墙装饰。

2. 聚乙烯醇缩甲醛内墙涂料

聚乙烯醇缩甲醛内墙涂料是以聚乙烯醇与甲醛进行不完全缩醛化反应生成的聚乙烯醇缩甲醛水溶液为基料，加入颜料、填料及其他助剂经混合、搅拌、研磨、过滤等工序制成的一种内墙涂料。聚乙烯醇缩甲醛内墙涂料的生产工艺与聚乙烯醇水玻璃内墙涂料相类似，成本相仿，而耐水洗擦性略优于聚乙烯醇水玻璃内墙涂料。

7.3.4 隐形变色发光内墙涂料

隐形变色发光内墙涂料是一种能隐形、变色和发光的内墙涂料，它由成膜物质、溶剂、发光材料、稀土隐色材料等助剂组成。隐形变色发光内墙涂料可以直接采用刷、喷、滚或印刷的方法涂饰在某种材料表面上，可涂饰成某一种图案，在普通光线照射下呈白色，但在紫外线光线照射下，可呈现各种美丽的色彩，原来看不见的图案也会呈现出来。因此这种涂料可用于舞厅、迪厅、酒吧、咖啡屋等场所的墙面和顶棚装饰，还可以用于广告、舞台背景、道具设计等方面。

7.3.5 梦幻内墙涂料

梦幻内墙涂料是一种水溶性涂料，不燃、无毒，属环保型装饰材料，施工工艺比较简单，可用喷、滚、印、刮、抹等方式进行施工。涂料的色调非常丰富，颜色可现场调配，并可进行套色处理，各种颜色可以互相搭配，涂膜表面呈现梦幻般的装饰效果，涂料的涂膜坚韧、耐久性、耐磨性和耐洗刷性能较好。这种涂料的涂层由底层、中层和面层组成。面层有两种，一种是半丝光质或珠光丝质的面层涂料(表面装饰效果类似云雾、大理石、蜡染等图案)；另一种是闪光树脂金属颗粒涂料或彩色树脂纤维面层涂料。这种涂料可用于家庭的各个房间、宾馆的标准间、办公楼的会议室和办公室、酒店等场所的内墙装饰。

7.3.6 纤维质内墙涂料

纤维质内墙涂料又称“好涂壁”，它是在各种材料的纤维材料中加入了胶粘剂和辅助材料面制成的，具有立体感强、质感丰富、阻燃、防霉变、吸声效果好等特性，涂层表面的耐污染性和耐水性较差，可用于多功能厅、歌舞厅和酒吧等场所的墙面装饰。

7.3.7 硅藻泥涂料

硅藻土，是生活在数百万年前的一种单细胞的水生浮游类生物，是硅藻的沉积物，硅藻死后，它会沉积水底，经过亿万年的积累和地质变迁成为硅藻土，其主要成分为蛋白石，质地轻柔、多孔。硅藻泥以硅藻土为主要原材料，添加多种助剂的粉末装饰涂料，可以代替墙纸和乳胶漆，粉体包装，并非液态桶装。

硅藻泥是一种内墙装饰壁材，适用范围很广泛，可以适用在家庭(客厅、卧室、书房、婴儿房、天花等等墙面)、公寓、幼儿园、老人院、医院、疗养院会所、主题俱乐部、高档饭店、度假酒店、写字楼、风格餐厅等。硅藻泥肌理效果如图 7.3 所示。

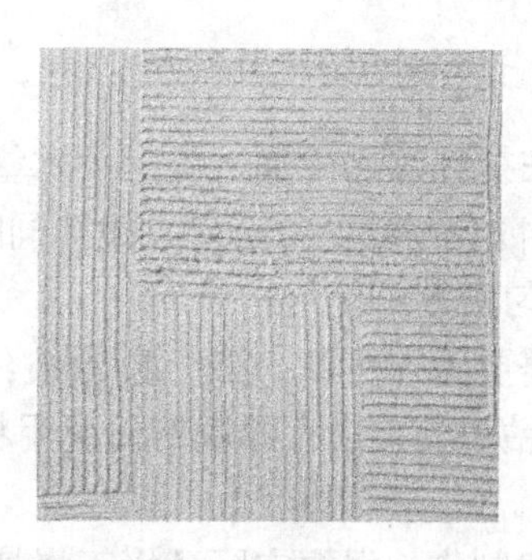

图7.3　硅藻泥肌理效果

1. 硅藻泥的优点

1) 健康环保

多种无机矿物组成的粉体材料，不含任何有害物质及有害添加剂，材料本身为纯绿色环保产品。现场加进去的是洁净的水，挥发出来的也是水，属于真正健康环保的零VOC(挥发性有机物)涂料

2) 呼吸调湿

随着不同季节及早晚环境空气温度的变化，硅藻泥可以吸收或释放水分，自动调节室内空气湿度，使之达到相对平衡。所以人们把海藻泥称为“会呼吸的墙壁”，适量调节空气湿度，创造舒适的生活空间。

3) 吸音降噪

由于硅藻泥自身的分子结构，因此具有很强的降低噪音功能，可以有效地吸收对人体有害的高频音段，并衰减低频噪声功能。其功效相当于同等厚度的水泥砂浆和石板的2倍以上，同时能够缩短50%的余响时间，大幅度地减少了噪声对人身的危害，给你创建一个宁静的睡眠环境。好的硅藻泥使用在一些歌厅、KTV，吸音效果是很明显的。

4) 墙面自洁

墙壁挂尘一般是由于空气过分干燥，浮尘携带静电吸附所引起的。因为硅藻泥对空气湿度有调节平衡作用，表面是亲水的，可以有效减少静电现象，所以与其他材质饰面相比较，硅藻泥墙面更加不容易挂尘、具有一定的自清洁功能。

5) 保温隔热

硅藻泥的主要成分硅藻土的热传导率很低，本身是理想的保温隔热材料，具有非常好的保温隔热性能，其隔热效果是同等厚度水泥砂浆的6倍。

6) 减少光污染

硅藻泥表面粗糙有序，不同的肌理图案，不同的颜色，以及材料中的吸光物质改变了光的反射、折射，减少了光污染。光线自然柔和，以素雅为主，非常适合室内装饰。温馨柔和的色彩，使空间环境更加和谐、优雅。

7) 丰富的表面肌理

硅藻泥的施工工艺可根据客户不同要求和喜好，采用传统匠艺工法和特殊工具施工完成。硅藻泥饰面肌理丰富、效果亲切自然、质感生动真实，具有很强的艺术感染力。

2. 硅藻泥施工方法

(1) 搅拌。在搅拌容器中加入施工用水量 90%的清水，然后倒入硅藻泥干粉浸泡几分钟，再用电动搅拌机搅拌约 10 分钟，搅拌同时用另外 10%的清水调节施工黏稠度。泥性涂料，充分搅拌均匀后方可使用。

(2) 涂抹。需要涂抹两遍：第一遍(厚度约 1.5mm)完成后约 50 分钟(根据现场气候情况而定，以表面不粘手为宜，有露底的情况用料补平)，涂抹第二遍(厚度约 1.5mm)。总厚度 1.5～3.0mm 之间。

(3) 肌理图案制作。根据实际环境干燥情况，掌握干燥时间，依据工法制作肌理图案。

(4) 收光。制作完肌理图案后，用收光抹子沿图案纹路压实收光。

知识链接

硅藻的简介

硅藻有绿藻、红藻、褐藻，裸藻、甲藻(或称涡鞭毛藻)、隐藻等共一万多种。其中硅藻最多，约六千种，硅藻种类多、数量大，因而被称为海洋的“草原”。海水含有 45 种以上的无机元素，而硅藻生长在海水里，每天吸收无机元素作为营养成分。硅藻的无机元素中以钠、钾、铁、钙含量最多。硅藻死后沉积在海底，经过亿万年的积累和地质变迁成为硅藻类沉积矿物质。硅藻类沉积矿物质的矿物成分主要是蛋白石及其变种。硅藻类沉积矿物质通常呈浅黄色或浅灰色，质软，多孔而轻，吸水性和渗透性强。颜色取决于黏土矿物及有机质等，不同矿源硅藻类矿物成分不同。所以近年来，人们更是利用硅藻类沉积矿物的多种特性再添加功能助剂应用于健康家居涂料行业。

7.4 地面涂料

地面涂料的主要功能是装饰与保护室内地面，使地面清洁美观。地面涂料具有耐碱性、耐磨性、耐水性较好的特点，其抗冲击力强，施工方便、重涂容易、价格合理、耐水洗刷。

以下主要介绍适用于水泥砂浆地面的有关涂料品种。

7.4.1 过氯乙烯地面涂料

过氯乙烯地面涂料是将合成树脂用作建筑物室内地面装饰的早期材料之一。它是以过氯乙烯树脂为主要成膜物质，掺用少量其他树脂，并加入一定量的增塑剂、填料、颜料、稳定剂等物质，经捏和、混炼、切粒、溶解、过滤等工艺过程而配制成的一种溶剂型地面涂料，具有干燥快、施工方便、耐水性好、耐磨性较好、耐化学腐蚀性强等特点。由于含有大量易挥发、易燃的有机溶剂，因而在配制涂料及涂刷施工时应注意防火、防毒。

7.4.2 氯-偏乳液涂料

氯-偏乳液涂料属于水乳型涂料。它是以氯乙烯-偏氯乙烯共聚乳液为主要成膜物质，添加少量其他合成树脂水溶液胶(如聚乙烯醇水溶液等)共聚液体为基料，掺入适量的不同品种的颜料、填料及助剂等配制而成的涂料。氯-偏乳液涂料品种很多，除了地面涂料外，还有内墙涂料、顶棚涂料、门窗涂料等。氯-偏乳液涂料具有无味、无毒、不燃、快干、施工方便、黏结力强，涂层坚牢光洁、不脱粉，有良好的耐水、防潮、耐磨、耐酸、耐碱、耐一般化学药品侵蚀、寿命较长等特点，且产量大，在乳液类中价格较低，故在建筑内外装饰中有着广泛的应用。

7.4.3 环氧树脂涂料

环氧树脂涂料是以环氧树脂为主要成膜物质的双组分常温固化型涂料。环氧树脂涂料与基层粘接性能优良，涂膜坚韧、耐磨，具有良好的耐化学腐蚀、耐油、耐水等性能，以及优良的耐老化和耐候性，装饰效果良好，是近几年来国内开发的耐腐蚀地面和高档外墙涂料新品种。其主要技术性能指标见表7-5。

表7-5 环氧树脂厚质地面涂料的主要技术性能指标

性 能	指 标	
	清 漆	色 漆
色泽外观	浅黄色	各色，涂膜平整
细度	—	≤30 μm
黏度(涂-4黏度计)	14～26s	14～40s
干燥时间(温度 25℃±2℃，湿度≤65%)	表干：2～4h；实干：24h 全干：7d	表干：2～4h；实干：24h 全干：7d
抗冲击性	5N·m	5N·m
柔韧性	1mm	1mm
硬度(摆杆法)	≥0.5	≥0.5

7.4.4 聚醋酸乙烯地面涂料

聚醋酸乙烯地面涂料是由聚醋酸乙烯水乳液、普通硅酸盐水泥及颜料、填料配制而成的一种地面涂料，可用于新旧水泥地面的装饰，是一种有机、无机复合的水性地面涂料。其质地细腻，早期强度高，与水泥地面基层的粘接牢固。形成的涂层具有优良的耐磨性、抗冲击性，色彩美观大方，表面有弹性，外观类似塑料地板，对人体无毒害，施工性能良好，原材料来源丰富，价格便宜，涂料配制工艺简单。该涂料适用于民用住宅室内地面的装饰，也可取代塑料地板或水磨石地坪，用于某些试验室、仪器装配车间等地面，涂层耐久性约为10年。

7.5 特种涂料

特种涂料对被涂物不仅具有保护和装饰的作用，还有其他特殊功能，如防水、防火、发光、防霉、杀虫、隔热、隔声功能等。

7.5.1 防火涂料

防火涂料可以有效延长可燃材料(如木材)的引燃时间，阻止非可燃结构材料(如钢材)表面温度升高而引起强度急剧丧失，阻止或延缓火焰的蔓延和扩展，使人们争取到灭火和疏散的宝贵时间。

根据防火原理把防火涂料分为非膨胀型涂料和膨胀型防火涂料两种。非膨胀型防火涂料是由不燃性或难燃性合成树脂、难燃剂和防火填料组成的，其涂层不易燃烧。膨胀型防火涂料是在上述配方基础上加入成碳剂、脱水成碳催化剂、发泡剂等成分制成的，在高温和火焰作用下，这些成分迅速膨胀形成比原涂料厚几十倍的泡沫状碳化层，从而阻止高温对基材的传导作用，使基材表面温度降低。

防火涂料可用于钢材、木材、混凝土等材料，常用的阻燃剂有含磷化合物和含卤素化合物等，如氯化石蜡、十溴联苯醚、磷酸三氯乙醛酯等。

裸露的钢结构耐火极限仅为0.25h，在火灾中钢结构温升超过500℃时，其强度明显降低，导致建筑物迅速垮塌。

知识链接

涂料的简易鉴别

(1) 看。选购涂料时，首先要从产品包装、说明书、检测报告中看清两个重要指标：一是耐刷洗次数，一个是VOC和甲醛含量。前者是涂料漆膜性能的综合指标，它不仅代表着涂料的易清洁性，更代表着涂料的耐水、耐碱和漆膜的坚韧状况。后者是涂料环保健康指标。涂料的VOC和甲醛含量通常代表了涂料的环保性能，指标应该越低越好。

(2) 闻。闻一下要买的涂料，味道越小越好。如有刺鼻气味或香味都是可怀疑的。真正的净味涂料应该只有淡淡的涂料味道，而不是靠添加香料遮盖气味的。真正好的涂料，VOC为零或非常低，因此味道很小。

(3) 摸。可以通过查看或触摸涂料的样板，来辨别漆膜的质量。好的乳胶漆通常漆膜比较致密、细腻、有光泽；而差的乳胶漆通常都比较粗糙。

(4) 试。各种品牌的专卖店通常都陈列有产品的样板，可以通过各种不同测试方法，查看漆膜的性能，如耐擦性、耐沾污性。

(5) 刷。如果可能的话，最好是自己动手试一下涂料。打开涂料桶盖，用木棍搅动涂料，看看内部是否有结块，如果有结块，则说明该涂料已坏。用木棍挑出一点涂料，观察其下流状态，如果该涂料成丝状连续下流，而不是断成一块一块，说明该涂料流动性好，装饰效果好。用手捻一捻涂料，可以感觉出它的细腻度，越细越好。如果商店有刮板器，可以借来刮一下看细度，越细越好。可用刮板器在黑白纸上刮一下膜，可以比较其对白色和黑色的遮盖情况，对黑色遮盖越好，说明其遮盖力越好。

钢结构必须采用防火涂料进行涂饰，才能使其达到《建筑设计防火规范》的要求。

根据涂层厚度及特点将钢结构防火涂料分为两类。

B类：薄涂型钢结构防火涂料，涂层厚度为2～7mm，有一定装饰效果，高温时涂层膨胀增厚耐火隔热，耐火极限可达0.5～1.5h，又称为钢结构膨胀防火涂料。

H类：厚涂型钢结构防火涂料，涂层厚度一般在8～50mm，粒状表面，密度较小，热导率低，耐火极限可达0.5～3.0h，又称为钢结构防火隔热涂料。

除钢结构防火涂料外，其他基材也有专用防火涂料品种，如木结构防火涂料、混凝土楼板防、火隔热涂料等。

7.5.2 防水涂料

防水涂料用于地下工程、卫生间、厨房等场合。早期的防水涂料以熔融沥青及其他沥青加工类产物为主，现在仍在广泛使用。近年来以各种合成树脂为原料的防水涂料逐渐发展，按其状态可分为溶剂型、乳液型和反应固化型3类。

溶剂型防水涂料是以各种高分子合成树脂溶于溶剂中制成的防水涂料，快速干燥，可低温操作施工。常用的树脂种类有氯丁橡胶沥青、丁基橡胶沥青、SBS改性沥青、再生橡胶改性沥青等。

乳液型防水涂料是应用最多的涂料，它以水为稀释剂，有效降低了施工污染、毒性和易燃性。主要品种有改性沥青系防水涂料(各种橡胶改性沥青)、氯偏共聚乳液、丙烯酸乳液防水涂料、改性煤焦油防水涂料、涤纶防水涂料和膨润土沥青防水涂料等。

反应固化型防水涂料是以化学反应型合成树脂(如聚氨酯、环氧树脂等)配以专用固化剂制成的双组分涂料，是具有优异防水性、变形性和耐老化性能的高档防水涂料。

7.5.3 防霉涂料及防虫涂料

在我国南方夏季和地下室、卫生间等潮湿场所，在霉菌作用下，木材、纸张、皮革等有机高分子材料的基材会发霉，有些涂层(如聚醋酸乙烯酯乳胶漆)也会发霉，在涂膜表面生成斑点或凸起，严重时产生穿孔和针眼。底层霉变逐渐向中间和表层发展，会破坏整个涂层直至粉末化。

防霉涂料以不易发霉材料(如硅酸钾水玻璃涂料和氯-偏共聚乳液)为主要成膜物质，加入两种或两种以上的防霉剂(多数为专用杀菌剂)制成。涂层中含有一定量的防霉剂就可以达到预期防霉效果。它适用于食品厂、卷烟厂、酒厂及地下室等易产生霉变的内墙墙面。

防虫涂料是在以合成树脂为主要成膜物质的基料中，加入各种专用杀虫剂、驱虫剂、助剂合成。这种涂料色泽鲜艳，遮盖力强，耐湿擦性能好，对蚊蝇、蟑螂等害虫有很好的速杀作用，适用于城乡住宅、医院、宾馆等居室，也可用于粮库、食品等储藏室的涂饰。

7.6 油　　漆

油漆主要用于木制品、钢制品等材料表面的装饰和保护，常用的有以下几种。

7.6.1 油脂漆

它装饰方便、渗透力好、价格低、气味毒性小、干结后的膜层柔韧性好，这类油漆膜层干燥速度缓慢，膜层太软，强度低，耐磨性、耐温性和耐化学腐蚀性差，因此现代装饰工程中使用少，常用的油脂漆有清油、厚漆和油性调和漆。

1. 清油

清油以桐油为主要原料，加热聚合到适当稠度，再加入催干剂后制成，其干燥速度快，漆膜光亮柔韧，但漆膜较软，不耐打磨抛光，一般用于调制油性漆、厚漆、底漆及腻子。

2. 厚漆

厚漆是由颜料和干性油调制而成的膏状物，使用时须加适量熟桐油和松香水，调稀到可使用的稠度，一般用作打底或调制腻子的材料。

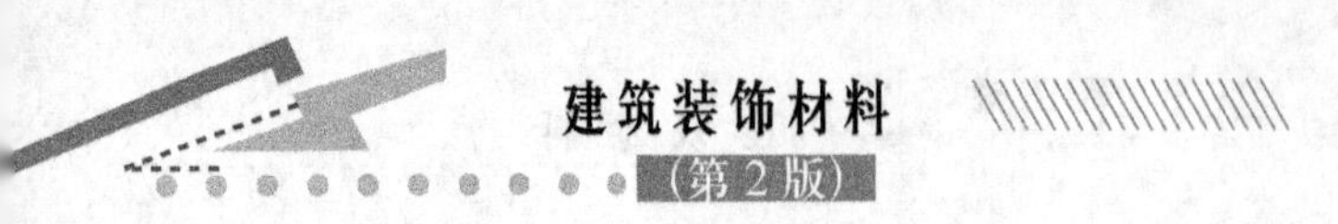

3. 油性调和漆

油性调和漆是由干性油、颜料、溶剂、催干剂和其他辅助材料配置而成的，弹性强，耐水性、耐久性和黏结力好，不易粉化、脱落、龟裂，但漆膜较软、光泽度差、干燥速度慢(一般要 24h)，一般用于施工质量不太高的木材表面的装饰和保护。

7.6.2 酚醛树脂漆

酚醛树脂漆的漆膜柔韧耐用，光泽度好，耐水性、耐酸碱腐蚀性、耐磨性好。施工方便，价格较低。但颜色较深，易泛黄，漆膜软且干燥速度慢，不能打磨抛光，膜层的光泽度差。常用的溶剂有松香水或松节油。

7.6.3 硝基漆

硝基漆属挥发性油漆，涂膜干燥速度快，但底层完全干透时间较长。干燥时产生大量有毒气体，施工现场应有良好的通风条件。硝基清漆的固体物质含量低，施工时的涂刷次数和时间较长，因此漆膜表面平滑细腻、光泽度较高，可用于木制品表面做中高档的饰面装饰。硝基漆的耐光性较差，在紫外线长时间作用下，漆膜会出现龟裂，环境气温的剧烈变化会引起膜面的开裂与剥落。

7.6.4 丙稀酸漆

丙稀酸漆具有较高的光泽，可制成水白色的清漆和色泽纯白的白磁漆，有较高的装饰性。在大气和紫外线的作用下，它的颜色和光泽保持不变，耐酸碱、防湿防霉能力强。与硝基漆相比，丙稀酸漆施工方便，制作周期短。但其漆膜较脆、耐寒性差，价格较高。

7.6.5 聚酯漆

聚酯漆的主要原料是聚酯树脂，其以不饱和聚酯树脂用得较多。不饱和聚酯树脂漆干燥快，漆膜丰满厚实，硬度较高，有较高的光泽度和保光性，它的耐磨性、耐热性、抗冻性和耐酸碱性较好。不饱和聚酯漆的漆膜损伤后修复困难，施工时由于配比成分较复杂，所以只适合在静置的平面上涂饰，垂直面、边线和凹凸线条处涂饰易产生流挂现象，因此不饱和聚酯漆的施工操作比较麻烦。

7.6.6 涂料的主要技术性能

涂料的主要技术性能要求有在容器中的状态、黏度、含固量、细度、干燥时间、最低成膜温度等。

1. 容器中的状态

容器中的状态反映涂料体系在储存时的稳定性。各种涂料在容器中储存时均应无硬块，搅拌后应呈均匀状态。

2. 黏度

涂料应有一定的黏度，使其在涂饰作业时易于流平而不流挂。建筑涂料的黏度取决于主要成膜物质本身的黏度和含量。

3. 含固量

含固量是指涂料中不挥发物质在涂料总量中所占的百分比。含固量的大小不仅影响涂料的黏度，同时也影响到涂膜的强度、硬度、光泽及遮盖力等性能。薄质涂料的含固量通常不小于45%。

4. 细度

细度是指涂料中次要成膜物质的颗粒大小，它影响涂膜颜色的均匀性、表面平整性和光泽。薄质涂料的细度一般不大于60 μm。

5. 干燥时间

涂料的干燥时间分为表干时间和实干时间，它影响到涂饰施工的时间。一般地，涂料的表干时间不应超过2h，实干时间不应超过24h。

6. 最低成膜温度

最低成膜温度是乳液型涂料的一项重要性能。乳液型涂料是通过涂料中分散介质——水分的蒸发，细小颗粒逐渐靠近、凝结而成膜的，这一过程只有在某一最低温度以上才能实现，此温度称为最低成膜温度。乳液型涂料只有在高于这一温度时才能进行涂饰作业。乳液型涂料的最低成膜温度都应在10℃以上。

此外，对不同类型的涂料，还有一些不同的特殊要求，如砂壁状涂料的骨料沉降性、合成树脂乳液型涂料的低温稳定性等。

阅读材料

涂料毒性误区

涂料的毒性认识误区，主要表现在以下几个方面。

第一，认为涂料的毒性在一段短时间内就挥发完了，只要过几周就没有危害了，这是不科学的。在常温下，这些有毒物质的挥发是一个漫长的过程，而长期低剂量的接触有毒物质会产生严重的非急性(由于是非急性，往往不被人察觉)危害。

第二，认为涂料中的挥发性有机物(VOC)的多少可以代表毒性的大小。VOC只是涂料毒性大小的一个来源，而且也不是所有的VOC都有很高的毒性，有些挥发性有机物并没有很大的毒性，这是开发新一代低毒产品的基础。作为一类化学指标VOC并不等于毒性。

第三，涂料的毒性只能通过生物检测才能表达，理化检验是不能完整表达毒性的。

第四，涂料的毒性控制是指同类产品中的相互比较而言。因此它不能和蒸馏水的无毒相提并论，好的涂料产品，科学地表达应是低毒，而不是无毒。

7.6.7 涂膜的主要技术性能

涂膜的技术性能包括物理力学性能和化学性能，主要有涂膜颜色、遮盖力、附着力、粘接强度、耐冻融性、耐污染性、耐候性、耐水性、耐碱性及耐刷洗性等。

1. 涂膜颜色

涂膜颜色与标准样品相比，应符合色差范围。

2. 遮盖力

遮盖力反映涂膜对基层材料颜色遮盖能力的大小，与涂料中着色颜料的着色力及含量有关，通常用能使规定的黑白格遮盖所需涂料的单位面积质量 g/m^2 表示。建筑涂料遮盖力范围为 100～300g/m^2。

3. 附着力

附着力是表示薄质涂料的涂膜与基层之间粘接牢固程度的性能，通常用画格法测定。将涂料制成标准的涂膜样本，然后用锋利的刀片，沿长度和宽度方向每隔 1mm 画线，共切出 100 个方格，画线时应使刀片切透涂膜；然后用软毛刷沿对角线方向反复刷 5 次，在放大镜下观察被切出的小方格涂膜有无脱落现象。用未脱落小方格涂膜的百分数表示附着力的大小。质量优良的涂膜其附着力指标应为 100%。

4. 粘接强度

粘接强度是表示厚质建筑材料涂料和复层建筑涂料的涂膜与基层粘接牢固程度的性能指标。粘接强度高的涂料其涂膜不易脱落，耐久性好。

5. 耐冻融性

外墙涂料的涂膜表面毛细管内含有吸收水分，在冬季可能发生反复冻融，导致涂膜开裂、粉化、起泡或脱落。因此，对外墙涂料的涂膜有一定的耐冻融性要求。涂膜的耐冻融性用涂膜标准样板在-20～23℃之间能承受的冻融循环次数表示，次数越多，表明涂膜的耐冻融性越好。

6. 耐玷污性

耐玷污性是指涂料抵抗大气灰尘污染的能力，它是外墙涂料的一项重要的性能。暴露在大气环境中的涂料，受到的灰尘污染有三类：第一类是沉积性污染，即灰尘自然沉积在涂料表面，污染程度与涂膜的平整度有关；第二类是侵入性污染，即灰尘、有色物质等随同水分浸入到涂膜的毛细孔中，污染程度与涂膜的致密性有关；第三类是吸附性污染，即由于涂膜表面带有静电或油污而吸引灰尘造成污染。其中以第二类污染对涂膜的影响最为严重。涂料的耐玷污性用涂膜经污染剂反复污染至规定次数后，对光的反射系数下降率的百分数表示，下降率越小，涂料的耐玷污性越好。

7. 耐候性

有机涂料的主要成膜物质在光、热、臭氧的长期作用下，会发生高分子的降解或交联，使涂料发黏或变脆、变色，失去原有的强度、柔韧性和光泽，最终导致涂膜的破坏。这种现象称为涂料的老化。涂料抵抗老化的能力称为耐候性。它通常用经给定的人工加速老化处理时间后，涂膜粉化、裂化、起鼓、剥落及变色等状态指标来表示涂料的耐候性。

8. 耐水性

涂料与水长期接触会产生起泡、掉粉、失光、变色等破坏现象。涂膜抵抗水的这种破坏作用的能力称为涂料的耐水性。涂料的耐水性用浸水试验法测定，即将已经实干的涂膜试件的 2/3 面积浸入(25±1)℃的蒸馏水或沸水中，达到规定时间后检查涂膜有无上述破坏现象。耐水性差的涂料不得用于潮湿的环境中。

9. 耐碱性

大多数建筑涂料是涂饰在水泥混凝土、水泥砂浆等含碱材料的表面上，在碱性介质的作用下涂膜会产生起泡、掉粉、失光和变色等破坏现象。因此，涂料必须具有一定的抵抗碱性介质破坏的能力，即耐碱性。涂料的耐碱性的测定方法为：将涂膜试样浸泡在 $Ca(HO)_2$ 饱和水溶液中一定时间后，检查涂膜表面是否产生上述破坏现象及破坏程度，用以评价涂料的耐碱性。

10. 耐刷洗性

耐刷洗性表示涂膜受水长期冲刷而不破坏的性能。涂料耐刷洗性的测定方法为：用浸有规定浓度肥皂水的鬃刷，在一定压力下反复擦刷试板的涂膜，刷至规定的次数，观察涂膜是否破损露出试板底色。外墙涂料的耐刷洗次数一般要求达 1000 次以上。

上述对涂膜的各项技术要求并非对所有的涂料都是必需的，如耐冻融性、耐玷污性、耐候性对于外墙涂料是重要的技术性能，但对内墙涂料则往往不做要求。此外，对于不同的涂料，还有一些特殊的技术要求，如对地面涂料要求具有较高的耐磨性，对高层建筑涂料则要求有耐冷热循环性及耐冲击性等。

7.7 建筑装饰涂料的选用原则

7.7.1 建筑装饰涂料的选用要点

建筑涂料直接关系到人类的健康和生存环境。首先，根据使用部位、环境，要选用无毒、无害或低毒无害的水性类、乳液型或溶剂型中低 VOC(有毒有害气体)环保型涂料。其次，要选用质量有信誉保障的品牌涂料，对非品牌涂料要深入了解其各项技术性能及质量保证书。最后，要考虑经济原则，选用的涂料品牌档次与装饰档次及其装饰材料相匹配。

7.7.2 根据不同部位选用装饰涂料

建筑装饰涂料的使用部位不同，所受的外界环境因素的作用也不同。如外墙长年经受风吹、日晒、雨淋、冻融和灰尘等作用；地面则经常受到摩擦、刻划、水洗等作用。因此，选用的涂料应具备相应的性能，以保证涂膜的装饰性和耐久性，即应按不同使用部位正确地选用涂料。

房间的功能不同，应选择相应特点的乳胶漆。如卫生间、地下室最好选择耐霉菌性较好的；厨房、浴室选择耐污渍及耐擦洗性较好的产品。如果居住环境较为潮湿，可选用防霉功能较佳的墙面漆，例如各品牌 5 合 1 乳胶漆、金装全效合一。如果家中有喜欢在墙上画画的小孩，容易清洗的墙面漆则最适合不过，例如各品牌第三代超耐洗或儿童乳胶漆都是不错的选择。

7.7.3 按基层材料选用建筑装饰涂料

基层材质有很多种，如混凝土、水泥砂浆、石灰砂浆、钢材和木材等，其组成和性质不同，对涂料的作用和要求也不同。选用涂料时，首先应考虑涂膜与基层材料的黏附力大小，黏附力大小与涂料组成和基层材料组成的关系极为密切，只有两者的黏附力较大时，才能保证涂膜的耐久和不脱落。有些基层材料具有较高的碱性，所以涂料必须具有较强的耐碱性。而钢铁构件易生锈，因而应选用防锈漆。另外，在强度很低的基层材料上也不宜使用强度高且涂膜收缩较大的涂料，以免造成基层剥落。因此，按基层材料正确选用涂料是获得良好装饰效果和耐久性的前提，选用时可参考表 7-6 所列。

表 7-6　按基层材质选用涂料

基层材质	水性涂料	水泥系涂料	无机涂料		乳液型涂料							溶剂型涂料							
	聚乙烯醇涂料	聚合物水泥涂料	硅酸盐系涂料	硅溶胶无机涂料	聚醋酸乙烯涂料	乙-丙乳液涂料	氯-偏共聚乳液	乙-偏涂料	苯-丙乳胶漆	丙烯酸脂乳胶漆	水乳型环氧树脂涂料	油漆	过氯乙烯	聚乙烯醇缩丁醛涂料	氯化橡胶涂料	丙烯酸脂涂料	聚氨脂系涂料	环氧树脂涂料	苯乙烯涂料
混凝土	√	☆	√	√	√	√	√	√	√	√	√	×	√	√	√	√	√	√	√
砂浆	√	☆	√	√	√	√	√	√	√	√	√	×	√	√	√	√	√	√	√
石棉水泥板	√	☆	√	√	√	√	√	√	√	√	√	√	√	√	√	√	√	√	√
石灰浆	☆	×	√	√	√	√	√	√	√	√	√	√	√	√	√	√	√	√	√
木材	×	×	×	×	√	√	√	√	√	√	√	☆	☆	☆	☆	☆	☆	☆	☆
金属	×	×	×	×	×	×	√	×	√	√	×	☆	☆	☆	☆	☆	☆	☆	☆

注：☆—优先选用，√—可以选用，×—不可选用。

知识链接

纳米涂料

1. 纳米涂料的概念

纳米技术是用原子和分子创制纳米级新物质的技术，纳米材料则是在纳米量级(1～100nm)范围内调控物质结构研制而成、具有优良理化性能的新材料。利用纳米技术及其材料生产的具有优异功能的新涂料叫纳米涂料。

2. 纳米涂料的特点

(1) 不含甲醛、苯类、铅、镉、铬等挥发、有害物质，无毒、洁净。传统涂料含有各种有机物，时间一长，易挥发，会释放出对人体有害的有机物，而纳米涂料利用纳米材料的吸附作用，能提高涂层周围的空气净度(减少 CO_2，产生负离子)。纳米负离子多元涂料和纳米抗菌涂料的一个显著特点是，克服了传统涂料对人体的严重伤害，具有抗菌、除臭等优点，并有自洁能力，是真正的绿色环保涂料。

(2) 比表面积、界面原子体积大，遮盖力高、附着力强、光洁度高、抗老化、不褪色。利用高科技产品纳米 Ag 系、纳米 SiO_2 作为载体，其表面、界面原子比率高，配位不全，不饱和键、悬键增多，活力、扩散力大，能吸收紫外光波，充分发挥其庞大的比表面积($700m^2/g$)、体积、覆盖面的表面、界面、量子效应，涂层固化、致密速度快，涂膜呈三维网络结构。耐候性强，能经日晒、雨淋、冰冻。纳米涂料分散性和相容性好，颗粒能深入墙体，因而比传统涂料具有强得多的黏附力，光洁度高。其耐洗刷性由从原来的一千多次提高到上万次，抗紫外光老化时间从原来的250小时提高到600小时，色鲜不褪。

(3) 具有优异的防藻、防潮、防霉、长效抗菌、防腐作用。当MFS350在水中的浓度为0.315%时，对葛兰氏阳性代表菌种与葛兰氏阴性代表菌种的抗菌能力就可以非常明显地表露出来，抑菌圈出现了 2～3mm。根据银的抗菌机理，Ag^+可以强烈地吸附在细菌中的蛋白酶上，并迅速与其结合在一起，使蛋白酶丧失活性，导致细菌死亡；当细菌死亡后，Ag^+由细菌中游离出来，再与其他菌落接触，这样的过程周而复始。因此，纳米涂料具有长久防菌、防霉、防腐的功能，其他传统涂料是绝对达不到此效果的。

总之，纳米涂料具有突出的质量、性能优势，价格比传统涂料高不了多少。经实际使用，效果优异，已投放市场，可逐步取代传统涂料，因而经济、环保效益巨大。

纳米涂料有七大特点。

① 自洁、耐污染、气味清新。

② 耐洗刷次数高(10 000～35 000次)。

③ 附着力强、韧性好，耐冲击，涂膜饱满均匀。

④ 抗菌防毒，苯系物(致癌物质)含量为零。

⑤ 有荷叶般的奇特疏水效果，使墙面更干爽清洁。

⑥ 超强的弹性功能，能弥补墙壁面的细腻裂痕。

⑦ 卓越的耐碱性，能够抵抗底材碱性的侵蚀。

本章小结

本章介绍了建筑涂料分类、组成、牌号、技术性质，较详细地介绍了各种外墙涂料和内墙涂料的种类、技术性能指标、特点以及主要使用场合。重点掌握各类涂料的技术性能指标及应用范围。学会建筑装饰涂料的选用方法。

实训指导书

了解涂料的种类、规格、品牌、价格和使用情况等。重点掌握内墙涂料和油漆的种类、规格、品牌、价格及施工工艺。

一、实训目的

让学生自主地到建筑装饰材料市场和建筑装饰施工现场进行考察或实训，了解内墙涂料和油漆的价格，熟悉其应用情况，能够掌握不同品牌内墙涂料和油漆的价格、使用要求及适用范围等。

二、实训方式

1. 建筑装饰材料市场的调查分析

学生分组：3～5 人一组，自主地到建筑装饰材料市场进行调查分析。

调查方法：学会以调查、咨询为主，认识不同品牌的内墙涂料和油漆、调查材料价格、收集材料样本、掌握材料的选用要求。

2. 建筑装饰施工现场装饰材料使用的调研

学生分组：10～15 人一组，由教师或现场负责人指导。

调查方法：结合施工现场和工程实际情况，在教师或现场负责人指导下，熟悉内墙涂料和油漆在工程中的使用情况和注意事项。

三、实训内容及要求

(1) 认真完成调研日记。
(2) 填写材料调研报告。
(3) 实训小结。

第8章

装饰木材

教学目标

通过本章内容的讲解，让学生了解木材分类及结构，以及各种木材装饰材料的种类；掌握木材基本性能，以及各种木材装饰材料及其制品的主要特点及质量要求；学会挑选各种木材装饰制品；了解木材防腐和防火的方法。

教学要求

能力目标	相关试验或实训	重　　点
能识别木地板的品种，正确选购木地板		★
能根据人造板材的性能和特点，正确识别与选购各种人造板材	到当地有关市场识别与选购各种人造板材	★
能正确选购常用的木装饰制品	到当地有关市场选购木地板、门窗套、木墙裙及木线等	★

引 例

木材应用于房屋建筑，已有悠久的历史，如图8.1所示，中国古建筑物的屋架、梁枋、雀替、门窗、屏风以及室内家具、陈设等。如图8.2所示，现代建筑中，木材主要广泛应用于建筑装饰工程中。如何根据建筑空间的功能、室内环境的创意、空间界面及家具与陈设的配置要求结合木材、人造木质板材的特性，如色泽、纹理、质感及技术指标等要素合理选用木材及其制品。

图8.1 传统的木构件

图8.2 现代的木装修

8.1 木材的基本知识

木材是人类最早使用的一种建筑材料，时至今日，在建筑工程中仍占有一定的地位。由于它有美观的天然纹理，装饰效果较好，所以仍被广泛用作装饰与装修材料。木材由于具有构造不均匀、各向异性、易吸湿变形、易腐易燃等缺点，且树木生长周期缓慢、成材不易等原因，在应用上受到了很多限制，所以对木材料的节约使用和综合利用就显得十分重要。

8.1.1 木材的分类

1. 按树种分类

木材是由树木加工而成的，树木的种类不同，木材的性质及应用就不一样。一般树木分为针叶树和阔叶树。

(1) 针叶树木材。针叶树树干通直高大，表观密度小，质软，纹理直，易加工。针叶树木材胀缩变形较小，强度较高，常含有较多的树脂，较耐腐朽。针叶树木材料是主要的建筑用材，广泛用作各种构件、装修和装饰部件。常用的有落叶松、云杉、冷杉、杉木、柏木等树种。

(2) 阔叶树木材。阔叶树树干通直部分一般较短，大部分树种的表观密度大，质硬。这种木材较难加工，胀缩大，易翘曲、开裂，建筑上常用作尺寸较小的零部件。有的硬木经加工后，出现美丽的纹理，适用于室内装修，制作家具和胶合板等。常用的树种有柚木、榉木、水曲柳、樟木、桦木等。

2. 按加工程度和用途分类

木材按加工程度和用途的不同，可分为原木、杉原条、板方材等。

(1) 原木。原木是指已经除去根、皮、树梢的木材，并已按一定尺寸加工成规定长度和直径的木材，主要用于建筑工程桩木、胶合板等。

(2) 杉原条。杉原条是指已经去除根、皮、树梢的木料，但尚未按一定尺寸加工成规定的木材，主要用于建筑脚手架、小型用材、家具等。

(3) 板方材。板方材是指已经加工锯解成材的木料，一般用于建筑工程、桥梁、家具等。

8.1.2 木材的力学性质

木材的力学性能是指木材抵抗外力的能力。木构件在外力作用下，在构件内部单位截面积上所产生的内力，称为应力。木材抵抗外力破坏时的应力，称为木材的极限强度。根据外力在木构件上作用的方向、位置不同，木构件的工作状态分为受拉、受压、受弯、受剪等。

1. 抗压强度

木材的抗压强度有横纹抗压强度和顺纹抗压强度两种。

(1) 横纹抗压强度。即外力与木材纤维方向相垂直的抗压强度。木材的横纹抗压强度远小于顺纹抗压强度。

(2) 顺纹抗压强度。即外力与木材纤维方向相平行的抗压强度。由木材标准小试件测得的顺纹抗压强度，约为顺纹抗拉强度的 40%～50%。由于木材的缺陷对顺纹抗压的影响很少，因此，木构件的受压工作要比受拉工作可靠得多。屋架中的斜腹杆、木柱、木桩等均为顺纹受压构件。

2. 抗拉强度

木材的抗拉强度有顺纹抗拉强度和横纹抗拉强度两种。

(1) 顺纹抗拉强度。即外力与木材纤维方向相平行的抗拉强度。由木材标准小试件测得的顺纹抗拉强度，是所有强度中最大的。但是，节子、斜纹、裂缝等木材缺陷对抗拉强度的影响很大。因此，在实际应用中，木材的顺纹抗拉强度反而比顺纹抗压强度低。木屋架中的下弦杆、竖杆均为顺纹受拉构件。工程中，对于受拉构件应采用选材Ⅰ等材。

(2) 横纹抗拉强度。即外力与木材纤维方向相垂直的抗拉强度。木材的横纹抗拉强度远小于顺纹抗拉强度。对于一般木材，其横纹抗拉强度约为顺纹抗拉强度的 1/4～1/10。所以，在承重结构中不允许木材横纹承受拉力。

3. 抗弯强度

木材的抗弯强度介于横纹抗压强度和顺纹抗压强度之间。木材受弯时，在木材的横截面上有受拉区和受压区。

梁在工作状态时，截面上部产生顺纹压应力，截面下部产生顺纹拉应力，且越靠近截面边缘，所受的压应力或拉应力也越大。由于木材的缺陷对受拉影响大，对受压影响小，因此，对大梁、搁栅、檩条等受弯构件，不允许在其受拉区内存在节子或斜纹等缺陷。

4. 抗剪强度

外力作用于木材，使其一部分脱离邻近部分而滑动时，在滑动面上单位面积所能承受的外力，称为木材的抗剪强度。木材的抗剪强度有顺纹抗剪强度、横纹抗剪强度和剪断强度3种。

(1) 顺纹抗剪强度。即剪力方向和剪切面均与木材纤维方向平行时的抗剪强度。木材顺纹受剪时，绝大部分是破坏在受剪面中纤维的联结部分，因此，木材的顺纹抗剪强度比较小。

(2) 横纹抗剪强度。即剪力方向与木材纤维方向相垂直，而剪切面与木材纤维方向平行时的抗剪强度。木材的横纹抗剪强度只有顺纹抗剪强度的1/2左右。

(3) 剪断强度。即剪力方向和剪切面都与木材纤维方向相垂直时的抗剪强度。木材的剪断强度约为顺纹抗剪强度的3倍。

木材的裂缝如果与受剪面重合，将会大大降低木材的抗剪承载能力，常为构件结合破坏的主要原因。这种情况在工程中必须避免。

为了增强木材的抗剪承载能力，可以增大剪切面的长度或在剪切面上施加足够的压紧力。

5. 影响因素

木材强度除因树种、产地、生产条件与时间、部位的不同而变化外，还与含水率、温度、负荷时间及缺陷有很大的关系。

(1) 含水率的影响。当木材含水率低于纤维饱和点时，含水率愈高，则木材强度愈低；当木材含水率高于纤维饱和点时，含水率的增减，只是自由水变更，而细胞壁不受影响，因此，木材强度不变。试验表明，含水率的变化，对受弯、受压影响较大，受剪次之，而对受拉影响较小。

(2) 温度的影响。温度升高时，木材的强度将会降低。当温度由25℃升高到50℃时，针叶对的抗拉强度降低10%～15%，抗压强度降低20%～24%；当温度超过140℃时，木材颜色逐渐变黑，其强度显著降低。

(3) 负荷时间的影响。木材对长期荷载与短期荷载的抵抗能力是不同的。木材在长期荷载作用下，不致引起破坏的最大应力称为持久强度。木材的持久强度比木材标准小试件测得的瞬时强度小得多，一般为瞬时强度的50%～60%。

在实际结构中，荷载总是全部或部分长期作用在结构上。因此，在计算木材的承载能力时，应以木材的长期强度为依据。

(4) 木材缺陷的影响。缺陷对木材各种受力性能的影响是不同的。木节对受拉影响较大，对受压影响较小，对受弯则视木节位于受拉区还是受压区而不同，对受剪影响很小。斜裂纹将严重降低木材的顺纹抗拉强度，抗弯次之，对顺纹抗压影响较小。裂缝、腐朽、虫害会严重影响木材的力学性能，甚至使木材完全失去使用价值。

8.1.3 木材的物理性质

木材的物理性质对木材的选用和加工有非常重要的意义。

1. 含水率

木材的含水率指木材中所含水的质量占干燥木材质量的百分比。木材内部所含水分，可以分为以下3种。

(1) 自由水。指存在于细胞腔和细胞间隙中的水分。自由水影响木材的表观密度、保存性、燃烧性、干燥性和渗透性。

(2) 吸附水。指吸附在细胞壁内的水分。其含量的大小是影响木材强度和胀缩的主要因素。

(3) 化合水。木材化学成分中的结合水，对木材的性能无太大影响。

当木材中细胞壁内被吸附水充满，而细胞腔与细胞间隙中没有自由水时，该木材的含水率被称为纤维饱和点。纤维饱和点因树种而异，一般为25%～35%，平均值约为30%。

纤维饱和点的重要意义在于它是木材物理力学性能发生改变的转折点，是木材含水率是否影响其强度和干缩湿胀的临界值。

干燥的木材能从周围的空气中吸收水分，潮湿的木材也能在干燥的空气中失去水分。当木材的含水率与周围空气相对湿度达到平衡状态时，此含水率称为平衡含水率。平衡含水率随周围环境的温度和相对温度而改变。

新伐木材含水率常在35%以上，风干木材含水率为15%～25%，室内干燥的木材含水率常为8%～15%。

2. 密度和表观密度

(1) 密度。不同树种木材的密度相差不大，平均为1550kg/m^3。

(2) 表观密度。木材的表观密度因树种不同而不同。中国木材中密度最小的是台湾的二色轻木，表观密度只有 186kg/m^3；密度最大的木材是广西的蚬木，表观密度高达 1125 kg/m^3。大多数木材的表观密度在400～600 kg/m^{3}范围内，平均为500 kg/m^3。一般将表观密度小于400 kg/m^{3}的木材称为轻材，表观密度在500～800 kg/m3的木材称为中等材，而将表观密度大于800 kg/m^{3}的木材称为重材。

3. 湿胀干缩

木材具有显著的湿胀干缩特征。当木材的含水率在纤维饱和点以上时，含水率的变化并不改变木材的体积和尺寸，因为只是自由水在发生变化。当木材的含水率在纤维饱和点以内时，含水率的变化会由于吸附水而发生变化。

当吸附水增加时，细胞壁纤维间距离增大，细胞壁厚度增加，则木材体积膨胀，尺寸增加，直到含水率达到纤维饱和点时为止。此后木材含水率继续提高，也不再膨胀。当吸附水蒸发时，细胞壁厚度减小，则体积收缩，尺寸减小。也就是说，只有吸附水的变化，才能引起木材的变形，即湿胀干缩。

木材的湿胀干缩因树种不同而有差异，一般来讲，表观密度大、夏材含量高者胀缩性较大。

由于木材构造不均匀，各方向的胀缩也不一致，同一木材弦向胀缩最大，径向其次，纤维方向最小。木材干燥时，弦向收缩约为6%～12%，径向收缩约为3%～6%，顺纤维纵向收缩仅为0.1%～0.35%。弦向胀缩最大，主要是受髓线影响所致。

木材的湿胀干缩对其使用影响较大，湿胀会造成木材凸起，干缩会导致木结构连接处松动。如长期湿胀交替作用，会使木材产生翘曲开裂。为了避免这种情况，通常在加工使用前将木材进行干燥处理，使木材的含水率达到使用环境湿度下的平衡含水率。

8.2 常用木材及其质量要求

8.2.1 针叶树锯材

1. 种类

针叶树主要包括红松、马尾松、落叶松、云杉、冷杉、杉木、柏木、铁杉、樟子松、华山松、云南松及其他针叶树种。

2. 规格尺寸

(1) 长度：1～8m。

(2) 长度进级：自2m以上按0.2m进级，不足2m的按0.1m进级。

(3) 板材、方材规格：板材、方材规格尺寸见表8-1。

表8-1 板材、方材规格尺寸 (单位：mm)

<table>
<tr><th rowspan="2">分　类</th><th rowspan="2">厚　度</th><th colspan="2">宽　度</th></tr>
<tr><th>尺寸范围</th><th>进　级</th></tr>
<tr><td>薄板</td><td>12，15，18，21</td><td rowspan="3">30～300</td><td rowspan="3">10</td></tr>
<tr><td>中板</td><td>25，30，35</td></tr>
<tr><td>厚板</td><td>40，45，50，60</td></tr>
<tr><td>方材</td><td colspan="3">25×20，25×25，30×30，40×30，60×40，60×50，100×55，100×60</td></tr>
</table>

注：表中未列规格尺寸由供需双方协议商定。

3. 技术要求

《针叶树锯材》(GB/ T 153—2009)规定针叶树锯材的质量技术要求如下。

(1) 尺寸偏差。针叶树锯材的尺寸偏差见表8-2。

表8-2 尺寸允许偏差

<table>
<tr><th>种　类</th><th>尺寸范围</th><th>偏　差</th></tr>
<tr><td rowspan="4">长　度</td><td rowspan="2">不足2.0m</td><td>+3cm</td></tr>
<tr><td>−1cm</td></tr>
<tr><td rowspan="2">自2.0m以上</td><td>+6cm</td></tr>
<tr><td>−2cm</td></tr>
<tr><td rowspan="2">宽度、厚度</td><td>不足30mm</td><td>±1mm</td></tr>
<tr><td>自30mm以上</td><td>±2mm</td></tr>
</table>

(2) 材质指标。针叶树锯材分为特等、一等、二等和三等4个等级，各等级材质指标见表8-3。长度不足1m的锯材不分等级，其缺陷允许限度不低于三等材。

表 8-3 针叶树锯材材质指标

检量缺陷名称	检量与计算方法	允许限度			
		特等	一等	二等	三等
活节及死节	最大尺寸不得超过板宽的	15%	30%	40%	不限
	任意材长 1m 范围内个数不得超过	4	8	12	
腐　朽	面积不得超过所在材面面积的	不允许	2%	10%	30%
裂纹夹皮	长度不得超过材长的	5%	10%	30%	不限
虫　眼	任意材长 1m 范围内个数不得超过	1	4	15	不限
钝　棱	最严重缺角尺寸不得超过材宽的	5%	10%	30%	40%
弯　曲	横弯最大拱高不得超过内曲水平长的	0.3%	0.5%	2%	3%
	顺变最大拱高不得超过内曲水平长的	1%	2%	3%	不限
斜　纹	斜纹倾斜程度不得超过	5%	10%	20%	不限

8.2.2 阔叶树锯材

1. 种类

阔叶树主要包括柞木、麻栎、榆木、杨木、槭木(色木)、桦木、泡桐、青冈、荷木、枫香、槠木及其他阔叶树种。

2. 规格尺寸

(1) 长度：1～6m。

(2) 长度进级：自 2m 以上按 0.2m 进级，不足 2m 的按 0.1m 进级。

3. 技术要求

《阔叶树锯材》(GB/T 4817—2009)规定阔叶树锯材的质量技术要求如下。

(1) 尺寸偏差。阔叶树锯材的尺寸偏差，见表 8-2。

(2) 材质指标。阔叶树锯材分为特等、一等、二等和三等 4 个等级，各等级材质指标见表 8-4。

表 8-4 阔叶树锯材材质指标

缺陷名称	检量与计算方法	允许限度			
		特等	一等	二等	三等
死　节	最大尺寸不得超过板宽的	15%	30%	40%	不限
	任意材长 1m 范围内个数不得超过	3	6	8	
腐　朽	面积不得超过所在材面面积的	不允许	2%	10%	30%
裂纹夹皮	长度不得超过材长的	10%	15%	40%	不限
虫　眼	任意材长 1m 范围内个数不得超过	1	2	8	不限
钝　棱	最严重缺角尺寸不得超过材宽的	5%	10%	30%	40%
弯　曲	横弯最大拱高不得超过内曲水平长的	0.5%	1%	2%	4%
	顺变最大拱高不得超过内曲水平长的	1%	2%	3%	不限
斜　纹	斜纹倾斜程度不得超过	5%	10%	20%	不限

注：长度不足 1m 的锯材不分等级，其缺陷允许限度不低于三等材。

8.2.3 小径原木

1. 种类

小径原木包括所有的针叶树材、阔叶树材树种。

2. 规格尺寸

(1) 检尺长：2～6m，按0.2m进级。长级公差：允许-2～+6cm。

(2) 检尺径：东北、内蒙古地区4～16cm，其他地区4～13cm。4～13cm按1cm进级，14～16cm按2cm进级。

3. 技术要求

《小径原木》(GB/T 11716—2009)规定小径原木的质量技术要求，见表8-5。

表8-5 小径原木的质量技术要求

缺陷名称	允许限度		
漏节	全材长范围内的个数不得超过		1个
边材腐朽	腐朽厚度不得超过检尺径的		10%
心材腐朽	腐朽直径不得超过检尺径的	小头	不许有
		大头	20%
虫眼	任意材长1m范围内的个数不得超过		10个
弯曲	最大拱高不得超过检尺的	2～3.8m	3%
		4～6m	4%

注：本表未列缺陷不计。

8.2.4 特级原木

1. 种类

特级原木包括红松、云杉、沙松、樟子松、华山松、柏木、杉木、落叶松、马尾松、水曲柳、核桃楸、檫木、黄樟、香椿、楠木、榉木、槭木、麻栎、柞木、青冈、荷木、红锥、榆木、椴木、枫桦、西南桦、白桦等树种。

2. 规格尺寸

(1) 尺寸规格见表8-6。

表8-6 特级原木尺寸规格

树　　种	检尺长/m	检尺径/cm
针叶树	4～6	自24以上(柏木、杉木自20以上)
阔叶树	2～6	自24以上

(2) 检尺长按0.2m进级，长级公差：0～+6cm。

(3) 检尺径按2cm进级。

3. 技术要求

《特级原木》(GB/T 4812—2006)规定特级原木的质量技术要求，见表8-7。

表8-7 特级原木的质量技术要求

<table>
<tr><th rowspan="2">缺陷名称</th><th colspan="2">允许限度</th></tr>
<tr><th>针叶树</th><th>阔叶树</th></tr>
<tr><td rowspan="2">活节、死节</td><td colspan="2">任意1m材长范围内，节子直径不超过检尺径的15%</td></tr>
<tr><td>2个</td><td>1个</td></tr>
<tr><td>树包(隐生节)</td><td colspan="2">全材长范围内凸出原木表面高度不超过30mm的允许：1个</td></tr>
<tr><td>心材腐朽</td><td colspan="2">腐朽直径不得超过检尺径：
小头　不允许
大头　10%</td></tr>
<tr><td>边材腐朽</td><td colspan="2">距大头端面1m范围内，大头边腐厚度不得超过检尺径的5%，边材腐朽弧长不得超过该断面圆周的1/4，其他部位不允许</td></tr>
<tr><td>裂　纹</td><td colspan="2">纵裂长度不得超过检尺长的：
杉木　15%
其他树种　10%
贯通断面开裂不允许
断面弧裂拱高或环裂半径不得超过检尺径的20%
断面的环裂、弧裂的裂缝在25cm^{2}的正方形中允许有2条(裂纹没有起点限制)</td></tr>
<tr><td>劈　裂</td><td colspan="2">大头及小头劈裂脱落厚度不得超过同方向直径的5%</td></tr>
<tr><td rowspan="2">弯　曲</td><td colspan="2">最大拱高与该段内弯曲水平长相比不得超过</td></tr>
<tr><td>1%</td><td>1.5%</td></tr>
<tr><td>扭转纹</td><td colspan="2">小头1m长范围内，倾斜高度不得超过检尺径的10%</td></tr>
<tr><td>偏　心</td><td colspan="2">小头断面中心与髓心之间距离不得超过检尺径的10%</td></tr>
<tr><td>外　伤</td><td colspan="2">径向深度不得超过检尺径的10%</td></tr>
<tr><td>外夹皮</td><td colspan="2">距大头商面1m范围内，长度不得超过检尺长的10%，其他部位不允许</td></tr>
<tr><td>抽　心</td><td colspan="2">小头断面不允许
大头抽心直径不得超过检尺径的10%</td></tr>
<tr><td>虫　眼</td><td colspan="2">全材长范围内及端面自3mm以上的均不允许</td></tr>
</table>

注：除本表所列缺陷外，如漏节、树瘤、偏枯、风折木、双心，在全材长范围内均不允许，其他未列入缺陷不计。

装饰木材的挑选

购买装饰木材勿忘“三看”

一是要看是否正宗产品。制假者多将国产板假冒进口板，低等级板假冒高等级板销售，尤其是冒充国际名牌。用户购板时首先要认清整件包装上商标、厂址、等级和防伪标识，确认真实后再看质量，低劣板四周多有毛刺，而正宗板则整齐光滑，且夹层匀称密实，板面平整，色泽一致，很少有节眼和接补。刨花板、中密度板和塞比利板也有多种厚度和等级，价格差异较大。好板材不仅厚而且密实，在水中不易膨胀变形。

二是原木料要看质量是否可靠。市场上假冒原木料泛滥，其手段可谓五花八门，消费者购买时要在确认货真价实后再买。成材木料应是经过烘干处理的优质材，不弯曲变形，无断裂腐朽，木纹斜度小，无树脂痕、白斑和蜂窝眼且节子小而少。

三是木材半成品料要看用材是否一致。一些不法厂商利用人们喜购不油漆的半成品木料之机，掺杂使假，表面用好料，背面和夹层里用差料，更有甚者让你看样是好货，交钱提货是差货，这些情况木地板、木门窗、木墙裙、木线条、格栅等选购时较多出现。用户在购买这类材料时，一定要检查仔细，不仅里外要一致，还要外表层与内芯一致，尤其是成捆的线条和地板，防止中间夹短料、夹差料。门窗要加工精细接合牢靠，应多运用榫接合，少用钉结合。

8.3 人造板材

人造板材是目前在建筑装饰工程中使用量最大的一种材料。在当前我国可采伐森林资源日渐短缺的情况下，充分利用林业"剩余物"、"次小材"和人工速生丰产商品林等资源发展人造板以替代大径级木材产品，对保护天然林资源、保护环境，满足经济建设和社会发展，有着十分重要的意义。凡以木材为主要原料或以木材加工过程中剩下的边皮、碎料、刨花、木屑等废料进行加工处理而制成的板材，通常称为"人造板材"。人造板材主要包括胶合板、刨花板、纤维板、细木工板、木丝板和木屑板等。

8.3.1 胶合板

1. 胶合板分类

胶合板是用原木旋切成薄片，再用胶粘剂按奇数层数，以各层纤维互相垂直的方向黏合热压而成的人造板材。我国常用的原木主要有桦木、杨木、水曲柳、松木、椴木、马尾松及部分进口原木。

胶合板板材幅面大，易于加工；板材的纵向和横向的抗拉、抗剪强度均匀，适应性强；板面平整，收缩性小，不翘不裂；板面具有美丽的木纹，是装饰工程中使用最频繁、数量最大的板材，既可以做饰面板的基材，又可以直接用于装饰面板，能获得天然木材的质感。

胶合板的分类见表8-8。

表8-8 胶合板的分类

分类方法	内　容
按构成分	(1) 单板胶合板。 (2) 木芯胶合板；①细木工板；②层积板。 (3) 复合胶合板
按外形和形状分	平面的胶合板，成型的胶合板
按耐久性分	(1)干燥条件下使用的胶合板 (2)潮湿条件下使用的胶合板 (3)室外条件下使用的胶合板
按表面加工状况分	未砂光板、砂光板、预饰面板、贴面板(装饰单板、薄膜、浸渍纸等)
按用途分	普通胶合板、特种胶合板

1) 普通胶合板

胶合板的层数应为奇数，按胶合板的层数，可分为三夹(厘)板、五夹(厘)板、七夹(厘)板和九夹(厘)板，其中三夹(厘)板、五夹(厘)板最为常用。其厚度规格为 2.7mm、3.0mm、3.5mm、4.0mm、5.0mm、5.5mm、6.0mm 等，自 6mm 起按 1mm 递增；厚度小于或等于 4mm 为薄胶合板。胶合板的幅面尺寸最为常见的是 2440mm×1220mm。

2) 细木工板

细木工板又称大芯板，是建筑装饰用人造板的主要品种之一。它是以原木条为芯，外贴面材加工而成的木材型材。细木工板具有密度小、变形小、强度高、尺寸稳定性好、握钉力强等优点，因此是家庭装修中墙体、顶部装修和制作家具必不可少的木材制品。

细木工板的中间木条材质一般有杨木、桐木、杉木、柳安、白松等。按表面加工状态不同，可分为一面砂光、两面砂光和不砂光 3 种；按所使用的胶合剂不同，可分为Ⅰ类胶细木工板、Ⅱ类胶细木工板；按面板材质和加工工艺质量不同，可分为一等、二等、三等 3 个等级。优质产品板面平整光滑、无脱胶、砂伤、压痕，厚度偏差小，锯开后无明显空芯。

3) 装饰单板贴面胶合板

装饰单板贴面胶合板(又称装饰面板)是用天然木质装饰单板贴在胶合板上制成的人造板。装饰单板是用优质木材经刨切或旋切加工方法制成的薄木片。装饰单板贴面胶合板是室内装修最常使用的材料之一。由于该产品表层的装饰单板是用优质木材经刨切或旋切加工方法制成的，所以比胶合板具有更好的装饰性能。在建筑装饰工程常用作装饰贴面，经过清水油漆后可显示木纹路的天然质朴、自然高贵，可以营造出与人有最佳亲和高雅的居室环境。

单板贴面胶合板按装饰面可分为单面装饰单板贴面胶合板和双面装饰单板贴面胶合板；按耐水性能可分为Ⅰ类装饰单板贴面胶合板、Ⅱ类装饰单板贴面胶合板和Ⅲ类装饰单板贴面胶合板；按装饰单板的纹理可分为径向装饰单板贴面胶合板和弦向装饰单板贴面胶合板。常见的是单面装饰单板贴面胶合板。装饰单板常用的材种有桦木、水曲柳、柞木、水青岗、榆木、核桃木等。

2. 幅面尺寸

胶合板的幅面尺寸按表 8-9 规定。

表 8-9 胶合板的幅面尺寸 (单位：mm)

宽度	长度				
	915	1220	1830	2135	2440
915	915	1220	1830	2135	—
1220	—	1220	1830	2135	2440

注：特殊尺寸由供需双方协议。

3. 通用技术条件

1) 普通胶合板通用技术条件

《胶合板 第 3 部分：普通胶合板通用技术条件》(GB/T 9846.3—2004)规定普通胶合板如下：

(1) 分类。

普通胶合板分为3类。

① Ⅰ类胶合板，即耐气候胶合板，供室外条件下使用，能通过煮沸试验。

② Ⅱ类胶合板，即耐水胶合板，供潮湿条件下使用，能通过(63±3)℃热水浸渍试验。

③ Ⅲ类胶合板，即不耐潮湿胶合板，供干燥条件下使用，能通过干状试验。

(2) 技术要求。

① 普通胶合板的物理力学性能，见表8-10。

表8-10　普通胶合板的物理力学性能

项　目	内　容
含水率	(1) 胶合板出厂时的含水率应符合表8-11的规定。 (2) 含水率测定应按《人造板及饰面人造板理化性能试验方法》(GB/T 17657—1999)规定进行。 (3) 当测试试件的平均含水率符合表8-11要求时，判该批胶合板的含水率为合格；如不符，允许重新抽样对其复检再判其合格与否
胶合强度	(1) 各类胶合板的胶合强度指标值应符合表8-12的规定。 (2) 胶合强度测定应按《人造板及饰面人造板理化性能试验方法》(GB/T 17657—1999)规定进行。 (3) 对用不同树种搭配制成的胶合板的胶合强度指标值，应取各树种中胶合强度指标值要求最小的指标值。 (4) 确定厚芯单板结构的胶合强度换算系数时，应根据单板的公称厚度。 (5) 其他国产阔叶树材或针叶树材制成的胶合板，其胶合强度指标值可根据其密度分别比照表8-12所规定的椴木、水曲柳或马尾松的指标值；其他热带阔叶树材制成的胶合板，其胶合强度指标值可根据树种的密度比照表8-12的规定，密度自0.6g/cm^{3}以下的采用柳安的指标值，超过的则采用阿必东的指标值。供需双方对树种的密度有争议时，按《木材密度测定方法》(GB/T 1933—2009)规定测定。 (6) 如测定胶合强度试件的平均木材破坏率超过80%时，则其胶合强度指标值可比表8-12所规定的指标值低0.20MPa。 (7) 测试结果的判断，应按以下规定进行。 符合胶合强度指标值规定的试件数等于或大于有效试件总数的80%时，该批胶合板的胶合强度判为合格。小于60%，则判为不合格。如符合胶合强度指标值要求的试件数等于或大于有效试件总数的60%时，但小于80%时，允许重新抽样进行复检，其结果符合该项性能指标值要求的试件数等于或大于有效试件总数的80%时，判其为合格；小于80%时，则判其为不合格

表8-11　胶合板的含水率值　　(单位：%)

胶合板材种	Ⅰ、Ⅱ类	Ⅲ类
阔叶树材(含热带阔叶树材)	6～14	6～16
针叶树材		

表 8-12 胶合强度指标值 (单位：MPa)

树种名称或木材名称或国外商品名称	类别	
	Ⅰ、Ⅱ类	Ⅲ类
椴木、杨木、拟赤杨、泡桐、橡胶木、柳安、奥克榄、白梧桐、异翅香、海棠木	≥0.70	0.70
水曲柳、荷木、枫香、槭木、榆木、柞木、阿必东、克隆、山樟	≥0.80	
桦木	≥1.00	
马尾松、云南松、落叶松、云杉、辐射松	≥0.80	

② 甲醛释放量。

a．室内用胶合板的甲醛释放量应符合表 8-13 的规定。

表 8-13 胶合板的甲醛释放限量

级别标志	限量值(mg/L)	备 注
E_0	≤0.5	可直接用于室内
E_1	≤1.5	可直接用于室内
E_2	≤5.0	必须饰面处理后可允许用于室内

b．甲醛释放量测定应按《人造板及饰面人造板理化性能试验方法》(GB/T 17657—1999)规定进行。

c．当测试试件的甲醛释放量限量值(平均值)符合表 8-13 规定的某级别时，判该批胶合板甲醛释放量为某级别。当其限量值不符合表 8-13 规定的某级别时，则判该批胶合板的甲醛释放量为不符合某级别。

③ 外观分等。

a．普通胶合板按成品板上可见的材质缺陷和加工缺陷的数量和范围分成 3 个等级，即优等品、一等品和合格品。这 3 个等级的面板均砂(刮)光，特殊需要的可不砂(刮)光或两面砂(刮)光。

b．普通胶合板的各个等级主要按面板上的允许缺陷进行确定，并对背板、内层单板和允许缺陷及胶合板的加工缺陷加以限定。

c．除本部分规定的各等级普通胶合板的面板组合外，还可按用户需要，生产两个表面各为某一等级面板所组合的胶合板。

d．一般通过目测胶合板上的允许缺陷来判定其等级。

④ 拼接要求。

a．优等品的面板应使用旋切光洁的单板，板宽在 1220mm 以内的，其面板应为整张板或用两张单板在大致位于板的正中进行拼接，拼缝应严密。优等品的面板拼接时应适当配色且纹理相似。

b．一等品的面板拼接应密缝，木色相近且纹理相似，拼接单板的条数不限。

c．合格品的面板及各等级品的背板，其拼接单板条数不限。

d．各等级品的面板的拼缝均应大致平行于板边。

⑤ 修补。

a. 对死节、孔洞和裂缝等缺陷，应用腻子填平后砂光进行修补。

b. 补片和补条应采用与制造胶合板相近的胶粘剂进行胶粘。补片和补条的颜色各纹理，以及填料的颜色应与四周木材适当相配。

特 别 提 示

如何挑选胶合板

选择胶合板要注意以下几点。

(1) 夹板有正反两面的区别。挑选时，胶合板要木纹清晰，正面光洁平滑，不毛糙，要平整无滞手感。

(2) 胶合板不应有破损、碰伤、硬伤、疤节等疵点。

(3) 胶合板无脱胶现象。

(4) 有的胶合板是将两个不同纹路的单板贴在一起制成的，所以在选择上要注意夹板拼缝处应严密，没有高低不平现象。

(5) 挑选夹板时，应注意挑选不散胶的夹板。如果手敲胶合板各部位时，声音发脆，则证明质量良好，若声音发闷，则表示夹板已出现散胶现象。

(6) 挑选胶合饰面板时，还要注意颜色统一，纹理一致，并且木材色泽与家具油漆颜色相协调。

2) 细木工板通用技术条件

细木工板的质量应符合《细木工板》(GB/T 5849—2006)对产品技术性能要求的规定，同时应符合国家标准《室内装饰装修材料　人造板及其制品中甲醛释放限量》(GB 18580—2001)的规定。细木工板的尺寸规格和技术性能，见表 8-14。

表 8-14　细木工板的尺寸规格、技术性能

长度/mm						宽度/mm	厚度/mm	技术性能
915	1220	1520	1830	2135	2440		16 19 22 25	含水率：(10±3)% 静曲强度(MPa)： 厚度为 16mm，不低于 15；厚度＜16mm，不低于 12。胶层剪切强度不低于 1MPa
915	—	—	1830	2135	—	915		
—	1220	—	1830	2135	2440	1220		

注：《室内装饰装修材料　人造板及其制品中甲醛释放限量》(GB 18580—2001)规定细木工板的甲醛释放限量应达到：

E1 级≤1.5mg/L，E2 级≤5.0mg/L。

特 别 提 示

如何挑选大芯板

大芯板又称细木工板，几乎每一个家装工程都能用得到。大芯板质量的好坏也直接影响装饰的效果，下面讲一下挑选大芯板要注意的几个问题。

(1) 最好选择机拼板。大芯板的中间夹层为实木木方，制作时有手工拼装和机器拼装两种，机器拼装的板材拼缝更均匀。

(2) 板缝最好不超过 3mm。中间夹板的木方间距越小越好，最大不能超过 3mm，检验时可锯开一段板。

(3) 中间夹层的材质最好为杨木和松木，不能是硬杂木，因为硬杂木不“吃钉”。

(4) 表面砂光度。优质的大芯板是用双面砂光，用手摸时手感非常光滑。

(5) 含水率。北京地区木材含水率应为8%～12%，优质大芯板为蒸气烘干，含水率可达标；劣质大芯板含水率常不达标。

(6) 环保指标。大芯板是用胶复合而成的，胶的有害成分主要是甲醛，其含量应低于50mg/kg。有少量品牌，胶为非甲醛类，其甲醛含量完全达标。要看检验报告，按照大芯板边上标注的查询电话进行确认。

(7) 不能光看外观，选购有品牌的产品才更有品质保障。货比三家，相信"一分价钱一分货"的道理，一方面结合自己的经济实力；另一方面也不要轻信某些厂家名牌低价的神话。

3) 单面胶合板通用技术条件

《装饰单板贴面人造板》(GB/T 15104—2006)对装饰单板贴面胶合板在外观质量、加工精度、物理力学性能3个方面规定了指标。其物理力学性能指标有含水率、表面胶合强度、浸渍剥离特性等。

(1) 国家标准规定装饰单板贴面胶合板的含水率指标为6%～14%。

(2) 表面胶合强度反映的是装饰单板层与胶合板基材间的胶合强度。国家标准规定该项指标应不小于50MPa，且达标试件数不小于80%。若该项指标不合格，说明装饰单板与基材胶合板的胶合质量较差，在使用中可能造成装饰单板层开胶鼓起。

(3) 浸渍剥离性反映的是装饰单板贴面胶合板各胶合层的胶合性能。该项指标不合格说明板材的胶合质量较差，在使用中可能造成开胶。

(4) 甲醛释放限量。《室内装饰装修材料　人造板及其制品中甲醛释放限量》(GB 18580—2001)中规定装饰单板贴面胶合板甲醛释放限量应达到：E1级不大于1.5mg/L，E2级不大于5.0mg/L。

特别提示

如何选购合适的贴面板

选购贴面板的质量优劣，可以从以下4个方面着手，这也是衡量贴面板好坏的4大标准。

1. 表皮(薄片)厚度

薄片越厚，耐用性能越好。油漆施工后实木感强，纹理清晰，色泽鲜艳饱和。薄片厚度的鉴别方法为观察板边有无砂透、有无渗胶，涂水试验有无出现泛青、透底等现象，如果存在上述问题，则通常表皮较薄。

2. 底板材质

底板材质以柳桉木为佳，而市场上多是杨木芯的。要具体判定：一看底板的质量密度，重者大都为柳桉木或其他硬杂木，轻者为杨木；二看中板颜色，很均匀的白色或中板经染色掩盖处理的一般为杨木；三看板是否翘曲变形，能否垂直竖立，自然平放即发生翘曲或板质松软不挺括、无法竖立者即为劣质底板。

3. 制造工艺

制造工艺可从薄片刨切及拼接复贴、拼缝处理、缺陷修补工艺、砂光缺陷、底板缺陷及其他外观损伤、污染等几方面去判断。一般以视力正常者在1～1.5m距离目测，无影响装饰美观的工艺缺陷、底板缺陷、人为损伤、污染者为优等，明显可视者及较严重缺陷者一般降为一级或合格。

4. 板面美观及装饰性

板面纹理清晰且排布规则、美观、色泽协调者为优，色泽不协调，出现有损美观的不规则色差，乃至变色、发黑者则要视其严重程度降为一等或合格。天然缺陷如黑点、节疤等，一般在正常光源下，由视力正常者在1.5～2m距离目测，看不到有损美观装饰性的天然缺陷者即为优等品，明显可视者则要降为一级品，缺陷较严重者则要降为合格品。另外选择有品牌、有质检合格证、规范包装、符合国家标准的等级标准、正规厂家生产的贴面板是落实前面4个标准的重要前提。

4. 胶合板试件锯制

《胶合板 第7部分：试件的锯制》(GB/T 9846.7—2004)：

1) 试件截取

(1) 从每张供测试的胶合板上截取半张或取整张(指板长为915mm 或 1220mm)，并按图8.3规定截取400mm×400mm试样。

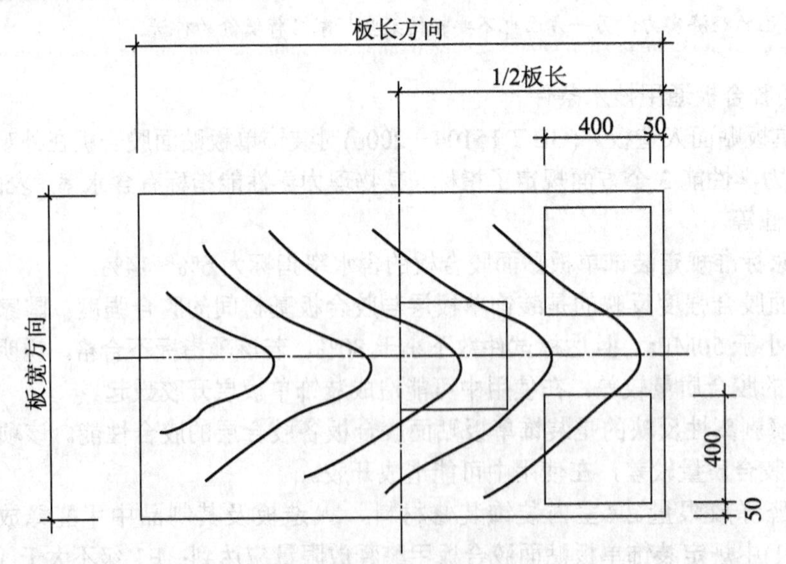

图8.3 试样在胶合板中分布

(2) 截取试样和试件时，应避开影响测试准确性的材质缺陷和加工缺陷。

(3) 从每张板上制取试件的数量见表8-15。含水率及胶合强度试件数从3组试样上均取，甲醛释放量试件数从3组试样上按6、6、7片制取。

表8-15 每张板的试件数量 (单位：片)

试验项目	胶合板层数				
	三层	五层	七层	九层	十一层
含水率	3	3	3	3	3
胶合强度	12	12	18	24	36
甲醛释放量	20	20	20	20	20

2) 含水率试件

含水率试件的形状和尺寸不限，试件的最小面积为25cm^2。

3) 胶合强度试件

(1) 胶合强度试件按图8.4规定的形状和尺寸锯割。凡表板厚度(胶压前的单厚度)大于1mm的胶合板板用A型试件尺寸；表板厚度自1mm(含1mm)以下的胶合板采用B型试件尺寸。

(2) 胶合强度试件的开槽宽度和深度应按图8.4所示尺寸和要求进行。槽口深度应锯过芯板到胶层止，不得锯过该胶层。试件开槽要确保测试受载时一半试件芯板的旋切裂隙受拉伸，而另一半试件芯板的旋切裂隙受压缩，即应按胶合板的正(面板)、反(背板)方向锯制数量相等的试件，如图8.5所示。

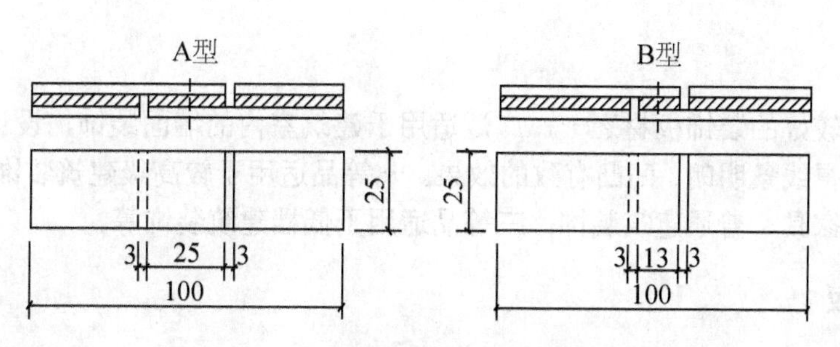

图 8.4　三层胶合板试件的形状和尺寸

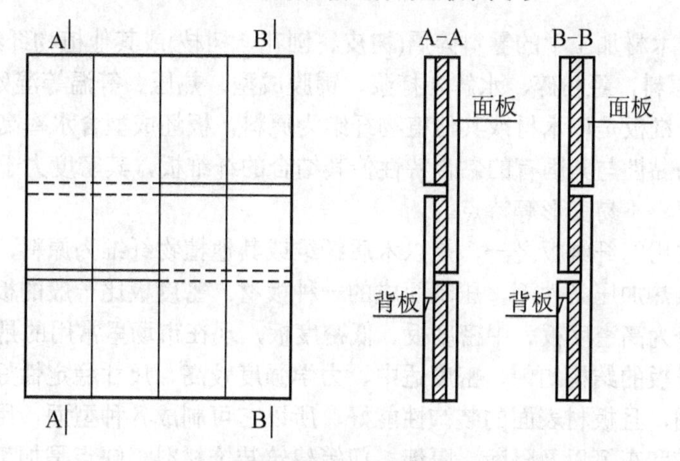

图 8.5　三层胶合板试件锯槽位置的配置

(3) 胶合强度试件锯割的四边应平直光滑，纵边与表板纤维方向平行。锯槽切口应平滑并与纵边垂直。

(4) 多层胶合板的胶合强度试件可参照图 8.6 锯制。试件的总数量应包括每个组的各个胶层，而且测试最中间胶层的试件数量应不少于试件总数量的 1/3。

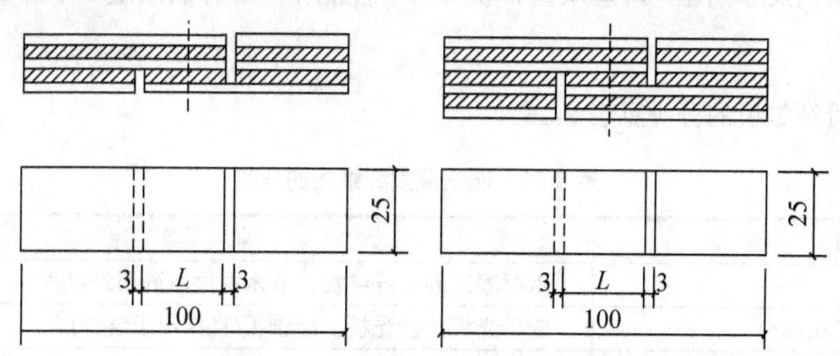

图 8.6　多层胶合板试件的形状和尺寸

A 型试件：L=25mm；B 型试件：L=13mm

(5) 多层胶合板允许刨去其他各层，仅留三层测定胶合强度。

(6) 胶合强度试件剪断面的长度和宽度锯割误差不得超过±0.5mm。

4) 甲醛释放量试件

从 3 组试样上，共锯制长为 150mm、宽为 50mm 的长方形试件 20 片，试件长、宽尺寸误差不得超过±1mm。

5. 选用

胶合板是较好的装饰板材之一，广泛适用于建筑室内的墙面装饰，设计和施工时采取一定手法可获得线条明朗、凹凸有致的效果。一等品适用于较高级建筑装饰、高中档家具；二等品适用于家具、普通建筑装饰；三等品适用于低档建筑装饰等。

8.3.2 纤维板

1. 特点

纤维板是以木材加工中的零料碎屑(树皮、刨花、树枝)或其他植物纤维、稻草、麦秆、玉米秆)为主要原料，经粉碎、水解、打浆、铺膜成型、热压、等温等湿处理而成的。

湿法硬质纤维板是以木材或其他植物纤维为原料，板坯成型含水率高于20%，且主要是运用纤维间的黏性与其固有的黏合特性使其结合的纤维板，其密度大于800kg/m^3。它具有强度高、耐磨、不易变形等特点。

密度板是常用的纤维板之一，是以木质纤维或其他植物纤维为原料，施加树脂或其他合成树脂，在加热加压条件下，压制而成的一种板材。密度板比一般的板材要致密，按其密度的不同，分为高密度板、中密度板、低密度板，现在市场里常用的是中密度板。

中密度纤维板的结构均匀、密度适中、力学强度较高、尺寸稳定性好、变形小、表面光滑、边缘牢固，且板材表面的装饰性能好，所以它可制成各种型面，用于制造强化木地板、家具、船舶和车辆以及隔断、隔墙、门等建筑装饰材料。缺点是加工精度和工艺要求较高，造价较高；因其密度高，因此必须使用精密锯切割，不宜在装修现场加工；此外握螺钉力较差。

中密度纤维板按密度不同，分为80型、70型、60型3类；按外观质量和内结合强度指标分为特级、一级、二级3个等级；厚度规格为6、9、12、15、18(mm)等。其产品质量检测一般可以从尺寸偏差、外观质量、物理力学性能和甲醛释放限量4个方面来反映。

2. 分类

湿法硬质纤维板的分类见表8-16。

表8-16 湿法硬质纤维板的分类

分　类	种　类
按原料分	木材湿法硬质纤维板；非木材湿法硬质纤维板
按表面加工状况分	未砂光板；砂光板；装饰板(直接用于装饰)
按用途分	(1) 干燥条件下使用的普通用板 (2) 潮湿条件下使用的普通用板 (3) 高湿条件下使用的普通用板 (4) 室外条件下使用的普通用板 (5) 干燥条件下使用的承载用板 (6) 潮湿条件下使用的承载用板

3. 技术要求

1) 湿法硬质纤维板技术要求

《湿法硬质纤维板　第2部分：对所有板型的共同要求》(GB/T 12626.2—2009)规定湿法硬质纤维板的共同指标应符合表8-17的规定。

表8-17　湿法硬质纤维板的共同指标

项　目		指　标		
厚度偏差①	基本厚度范围/mm	≤3.5	3.5～5.5	>5.5
	未砂光板/mm	±0.4	±0.5	±0.7
	砂光板/mm	±0.3	±0.3	±0.3
	装饰板/mm	±0.6	±0.6	±0.6
长度和宽度偏差		±2mm/m，最大±5mm		
垂直度/(mm/m)		≤2		
板内密度偏差(%)		±10		
含水率(%)		3～13		
外观质量②		分层、鼓泡、裂痕、水湿、炭化、边角松软不允许		

注：①任意一点的厚度与基本厚度之差。

②外观质量中其他缺陷如水渍、油污斑点、斑纹、粘痕、压痕等要求可根据供需要双方合同商定。

2) 密度板技术要求

(1) 尺寸偏差。按国标规定，厚度偏差最大不能超过±0.35mm，否则产品不合格，精度误差小，等级高，长与宽不能超过3mm，两对角线长度之差不得超过6mm。边缘每1000mm长不得超过1mm。翘曲度每1000mm最大不得超过15mm，否则为不合格品。

(2) 表面外观质量。中密度纤维板外观质量要求较严。如板表面分层、鼓泡、碳化等缺陷是任何等级也不允许的。而板的角或边缘破损所造成的边角缺损，即使缺损宽度小于10mm范围，特级、一级也不允许出现，只有二级才允许有。由于铺装不良或胶接不佳而产生的局部松软直径小于80mm，特级品不允许出现，一级品只允许1个，二级品只允许3个。这部分的检查，只能通过目测的方法来判断。

(3) 物理力学性能。物理力学性能包括静曲强度、弹性模数、平面抗拉强度、握螺钉力、含水率、吸水厚度膨胀率等指标。

(4) 甲醛释放限量。中密度纤维板的甲醛释放限量：A级为不大于9.0mg/100g，B级为(9.0～40.0)mg/100g。

4. 选用

湿法硬质纤维板强度高，通常在板表面施行仿木纹油渍处理可达到以假乱真的效果。它可代替木板使用，主要用于室内壁板、门板、地板、家具等。

8.3.3 刨花板

1. 特点

刨花板是采用木材加工中的刨花、碎片及木屑为原料，使用专用机械切断粉碎呈细丝状纤维，经烘干、施加胶料、拌合铺膜、预压成型，再通过高温、高压压制而成的一种人造板材。它具有质量轻、强度低、隔声、保温等特点。

2. 分类

刨花板的分类见表8-18。

表8-18 刨花板的分类

分类方法	种　类
按制造方法分	平压法刨花板；辊压法刨花板
按表面状态分	未砂光板；砂光板；涂饰板；装饰材料饰面板(装饰材料如装饰单板、浸渍胶膜板、装饰层压板、薄膜等)
按表面形状分	平压板；模压板
按刨花尺寸和形状分	刨花板；定向刨花板
按板的构成分	(1) 单层结构刨花板； (2) 三层结构刨花板； (3) 多层结构刨花板； (4) 渐变结构刨花板
按所使用的原料分	(1) 木材刨花板； (2) 甘蔗渣刨花板； (3) 亚麻屑刨花板； (4) 麦秸刨花板； (5) 竹材刨花板； (6) 其他
按用途分	(1) 在干燥状态下使用的普通用板； (2) 在干燥状态下使用的家具及室内装修用板； (3) 在干燥状态下使用的结构用板； (4) 在潮湿状态下使用的结构用板； (5) 在干燥状态下使用的增强结构用板； (6) 在潮湿状态下使用的增强结构用板

3. 技术要求

《刨花板　第1部分：对所有板型的共同要求》(GB/T 4897.1—2003)规定刨花板的技术要求如下。

(1) 刨花板的公称厚度为4、6、8、10、12、14、16、19、22、25、30(mm)等。

(2) 刨花板幅面尺寸为1220mm×2440mm。

(3) 刨花板对角线之差允许值按表8-19规定。

表8-19 刨花板对角线之差允许值　(单位：mm)

板长度	允许值
≤1220	≤3
1220～1830	≤4
1830～2440	≤5
>2440	≤5

(4) 刨花板外观质量应符合表 8-20 规定。

表 8-20　刨花板外观质量

缺陷名称	允许值
断痕、透裂	不允许
单个面积＞$40mm^2$的胶斑、石蜡斑、油污斑等污染点	不允许
边角残损	在公称尺寸内不允许

(5) 刨花板出厂时的共同指标应符合表 8-21 规定。

表 8-21　刨花板在出厂时的共同指标

项　目		单　位	指　标
公称尺寸偏差	板内和板间厚度(砂光板)	mm	±0.3①
	板内和板间厚度(未砂光板)		-0.1，+1.9
	长度和宽度		0～5
板边缘不直度偏差		mm/m	1.0
翘曲度②		%	≤1.0
含水率		%	4～13
密度		g/cm^3	0.4～0.9
板内平均密度偏差		%	±8.0
甲醛释放量(穿孔值)③	E1	mg/100g	≤9.0
	E2		＞9.0～30

注：① 板内和板间厚度(砂光板)偏差要求更小者，由供需双方商定。

② 刨花板厚度≤10mm 的不测。

③ 甲醛释放量(穿孔值)为试样含水率在 6.5%时测得的值。在测定时，如试件含水率 H 在 3%≤H≤10%范围内，则乘以系数 F，F=−0.133H+1.85，如试件含水率＞10%，则乘以系数 F，$F=-0.636+3.12e^{(-0.346H)}$。

4. 试件锯割

每块试样按图 8.7 和表 8-22 规定锯割试件。静曲强度、弹性模量、内结合强度、表面结合强度试件中至少有一个试件是从样本铺装方向的边部截取。相同检验项目的两个试件之间的最小距离为 100mm。锯割试件时，试件边棱应平直，相邻两边互相垂直。厚度大于 25mm 的刨花板，按上述试样和试件锯割原则，在适当位置制取试样和试件。

表 8-22　试件的尺寸、数量及编号

测试项目	试件尺寸/mm	试件数量/个	试件编号	备　注
密度、含水率	100×100	6	①	一个试件上同时测定密度和含水率
静曲强度、弯曲弹性模量	长 20*h*+50，但不小于 200，宽 50	12	②	*h*—板的公称厚度
内结合强度	50×50	5	③	

续表

测试项目	试件尺寸/mm	试件数量/个	试件编号	备　注
表面结合强度	50×50	3	④	
吸水厚度膨胀率	50×50	6	⑤	
2h水煮后内结合强度		6	⑥	
握螺钉力	150×50	板面3 板边6	⑦ ⑧	板厚<16mm时不检测，厚度≥16mm并<25mm时由3个试件胶合为一个试件(两侧加厚用试件可在试样中任意部位截取)
甲醛释放量	20×20			在任意位置锯制总质量约330g试件

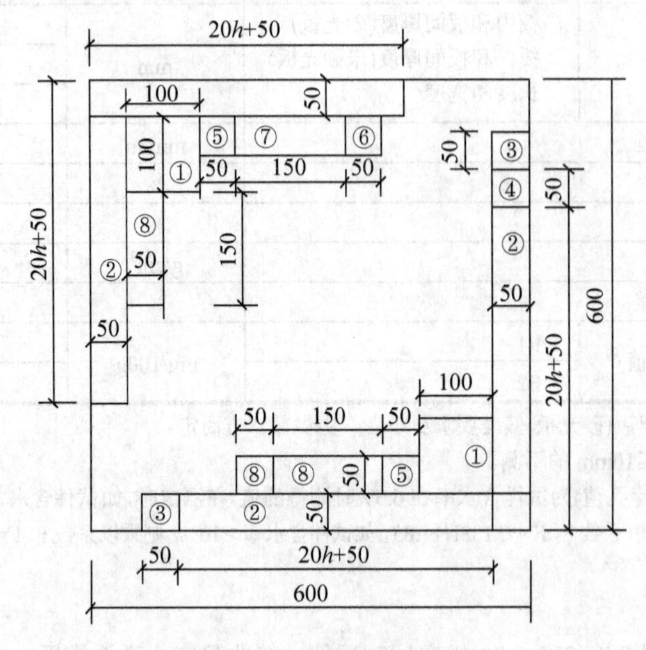

图8.7　刨花板试件制作图

5. 选用

刨花板适用于地板、隔墙、墙裙等处装饰用基层(实铺)板，还可采用单板复面、塑料或纸贴面加工成装饰贴面刨花板，用于家具、装饰饰面板材。

8.4　常用木质装饰制品

8.4.1　实木地板

1. 特点

实木地板是指用木材直接加工而成的地板。实木地板由于其天然的木材质地，具有润泽的质感、柔和的触感、自然温馨、冬暖夏凉、脚感舒适、高贵典雅等特点，深受人们的喜欢。

2. 分类

实木地板的分类见表 8-23。

表 8-23 实木地板的分类

类　别	图　示
榫接地板	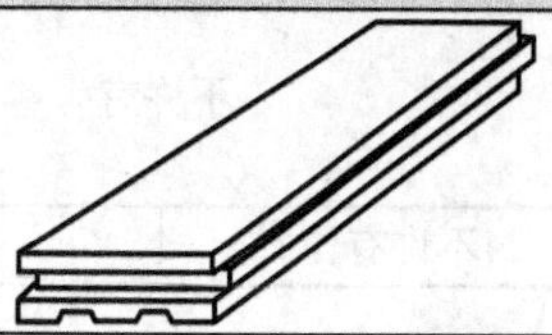
平接地板	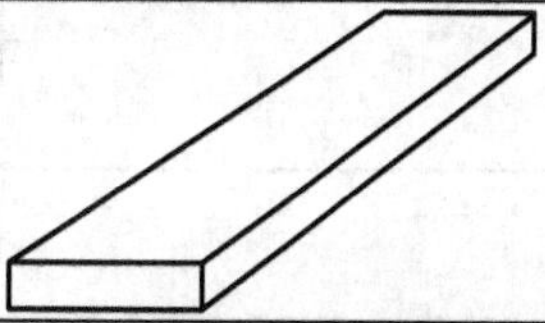
铝丝榫接镶嵌地板	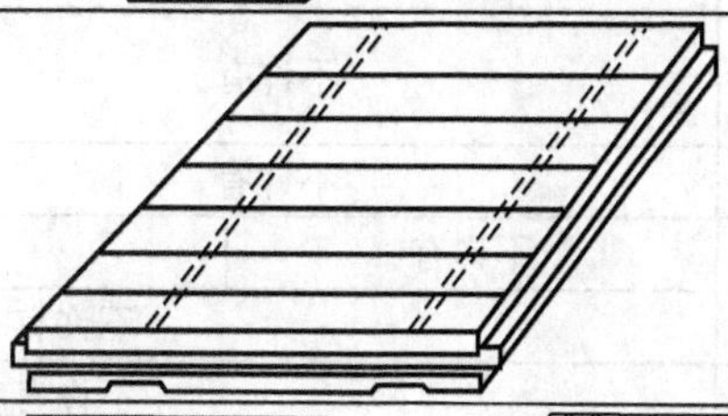
胶纸或胶网平接地板	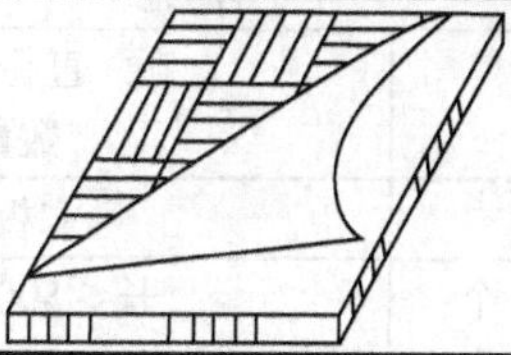 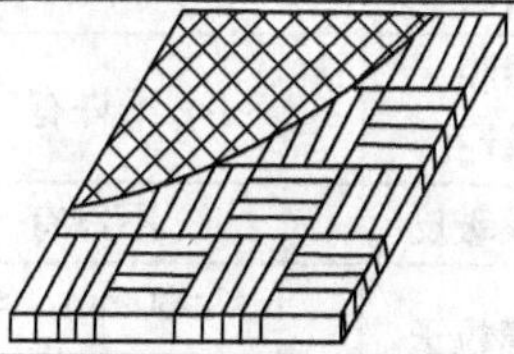

3. 技术要求

《实木地板　第 1 部分：技术要求》(GB/T 15036.1—2009)规定实木地板的技术要求如下。

1) 分等

实木地板根据产品的外观质量、物理力学性能分为优等品、一等品和合格品。

2) 外观质量要求

实木地板的外观质量要求见表 8-24。

表 8-24 实木地板的外观质量要求

名　称	表　面			背　面
	优等品	一等品	合格品	
活节	直径≤5mm 长度≤500mm，≤2 个 长度＞500mm，≤4 个	5mm＜直径≤15mm 长度＜500mm，≤2 个 长度＞500mm，≤4 个	直径≤20mm 个数不限	尺寸与个数不限

续表

名　称	表　面			背　面
	优等品	一等品	合格品	
死节	不许有	直径≤2mm 长度≤500mm，≤1个 长度>500mm，≤3个	直径≤4mm ≤5个	直径≤20mm 个数不限
蛀孔	不许有	直径≤0.5mm ≤5个	直径≤2mm ≤5个	直径≤15mm 个数不限
树脂囊	不许有		长度≤5mm 宽度≤1mm ≤2条	不限
髓斑	不许有	不限		不限
腐朽	不许有			初腐且面积≤20%，不剥落，也不能捻成粉末
缺棱	不许有			长度≤板长的30% 宽度≤板宽的20%
裂纹	不许有		宽≤0.1mm 长≤15mm，≤2条	宽≤0.3mm 长≤50mm，条数不限
加工波纹	不许有		不明显	不限
漆膜划痕	不许有	轻微		—
漆膜鼓泡	不许有			—
漏漆	不许有			—
漆膜上针孔	不许有	直径≤0.5mm 数量≤3个		—
漆膜皱皮	不许有	<板面积5%		—
漆膜粒子	长≤500mm，≤2个 长>500mm，≤4个	长≤500mm，≤4个 长>500mm，≤8个		—

注：① 凡在外观质量检验环境条件下，不能清晰地观察到的缺陷即为不明显。
② 倒角上漆膜粒子不计。

3) 加工精度

(1) 实木地板的尺寸及偏差见表8-25。

表8-25　实木地板的主要尺寸及偏差　(单位：mm)

名　称	偏　差
长度	长度≤500时，公称长度与每个测量值之差绝对值≤0.5 长度>500时，公称长度与每个测量值之差绝对值≤1.0
宽度	公称宽度与平均宽度之差绝对值≤0.3，宽度最大值与最小值之差≤0.3。
厚度	公称厚度与平均厚度之差绝对值≤0.3 厚度最大值与最小值之差≤0.4

注：① 实木地板长度和宽度是指不包括榫舌的长度和宽度。
② 镶嵌地板只检量方形单元的外形尺寸。
③ 榫接地板的榫舌宽度应不小于4.0mm，槽最大高度与榫最大厚度之差应为0～0.4mm。

(2) 实木地板的形状位置偏差见表 8-26。

表 8-26 实木地板形状位置偏差

名称		偏差
翘曲度	横弯	长度≤500mm 时，允许≤0.02%；长度＞500mm 时，允许≤0.03%
	翘弯	宽度方向：凸翘曲度≤0.02%，凹翘曲度≤0.15%
	顺弯	长度方向：≤0.3%
拼装离缝		平均值≤0.3mm；最大值≤0.4mm
接装高度差		平均值≤0.25mm；最大值≤0.3mm

(3) 物理力学性能指标。实木地板的物理力学性能指标见表 8-27。

表 8-27 实木地板的物理力学性能指标

名称	单位	优等	一等	合格
含水率	%	7≤含水率≤我国各地区的平衡含水率		
漆板表面耐磨	g/100r	≤0.08 且漆膜未磨透	≤0.10 且漆膜未磨透	≤0.15 且漆膜未磨透
漆膜附着力	—	0～1	2	3
漆膜硬度	—	≥*H*		

4. 选用

实木地板主要有平口实木地板、企口实木地板、拼花实木地板、竖木地板等。平口实木地板用途广，除作地板外，也可作拼花板、墙裙装饰以及天花板吊顶等室内装饰。企口实木地板适用于办公室、会议室、会客室、休息室、旅馆、宾馆客房、住宅起居室、卧室、幼儿园及仪器室等场所。拼花实木地板适用于高级楼宇、宾馆、别墅、会议室、展览室、体育馆和住宅等的地面装饰。竖木地板适用于宾馆、饭店、招待所、影剧院、体育场、住宅等场所。

特别提示

怎样选购实木地板

选购实木地板，应从以下几个方面考虑。

(1) 检查标志、包装和质检报告。标志应有生产厂名、厂址、电话、木材名称(树种)、等级、规格、数量、检验合格证、执行标准等，包装应完好无破损，要查验质检报告是否有效。

(2) 确定地板材种和颜色深浅。不同材种的实木地板价格差异可能很大，材种的不同也往往决定了地板颜色的深浅和纹理图案。消费者应根据自己的经济能力和对颜色、纹理的喜爱决定购买何种地板。挑选地板颜色要考虑与房间整体色调相协调，一般原则是要避免色调头重脚轻。

(3) 挑选地板的规格尺寸。地板的尺寸涉及地板抗变形的能力，其他条件相同时较小规格的地板更不易变形，因此地板尺寸宜短不宜长，宜窄不宜宽。此外地板尺寸还涉及价格和房间的大小，大尺寸的地板价格较高，面积小的房间也不适宜铺大尺寸的地板。

(4) 挑选外观质量。地板表面腐朽、缺棱：优等品、一等品、合格品这 3 个等级都不允许有。地板表面裂纹：优等品、一等品不允许有，合格品允许有两条。地板表面活节：优等品、一等品都允许有 2~4 个，但有尺寸限制，合格品个数不限。死节与蛀孔：优等品不允许有，一等品有数量限制。

(5) 挑选加工精度，消费者可通过简易办法挑选地板加工精度，通常可将 10 块地板在地上模拟铺装，用手摸和目测的方法观察其拼缝是否平整、光滑，榫槽咬合是否紧密。

(6) 挑选油漆质量。现在常见的是 UV 漆地板，有亮光漆和亚光漆等种类。应观察漆膜是否均匀、丰满、光洁，无漏漆、无气泡、无孔眼。同时还要满足以下要求：一是地板漆膜附着力是否合格，最好选择达到国家标准的产品；二是地板表面耐磨性能要好，选择磨耗值必须达到在 0.15g/100 转以内的产品；三是漆膜硬度要高，必须选择达到国家标准 H 以上的产品。

(7) 挑选含水率合格的地板。实木地板含水率是直接影响地板变形的最重要因素，所选用地板的含水率应在 7%至当地平衡含水率之间。可采用专用仪器现场测定实木地板的含水率。应注意所测地板含水率的均匀一致性。特别要注意的是地板的含水率要低于购买地的平衡含水率，最好接近购买地的平衡含水率。

8.4.2 实木复合地板

1. 特点

实木复合地板是以实木拼板或单板为面层、实木条为芯层、单板为底层制成的企口板和以单板为面层、胶合板为基材制成的企口地板。它具有实木地板木纹自然美观，脚感舒适，隔音保温等优点，同时又克服了实木地板易变形的缺点，且规格大，铺设方便。缺点是如胶合质量差会出现脱胶，在使用中必须重视维护保养。

2. 分类

实木复合地板的分类，见表 8-28。

表 8-28 实木复合地板的分类

分类方法	种 类
按面层材料分	(1) 实木拼板作为面层的实木复合地板 (2) 单板作为面层的实木复合地板
按结构分	(1) 三层结构实木复合地板 (2) 以胶合板为基材的实木复合地板
按表面有无涂饰分	(1) 涂饰实木复合地板 (2) 未涂饰实木复合地板
按甲醛释放量分	(1) A 类实木复合地板(甲醛释放量≤9mg/100g) (2) B 类实木复合地板(9mg/100g＜甲醛释放量＜40mg/100g)

3. 技术要求

实木复合地板根据产品的外观质量、理化性能分为优等品、一等品和合格品。《实木复合地板》(GB/T 18103—2000)规定实木复合地板的技术要求如下。

1) 技术要求

实木复合地板各层的技术要求，见表 8-29。

表 8-29　实木复合地板各层的技术要求

项　目	内　容
三层结构实木复合地板	(1) 面层 ① 面层常用树种：水曲柳、桦木、山毛榉、栎木、榉木、枫木、楸木、樱桃木等 ② 同一块地板表层树种应一致 ③ 面层由板条组成，板条常见规格：宽度为 50mm，60mm，70mm；厚度为 3.5mm，4.0mm ④ 外观质量应符合表 8-30 的要求。 (2) 芯板 ① 芯层常用树种：杨木、松木、泡桐、杉木、桦木等 ② 芯层由板条组成，板条常用厚度为 8.9mm ③ 同一块地板芯层用相同树种或材性相近的树种 ④ 芯板条之间的缝隙不能大于 5mm (3) 底层 ① 底面单板树处通常为：杨木、松木、桦木等 ② 底层单板常见厚度规格为 2.0mm ③ 底层单板的外观质量应符合表 8-33 的要求
以胶合板为基材的实木复合地板	(1) 面层 ① 面层通常为装饰单板 ② 树处通常为：水曲柳、桦木、山毛榉、栎木、榉木、枫木、楸木、樱桃木等 ③ 常见厚度规格为：0.3，1.0，1.2(mm) ④ 面层的外观质量应符合表 8-30 的要求 (2) 基材 ① 胶合板不低于《胶合板》(GB/T 9846.1—9846.12)中二等品的技术要求 ② 基材要进行严格挑选和必要的加工，不能留有影响饰面质量的缺陷

2) 外观质量要求

实木地板各等级外观质量要求见表 8-30。

表 8-30　实木复合地板的外观质量要求

名　称	项　目	表　面			背面
		优　等	一　等	合　格	
死节	最大单个长径/mm	不允许	2	4	50
孔洞(含虫孔)	最大单个长径/mm	不允许		2，需修补	15
浅色夹皮	最大单个长度/mm	不允许	20	30	不限
	最大单个厚度/mm		2	4	
深色夹皮	最大单个长度/mm	不允许		15	不限
	最大单个厚度/mm			2	
树脂囊和树脂道	最大单个长度/mm	不允许		5，且最大单个宽度小于 1	不限
腐朽		不允许			①
变色	不超过板面积/%	不允许	5，板面色泽要协调	20，板面色泽要大致协调	不限

续表

名称		项目	表面			背面
			优等	一等	合格	
裂缝		—	不允许			不限
拼接离缝	横拼	最大单个宽度/mm	0.1	0.2	0.5	不限
		最大单位长度不超过板长/%	5	10	20	不限
	纵拼	最大单个宽度/mm	0.1	0.2	0.5	不限
叠层		—	不允许			不限
鼓泡、分层		—	不允许			不限
凹陷、压痕、鼓包		—	不允许	不明显	不明显	不限
补条、补片		—	不允许			不限
毛刺沟痕		—	不允许			不限
透胶、板面污染		不超过板面积/%	不允许		1	不限
砂透		—	不允许			不限
波纹		—	不允许		不明显	—
刀痕、划痕		—	不允许			不限
边、角缺损		—	不允许			②
漆膜鼓泡		$\phi \leqslant 0.5$mm	不允许	每块板不超过3个		—
针孔		$\phi \leqslant 0.5$mm	不允许	每块板不超过3个		
皱皮		不超过板面积(%)	不允许		5	—
粒子		—	不允许		不明显	
漏漆		—	不允许			

注：凡在外观质量检验环境条件下，不能清晰地观察到的缺陷即为不明显。

① 允许有初腐，但不剥落，也不能捻成粉末。

② 长边缺损不超过板长的30%，且宽不超过5mm；端边缺损不超过板宽的20%，且宽不超过5mm。

3) 规格尺寸和尺寸偏差

(1) 幅面尺寸。

① 三层结构实木复合地板的幅面尺寸见表8-31。

表8-31 三层结构实木复合地板的幅面尺寸 (单位：mm)

长度	宽度		
2100	180	189	205
2200	180	189	205

② 以胶合板为基材的实木复合地板的幅面尺寸见表8-32。

表8-32 以胶合板为基材的实木复合地板的幅面尺寸 (单位：mm)

长度	宽度			
2200	—	189	225	—
1818	180	—	225	303

③ 经供需双方协议可生产其他幅面尺寸的产品。

(2) 厚度。

① 三层结构实木复合地板的厚度为 14，15(mm)。

② 以胶合板为基材的实木复合地板的厚度为 8，12，15(mm)。

③ 经供需双方协议可生产其他厚度的实木复合地板。

(3)实木复合地板的尺寸偏差应符合表 8-33 的规定。

表 8-33 实木复合地板的尺寸偏差

项 目	要 求
厚度领头	公称厚度 t_n 与平均厚度 t_a 之差绝对值≤0.5mm 厚度最大值 t_{max} 与最小值 t_{min} 之差≤0.5mm
面层净长偏差	公称长度 l_n≤1500mm 时，l_n 与每个测量值 l_m 之差绝对值≤1.0mm 公称长度 l_n＞1500mm 时，l_n 与每个测量值 l_m 之差绝对值≤2.0mm
面层净宽偏差	公称宽度 w_n 平均宽度 w_a 之差绝对值≤0.1mm 宽度最大值 w_{max} 与最小值 w_{min} 之差≤0.2mm
直角度	q_{max}≤0.2mm
边缘不直度	s_{max}≤0.3mm/m
翘曲度	宽度方向凸翘曲度 f_w≤0.20%；宽度方向凹翘曲度 f_w≤0.15% 长度方向凸翘曲度 f_w≤1.00%；长度方向凹翘曲度 f_w≤0.50%
拼装离缝	拼装离缝平均值 o_a≤0.15mm 拼装离缝最大值 o_{max}≤0.20mm
拼装高度差	拼装高度差平均值 h_a≤0.10mm 拼装高度差最大值 h_{max}≤0.15mm

4) 理化性能指标

实木复合地板的理化性能指标见表 8-34。

表 8-34 实木复合地板的理化性能指标

检验项目	单 位	优 等	一 等	合 格
浸渍剥离	—	每一边的任一胶层开胶的累计长度不超过该胶层长度的 1/3(3mm 以下不计)		
静曲强度	MPa	≥30		
弹性模量	MPa	≥4000		
含水率	%	5～14		
漆膜附着力	—	割痕及割痕交叉处允许有少量断续剥落		
表面耐磨	g/100r	≤0.08，且漆膜未磨透		≤0.05，且漆膜未磨透
表面耐污染	—	无污染痕迹		
甲醛释放量	mg/100g	A 类：≤9；B 类＞9～40		

4. 选用

实木复合木地板主要适用于会议室、办公室、实验室、中高档的宾馆、酒店等地面铺设，也适用于民用住宅的地面装饰。由于新型实木复合木地板尺寸较大，因此不仅可作为地面装饰，也可作为顶棚、墙面的装饰，如吊顶和墙裙等。

8.4.3 强化木地板

浸渍纸层压木质地板(商品名：强化地板)，是近年来在市场上出现的一种新型地板，与传统的实木地板在结构和性能上有着一定的差异。它是以一层或多层专用纸浸渍热固性氨基树脂，铺装在刨花板、中密度纤维板、高密度纤维板等人造板基材表面，背面加平衡层，正面加耐磨层，经热压而成的地板。

强化木地板有表层、基材(芯层)和底层 3 层构成。其表层可选用热固性树脂装饰层压板和浸渍胶膜纸两种材料；基材(芯层)材料通常是刨花板、中密度纤维板或高密度纤维板；底层材料通常采用热固性树脂装饰层压板、浸渍胶膜纸或单板，起平衡和稳定产品尺寸的作用。与实木地板相比，强化地板的特点是耐磨性强，表面装饰花纹整齐，色泽均匀，抗压性强，抗冲击、抗静电、耐污染、耐光照、耐香烟灼烧、安装方便、保养简单、价格便宜，便于清洁护理。但弹性和脚感不如实木地板，水泡损坏后不可修复，另外，胶粘剂中含有一定的甲醛，应严格控制在国家标准范围之内。此外，从木材资源的综合有效利用的角度看，强化地板更有利于木材资源的可持续利用。

1. 强化木地板的分类

按地板基材分：①以刨花板为基材的浸渍纸层压木质地板；②以中密度纤维板为基材的浸渍纸层压木质地板；③以高密度纤维板为基材的浸渍纸层压木质地板。

按装饰层分：①单层浸渍纸层压木质地板；②多层浸渍纸层压木质地板；③热固性树脂装饰层压板层压木质地板。

按表面图案分：①浮雕浸渍纸层压木质地板；②光面浸渍纸层压木质地板。

按用途分：①公共场所用浸渍纸层压木质地板(耐磨转数不小于 9000 转)；②家庭用浸渍纸层压木质地板(耐磨转数不小于 6000 转)。

按甲醛释放量分：①A 类浸渍纸层压木质地板(甲醛释放量不大于 9mg/100g)；②B 类浸渍纸层压木质地板(甲醛释放量为 9～40mg/100g)。

2. 强化木地板的等级

根据产品的外观质量、理化性能把强化木地板分为优等品、一等品和合格品 3 个等级。

3. 强化木地板的质量判断

(1) 地板试样的密度、含水率、甲醛释放量的平均值满足标准规定要求，该地板试样的密度、含水率、甲醛释放量判为合格，否则判为不合格。

(2) 地板试样的静曲强度、内结合强度、表面胶合强度的平均值满足标准规定要求，且任一试件的最小值不小于标准规定值的 80%，该地板试样的静曲强度、内结合强度、表面胶合强度判为合格，否则判为不合格。

(3) 地板试样的吸水厚度膨胀率、尺寸稳定性的平均值满足标准规定要求，且任一试件的最大值不大于标准规定值的 120%，该地板试样的吸水厚度膨胀率、尺寸稳定性判为合格，否则判为不合格。

(4) 地板试样的表面耐划痕、抗冲击、表面耐磨、表面耐冷热循环、表面耐香烟灼烧、表面耐干热、表面耐污染腐蚀、表面耐水蒸气、表面耐龟裂的任一试件均达到标准规定要求，该地板试样的上述性能判为合格，否则判为不合格。

(5) 当地板试样所需进行的各项理化性能检验均合格时，该批产品理化性能判为合格，否则判为不合格。

(6) 综合判断产品外观质量、规格尺寸和理化性能检验结果均应符合相应类别和等级的技术要求，否则应降类、降等或判为不合格产品。

4. 相关的技术标准

(1)《浸渍纸层压木质地板》(GB/T 18102—2007)。规定了浸渍纸层压木质地板的分类、技术要求、检验方法和检验规则，以及标志、包装、运输和储存。其中明确规定了地板各等级的外观质量要求、幅面尺寸、尺寸偏差、理化性能。选购强化木地板前，应据此了解其主要理化指标，如甲醛释放量、耐磨转数、基材密度、吸水厚度膨胀率、尺寸稳定性、含水率等。

(2)《室内装饰装修材料　人造板及其制品中甲醛释放限量》(GB 18580—2001)。规定了室内装饰装修用人造板及其制品中甲醛释放量的指标值、试验方法和检验规则。

(3)《木地板铺设面层验收规范》(WB/T 1016—2002)。主要对木地板铺设的基本要求、施工程序、验收时间、验收标准等进行了规范。

(4)《木地板保修期内面层检验规范》(WB/T 541017—2002)。主要对木地板的维护使用、保修期、面层检验、保修义务等进行了规范。

8.4.4 竹地板

竹地板是近年来开发的一种新型装饰材料。它是指把竹材加工成竹片后，再用胶粘剂胶合、加工成的长条企口地板。它采用天然竹材和先进加工工艺，经制材、脱水防虫、高温高压碳化处理，再经压制、胶合、成型、开槽、砂光、油漆等工序精制加工而成。

竹地板具有质地坚硬、色泽鲜亮、竹纹清晰、清新高雅、冬暖夏凉、防虫防霉、无毒无害、光而不滑、耐磨、耐腐蚀、不变形、不干裂等优秀品质。深受广大消费者喜爱。

1. 竹地板的分类

(1) 按结构可分为：多层胶合竹地板，单层侧拼竹地板，如图 8.8 所示。

(2) 按表面有无涂饰可分为：涂饰竹地板(包括有光竹地板和柔光竹地板)，未涂饰竹地板。

(3) 按表面颜色可分为：本色竹地板，漂白竹地板，深色竹地板(俗称炭化竹地板)。

2. 竹地板的主要技术要求

(1) 原材料要求：采用无虫孔、霉变、腐朽等缺陷的竹材；竹材应纹理通直，无明显弯曲；竹材应经防虫、防霉、干燥处理。

(2) 竹地板的产品等级：分为优等品、一等品、合格品 3 个等级。

(3) 竹地板的主要理化性能指标见表 8-34。

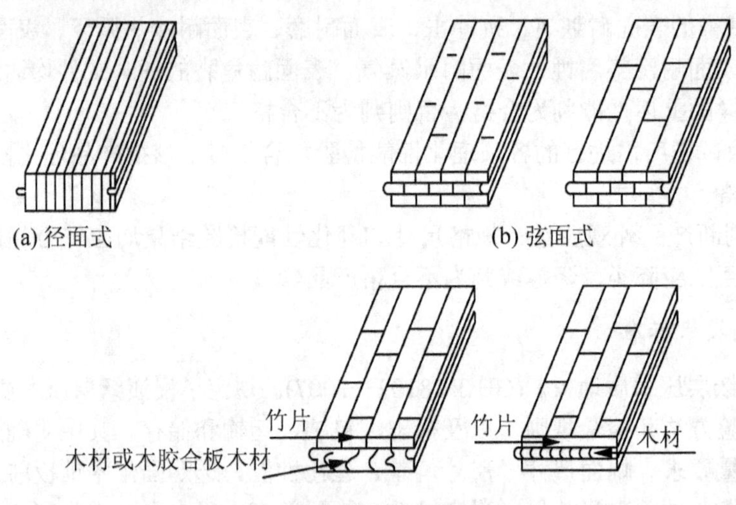

图 8.8　竹地板类型与结构

表 8-34　竹地板的主要理化性能指标

项　目		单　位	指标值
含水率		%	6.0～14.0
静曲强度	厚度≤15mm	MPa	≥98.0
	厚度＞15mm		≥90.0
浸渍剥离试验		mm	任一胶层的累计剥离长度≤25
硬度		MPa	≥55.0
表面涂膜耐磨性	磨耗转数	转	磨 100 转后表面留有涂膜
	磨耗值	g/100 转	≤0.08
表面涂膜光泽度		%	≥85(有光)
甲醛释放量		mg/100g	A 类＜9　　B 类 9～40
表面抗冲击性能(落球高度)		mm	1000，压痕直径≤10，无裂纹
表面涂膜耐污染性			无污染痕迹
表面涂膜附着力			割痕及割痕交叉处允许有少量断续剥落

3. 竹地板的主要特点与质量检验

竹地板的色差比较小，因为竹子的成材周期短，竹子的直径也比树木要小得多，所以竹子受日照影响不严重，没有明显的阴阳面的差别，因此竹地板有丰富的竹纹，而且色泽匀称；表面硬度高也是竹地板的一个特点，竹地板因为是植物粗纤维结构，它的自然硬度比木材高出一倍多，而且不易变形，理论上的使用寿命可达 20 年以上；在稳定性上，竹地板收缩和膨胀都要比实木地板小；另外，由于竹子热导率比较低，所以给人以冬暖夏凉的感觉；竹地板的格调清新高雅，在装饰效果上能产生古朴自然的特有效果。

竹地板的质量检验应符合国家林业部的行业标准《竹地板》(GB/T 20240—2006)的有关规定：产品外观质量、规格尺寸、理化性能三项检验结果均应符合相应类别和等级的技术要求，否则应降类、降等或判为不合格产品。

竹地板与实木地板、实木复合地板、强化地板一起，构成了目前建筑装饰工程中常用的四大民用室内木地板。竹地板的安装铺设与验收同其他地板一样，也应符合《木地板铺设面层验收规范》(WB/T 1016—2002)、《木地板保修期内面层检验规范》(WB/T 541017—2002)的有关要求和规定。

8.4.5 软木地板

软木并非木材，是从栓皮栎(属阔叶树种，俗称橡树)树干剥取的树皮层，因为其质地轻软，故而称软木。软木是一种性能独特的天然材料，具有多种优良的物理性能和稳定的化学性能，例如：密度小、热导率低、密封性好、回弹性强、无毒无臭、不易燃烧、耐腐蚀不霉变，并具有一定的耐强酸、耐强碱、耐油等性能。

软木所谓的软，其实是指其柔韧性非常好。在显微镜下，可以看到软木是由成千上万个犹如蜂窝状的死细胞组成的，细胞内充满了空气，形成了一个一个的密闭气囊。在受到外来压力时，细胞会收缩变小，细胞内的压力升高；当压力失去时，细胞内的空气压力会将细胞恢复原状。正是这种特殊性的内在结构，使得软木产品有着特有的性能。

(1) 静音。软木具有良好的弹性及吸声效果，每个软木细胞都是最小的声音隔绝器。

(2) 隔热。软木蜂窝式的结构还能起到隔热防水的作用，每个软木细胞都是最小的热量隔绝器。

(3) 舒适。每个软木细胞都是最小的震动吸收器。

(4) 耐磨。每个软木细胞都是最小的压力吸收器。

软木以其阻燃、环保产品特性和与众不同的天然纹理色泽给人们带来回归自然的享受。在全球化的时代，这种无化学污染成分的软木地板越来越受到人们的青睐。目前市场上有三种软木地板：第一为纯软木地板：厚度仅有 4～5mm；第二种软木地板，从剖面上看有三层，表层与底层为软木，中间层夹了块带锁扣的中密度板，厚度可达 l0mm 左右；第三种被称为软木静音地板，它是软木与复合地板的结合体，中间层同样夹了一层中密度板，厚度达 13.4mm，有吸声降噪的作用，保温性能也较好。

8.4.6 木装饰线条

木装饰线条简称木线，是选用质硬、结构细密、材质较好的木材，经过干燥处理后，再机械加工或手工加工而成。木线可油漆成各种色彩和木纹本色，又可进行对接、拼接，还可弯曲成各种弧线。木线在室内装饰中主要起着固定、连接、加强装饰饰面的作用。

木线种类繁多，每类木线又有多种断面形状，各种木线的外形如图 8.9 所示。木线按材质不同可分为硬度杂木线、进口洋杂木线、白元木线、水曲柳木线、山樟木线、核桃木线、柚木线等；按功能可分为压边线、柱角线、压角线、墙角线、墙腰线、上楣线、覆盖线、封边线、镜框线等；按外形可分为半圆线、直角线、斜角线、指甲线等；从款式上可分为外凸式、内凹式、凸凹结合式、嵌槽式等。各种木线的常用长度为 2～5m。

木线具有表面光滑，棱角、棱边、弧面弧线垂直，轮廓分明，耐磨、耐腐蚀，不劈裂，上色性好、黏结性好等特点，在室内装饰中应用广泛，主要用于天花线和天花角线。

(1) 天花线：主要用于天花上不同层次面的交接处封边，天花上各不同材料面的对接处封口，天花平面上的造型线、天花上设备的封边。

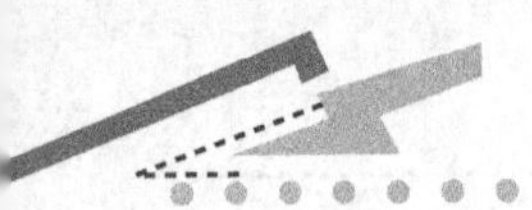

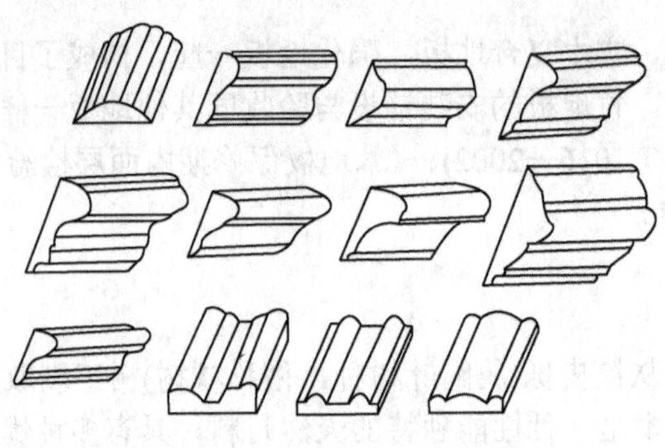
图 8.9　木装饰线条外形

(2) 角线：主要用于墙面上不同层次面的交接处封边，墙上各不同材料面的对接处封口，平面上的造型线、天花上设备的封边。

8.4.7　木花格

木花格即为用木板和方木制成具有若干分格的木架，这些分格的尺寸、形状各不相同，具有良好的装饰效果。木花格一般选用硬木或杉木树材制作，并要求材质木节少、颜色好、无虫蛀腐蚀等。

木花格具有加工制作比较简单、饰件轻巧纤细、表面纹理清晰等特点，适用于建筑物室内的花窗、隔断、博古架等，它能起到调节室内设计格调、改进空间效能和提高室内艺术效果等作用。

8.5　木材的防腐与防火

木材是天然生成的有机物，容易腐蚀和容易燃烧是它的两个大缺点，不仅影响木结构的使用寿命，而且也关系到使用安全。在工程中使用木材时必须考虑木材的防腐和防火措施。

8.5.1　木材的防腐

木材的腐朽是由真菌侵害所致，侵害木材的真菌常见的有变色菌、霉菌和腐朽菌 3 类。前两者对木材的强度无大影响。腐朽菌能分泌酵素，它能将细胞壁中的纤维素等物质分解成简单的物质，作为自身繁殖的养料，致使木材腐朽而破坏。腐朽菌在木材中生存和繁殖的条件有 3 个：适宜的水分、空气和温度。若含水率在 35%～50%，温度在 25～35℃，又有足够的空气，木材最易腐朽。除真菌菌害外，木材还会遭到诸如白蚁、天牛等昆虫的蛀蚀。

木材防腐通常采用两种措施：一种是破坏真菌生存的条件，主要是保持木材干燥，使其含水率小于 20%，木材表面涂刷各种油漆，不仅美观，而且可以隔绝空气和水分；另一种是将木材注入防腐剂，用化学防腐剂对木材进行处理，使真菌无法寄生，这是一种比较有效的防腐措施。防腐剂的种类主要有水溶性防腐剂、油质防腐剂和膏状防腐剂 3 种。其中，油性防腐剂还具有一定的防水作用。注入防腐剂的方法很多，通常有表面涂刷法、表面喷涂法、常压浸渍法、压力渗透法及冷热槽浸透法。前两种方法施工简单，但防腐剂不能渗入木材内部，防腐效果较差。后 3 种方法能使防腐剂充满木材内部，能取得更好的防腐效果。

8.5.2 木材防火

木材的耐燃性较差，木材防火处理的方法主要有表面涂敷法和溶液浸注法两种。

1. *表面涂敷法*

表面涂敷法就是在木材的表面涂敷一层防火涂料，起到既防火、又具有防腐和装饰的作用。这种防火做法施工简单、投资较低，但对木材内部的防火效果不理想。

木材防火涂料种类也很多，主要分为溶剂型防火涂料和水乳性防火涂料两大类。防火涂料具有防火和装饰两种功能，其防火机理如下。

(1) 隔绝可燃基材与空气的接触。

(2) 释放惰性气体抑制燃烧。

(3) 膨胀形成碳质泡沫隔热层。

2. *溶液浸注法*

木材防火溶液浸注处理，可分为常压浸注和加压浸注两种。经过阻燃剂浸注处理后，可改变木材燃烧特性，木材着火时，内部温度大幅度下降，从而起到阻燃效果。木材常用的阻燃剂如下。

(1) 磷-氮系阻燃剂。

(2) 硼系阻燃剂。

(3) 卤系阻燃剂。

(4) 含铝、镁、锑等金属氧化物或氢氧化物阻燃剂。

(5) 其他阻燃剂。

本章小结

本章主要介绍了木材的分类，物理力学性质。详细讲解了常见木质装饰材料的种类及选用，人造板材的分类及特点。另外还介绍了木材的防腐与防火常识。其中，常用木质装饰材料的特点及选用、人造板材的选用是本章重点。

实训指导书

了解木材的种类、力学及物理性能等，熟悉其特点和技术要求，重点掌握各类装饰木材的应用情况。根据装修要求，能够正确并合理地选择装饰木材、板材，判断出质量的好坏。

一、实训目的

让学生自主地到建筑装饰材料市场和建筑装饰施工现场进行考察和实训，了解常用装饰木材的价格，熟悉装饰木材的应用情况，能够准确识别各种常用装饰木材的名称、规格、种类、价格、使用要求及适用范围等。

二、实训方式

1. 建筑装饰材料市场的调查分析

学生分组：3～5 人一组，自主地到建筑装饰材料市场进行调查分析。

调查方法：学会以调查、咨询为主，认识各种装饰木材、调查材料价格、收集材料样本图片、掌握材料的选用要求。

重点调查：各类装饰板材的常用规格，及其外观分等的允许缺陷。

2. 建筑装饰施工现场装饰材料使用的调研

学生分组：10～15 人一组，由教师或现场负责人指导。

调查方法：结合施工现场和工程实际情况，在教师或现场负责人指导下，熟知装饰木材在工程中的使用情况和注意事项。

重点调查：施工现场装饰木材、板材防腐和防火的操作及检测方法。

三、实训内容及要求

(1) 认真完成调研日记。
(2) 填写材料调研报告。
(3) 实训小结。

第9章

金属装饰材料

教学目标

通过对常用金属装饰材料的学习，使同学们了解铝、铜及其制品的特点、分类及牌号；掌握轻钢龙骨、不锈钢及彩色涂层钢板的性能特点和应用。

教学要求

能力目标	相关试验或实训	重　点
了解常用金属材料的性能、分类、牌号及表面处理方法		
能够根据铝合金的性能与特点正确检测铝合金及有关制品门窗的质量		
掌握不同品牌轻钢龙骨、不锈钢及彩色涂层钢板方法	轻钢龙骨吊顶实训	★
能够根据不锈钢的性能和特点正确选择不锈钢有关制品		

引 例

在现代建筑装饰装修中，金属材料品种繁多，尤其是钢、铝、铜及其合金材料，它们经久耐用、轻盈、易加工、表现力强，这些特质是其他材料所无法比拟的。随着建筑装修的技术发展，金属装饰材料赢得了越来越多人的青睐，得到了越来越广泛的应用。如高层建筑的金属幕墙、彩板及铝合金门窗、柱子外包不锈钢或铜板、墙面及顶棚镶贴铝合金板(图 9.1)、楼梯扶手采用不锈钢管或铜管、门窗五金等。在众多装饰装修工程中，金属材料已成为多品种、多规格、系列化的材料之一。如何根据建筑功能及细部要求选择合适的金属及其合金材料？

图 9.1 铝合金材料吊顶

9.1 金属装饰材料的种类与用途

9.1.1 金属装饰材料的种类

金属材料是指由一种或一种以上的金属元素组成，或由金属元素与其他金属或非金属元素组成的合金的总称。金属材料通常分为黑色金属与有色金属两大类。黑色金属是以铁元素为基本成分的金属及其合金，如铁、钢；有色金属是指铁以外的其他金属及其合金的总称，如铜、锌、锡、钛等。

金属材料在建筑装饰工程中，从使用性质与要求上看又分为两种：结构承重材料和饰面材料。结构承重材料较为厚重，起支撑和固定作用，多用作骨架、支柱、扶手、爬梯等；而饰面材料通常较薄且易于加工处理，但表面精度要求较高，如各种饰面板。

9.1.2 金属装饰材料的用途

金属材料与其他建筑材料相比具有较高的强度，能承受较大的变形，材质均匀、耐久性好，能经过加工制成各种制品和型材。所以它被广泛地应用于建筑装饰工程中。目前广泛应用的金属装饰材料有钢及不锈钢，铝及铝合金，铜及铜合金等。

1. 钢及不锈钢

普通钢材金属感强、美观大方，在普通钢材基体中添加多种元素或在基体表面上进行艺术处理，在现代建筑装饰中越来越受到关注。常用的装饰钢材有不锈钢制品、彩色涂层钢板、建筑压型钢板、轻钢龙骨等。

2. 铝及铝合金

铝材具有良好的延展性，易加工长板、管、线及箔等型材。铝主要用于制造铝箔、铝锭及冶炼铝合金、制作电线、电缆及配制合金。

由于纯铝强度低，故不能作为结构材料使用。铝中加入合金元素后，机械性能明显提高，可以大大地提高使用价值，既可以用于建筑装修，还可以用于结构方面，如轻质复合隔墙中的龙骨、吊顶中的主龙骨、铝合金栏杆、扶手、格栅、窗、门、管、壳以及绝热材料、防潮材料等。

3. 铜及铜合金

铜材强度较低、塑性较高，具有良好的延展性、塑性，较高的导电性、导热性，易加工性，主要用于制造导电器材或配制各种铜合金，不宜直接用作结构材料，可用于宾馆、旅店、商厦等建筑中的楼梯扶手、栏杆、防滑条、铜包柱等，美观雅致、光亮耐久，可烘托出华丽高雅的氛围。

铜材中掺入合金元素制成铜合金，可使其强度、硬度等机械性能得到提高，可用于门窗的制作、铜合金骨架、铜合金压型板、各种灯具及家具等。

9.2 铝及铝合金材料

9.2.1 铝材性质

铝是一种银白色的轻金属，熔点为660℃，密度为2.7g/cm^3，只有钢密度的1/3左右，常作为建筑中各种轻结构的基本材料之一。

铝的化学性质比较活泼，和氧的亲和能力强。在自然状况下暴露，表面易生成一层致密、坚固的氧化铝薄膜，可以阻止铝的继续氧化，从而起到保护作用，可以抵抗硝酸、醋酸的腐蚀。但由于纯铝的氧化膜厚只有 0.1μm，因而它的耐蚀能力也是有限的，比如纯铝不能与浓硫酸、盐酸、氢氟酸及强碱接触，否则会发生腐蚀性化学反应。另外，铝的电极电位较低，与高电极电位的金属接触并且有电解质存在时，会形成微电池，产生电化学腐蚀。

铝具有良好的导电性和导热性，被广泛地用来制造导电材料如电线、导热材料如蒸煮器皿等；铝具有良好的延展性，有良好的塑性，其伸长率可达50%，易于加工成板、管、线及箔等。但铝的强度和硬度较低，常用冷加工的方法加工成制品。铝在低温环境中，仍有较好的机械性能，因此铝常作为低温材料用于冷冻食品的储运设备等。

知识链接

我国航天工业部第四规划设计研究院在首都机场 72m 大跨度波音 747 飞机库设计中，采用彩色压形铝板作两端山墙，壮观美丽，效果显著。另外，在山西太原 34m 悬臂钢结构机库设计中，屋面与吊顶均采用压形铝板，吊顶上铺岩棉做保温层，降低了屋盖和下部承重结构的耗钢量。铝屋面本身荷载轻，耐久性也好。

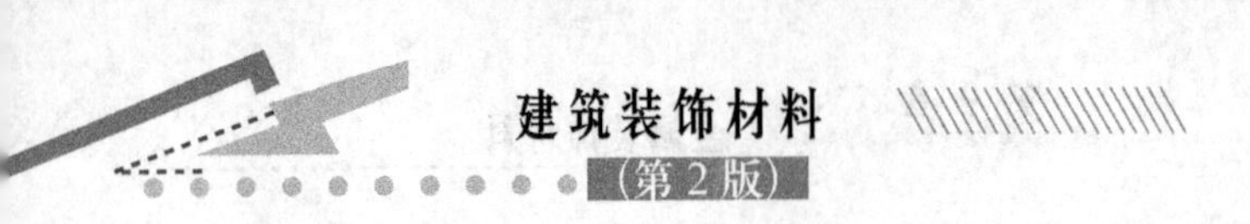

9.2.2 铝合金的特性和分类

为了提高铝的实用价值，改变铝的某些性能，在铝中加入一定量的铜、镁、锰、硅、锌等元素制成铝合金。

铝加入合金元素既保持了铝质量轻的特点，同时也提高了机械性能，屈服强度可达210～500MPa，抗拉强度可达380～550MPa，有比较高的比强度，是一种典型的轻质高强材料。其耐腐蚀性能较好，同时低温性能好。铝合金更易着色，有较好的装饰性，不仅用于建筑装饰，还能用于建筑结构，但一般不能作为独立承重的大跨度结构材料使用。

铝合金也存在缺点，主要是弹性模量小，约为钢材的1/3，刚度较小，容易变形；线膨胀系数大，约为钢材的两倍；耐热性差、可焊性也较差。

根据成分和工艺的特点，铝合金可以分为变形铝合金和铸造铝合金。

1. 变形铝合金

变形铝合金是通过冲压、弯曲、辊轧等压力加工使其组织、形状发生变化的铝合金，常用的变形铝合金有防锈铝合金、硬铝合金、超硬铝合金和锻铝合金等。变形铝合金可以用来拉制管材、型材和各种段面的嵌条。

2. 铸造铝合金

铸造铝合金是供不同种类的模型和方法铸造零件用的铝合金，按照其主要元素含量的不同，铸造铝合金可以分为铸造铝硅合金、铸造铜铝合金、铸造铝镁合金及铸造铝锌合金。铸造铝合金用来浇铸各种形状的零件。

9.2.3 铝合金的表面处理

铝材表面的自然氧化膜薄而软，耐蚀性较差，在较强的腐蚀介质的作用下，不能起到有效的保护作用。为了进一步提高铝材的耐磨、耐蚀、耐光和耐候等性能，常用人工方法来提高氧化膜的厚度，在此基础上再进行表面着色处理，以提高其装饰效果，这就是铝合金的表面处理技术，它主要包括表面处理前的预处理、氧化处理、表面着色和封空处理。

1. 表面预处理

成型后的建筑铝材表面往往不同程度地存在着污垢和缺陷，如灰尘、氧化铝膜、油污等，在表面处理之前必须对其进行必要的清除，使其裸露出纯净的基体，以形成与基体结合牢固、色泽和厚度均匀的人工氧化膜层，并获得使用效果与装饰效果俱佳的表面。

表面预处理主要包括除油、碱腐蚀、中和及期间的水洗等工序。

2. 氧化处理

为增加铝材表面氧化膜的厚度，要对其进行人工氧化处理。常用的氧化处理方法有阳极氧化和化学氧化两种。

1) 阳极氧化处理

阳极氧化处理就是通过控制氧化条件和工艺参数，在已处理的铝材表面形成比自然氧化膜(0.1μm)厚得多的氧化膜层(5～20μm)。

阳极氧化实质上就是水的电解。以铝材为阳极置于电解质溶液中，阴极为化学稳定性高的材料(如铅等)。当通电时，电解液中氢离子向阴极运动，在阴极上得到电子而还原为氢气放出。在阳极(即铝材)水解生成的氧负离子与铝形成氧化铝膜层。

阴极　$2H^{+}+2e^{-}\rightarrow H_2\uparrow$

阳极　$2Al^{3+}+3O^{2-}\rightarrow Al_2O_3$

阳极氧化膜的结构在电镜下观察由内层和外层组成。内层薄而致密，为无水 Al_2O_3，称为活性层，它的硬度高，且可以阻止电流的通过。外层为多孔状的 Al_2O_3 及其水化物，虽然硬度较低，但厚度却比内层厚得多。

2) 化学氧化处理

化学氧化就是铝材在弱酸性或弱碱性溶液中，部分基体金属发生反应，使其表面的自然氧化膜增厚或生成其他一些氧化膜的过程。化学氧化处理形成的氧化膜膜层较薄，抗蚀性及硬度较差，且不易着色，着色后耐光性差。因此化学氧化处理只用作有机涂层的底层或作暂时性的防腐保护层。

3. 表面着色处理

经中和水洗后，或阳极氧化后的铝材，再进行表面着色处理，可以保证铝材使用性能完好的同时增加其装饰性。表面着色处理后，铝材形成金、灰、暗红、银白、青铜、黑、茶褐、紫红色等色调。

着色方法有自然着色法、金属盐电解着色法、化学浸渍着色法及树脂粉末静电喷涂法、涂漆法等。最常用的是自然着色法和电解着色法。

1) 自然着色法

铝材在特定的电解液和电解条件下，利用铝合金本身所含有的不同合金元素，在阳极氧化的同时产生着色的方法为自然着色法。

2) 金属盐电解着色法

金属盐电解着色法是对常规硫酸液中的铝材氧化膜进一步电解，利用电解液中的金属盐阳离子沉积到氧化膜膜层针状孔的孔底而着色的方法。电解着色法的实质是电镀。可见颜色除有青铜色系、灰色系外，还有红色、蓝色等。

3) 化学浸渍着色法

化学浸渍着色法是利用阳极氧化膜的多孔结构对染料的吸附作用，将无机或有机染料浸渍吸附在孔隙内而着色。这种方法最大的缺点是易褪色、耐光性差，故只适用于室内装饰铝型材的表面着色。

4. 封孔处理

铝型材经阳极氧化和表面着色处理后的膜层为多孔状结构，具有极强的吸附能力，很容易吸附有害物质而被污染或早期腐蚀，因此在铝型材使用之前采取一定方法将多孔膜层加以封闭，使其丧失吸附能力，从而提高膜层的防污性和耐蚀性，这一处理过程称之为封孔处理。

常用的封孔处理方法有水合封孔、无机盐溶液封孔和透明有机涂层封孔。

5. 铝合金表面的其他加工方法

1) 无光泽表面的加工方法

(1) 喷丸方法：用石英砂、金属丸或屑、刚玉等磨料在压缩空气或离心力的作用下，冲击铝合金表面而将表面打毛的工艺方法。

(2) 刷光：借助刷子对经适度喷丸或用涂有磨料的毡轮抛光过的铝制品进行手工的或机械旋转的摩擦加工过程。

(3) 化学及电化学法：无光表面可在不加缓凝剂的碱溶液中蚀洗而获得，或在含有氯化物或氟化物的溶液中获得。

2) 光泽表面的加工方法

有些铝制品，如装饰铝合金、工艺美术品及部分炊具等，要求表面光滑、光亮甚至达到镜面反射，这就需要对铝制品表面进行光泽处理。常用方法有机械抛光、化学抛光和电解抛光。

(1) 机械抛光：类似于蚀面石材和玻璃表面的抛光。

(2) 化学抛光：在一定温度、一定成分的溶液中，对铝制品进行化学处理，通过化学反应而使铝合金抛光。

(3) 电解抛光：以铝制品作为阳极，以铅板或耐酸不锈钢板作为阴极，置于电解液中，在外加电流作用下，使制品表面达到平滑光亮的处理过程。

3) 图案表面的加工方法

图案表面的加工多数在铝板、带材上进行，有机械和化学两种方法。

(1) 机械加工方法是用装有花纹图案的压辊，轧压板、带表面，使一部分凸出，一部分凹下，获得类似浮雕的装饰效果。

(2) 化学加工方法主要用于机械很难加工的制品。这种方法只能获得凹痕较浅的蚀面。

9.2.4 常用装饰用铝合金制品

建筑装饰铝及铝合金制品主要有铝合金门窗、铝合金装饰板、铝合金龙骨及各类装饰配件，这里只介绍铝合金门窗和铝合金装饰板。

1. 铝合金门窗

铝合金门窗是由经表面处理的铝合金型材，经下料、打孔、铣槽、攻螺纹和组装等工艺，制成门窗框构件，再与玻璃、连接件、密封件和五金配件组装成门窗。

在现代建筑装饰中，尽管铝合金门窗比普通门窗的造价高3～4倍，但因长期维修费用低、性能好、美观、节约能源等，故得到广泛应用。

1) 铝合金门窗的优点

(1) 质量轻、强度高。每平方米耗用铝型材量平均8～12kg，而每平方米钢门窗耗钢量平均17～20kg，故铝合金门窗的质量比钢的轻50%左右。

(2) 性能好。其气密性、隔声性均比普通门窗好，故对安装空调设备的建筑和对防尘、隔声、保温隔热有特殊要求的建筑，更适宜用铝合金门窗。

(3) 耐久性好，使用维修方便。铝合金门窗不需要涂漆，不褪色，不脱落，表面不需要维修。铝合金门窗强度高，刚性好，坚固耐用，零件经久不坏，开关灵活轻便，无噪声。

(4) 装饰性好。铝合金门窗框料型材表面可氧化着色处理，可着银白色、古铜色、暗红色、黑色等柔和的颜色或带色的花纹，可涂装聚丙烯酸树脂装饰膜使表面光亮。铝合金门窗新颖大方、线条明快、色泽柔和，增加了建筑物的立面和内部的美观。

(5) 便于进行工业化生产。铝合金门窗的加工、制作、装配、试验都可在工厂进行大批量的工业化生产，有利于实现产品设计标准化、系列化、零配件通用化，以及产品的商业化。

2) 铝合金门窗的品种

铝合金门窗按开启方式分为推拉门(窗)、平开门(窗)、固定窗、悬挂窗、百叶窗、纱窗和回转门(窗)等。

3) 铝合金门窗的等级

铝合金门窗按抗风压强度、空气渗透性能和雨水渗透性能分为A、B、C这3类，分别表示高性能、中性能和低性能。每一类又按抗风压强度、空气渗透性能和雨水渗透性能分为优等品、一等品和合格品3个等级。

2. 铝合金装饰板

铝合金装饰板属于现代较为流行的建筑装饰板材，具有质量轻、不燃烧、耐久性好、施工方便、装饰效果好等优点，适用于公共建筑室内外墙面和柱面的装饰。当前的产品规格有开发式、封闭式、波浪式、重叠式条板和藻井式、内圆式、龟板式块状吊顶板。颜色有本色、金黄色、古铜色、茶色等。表面处理方法有烤漆和阳极氧化等形式。近年来在装饰工程中用得较多的铝合金板材有以下几种。

1) 铝合金花纹板及浅花纹板

铝合金花纹板是采用防锈铝合金胚料，用特殊的花纹轧辊轧制而成，如图9.2所示，花纹美观大方，凸筋高度适中，不易磨损，防滑性好，防腐蚀性能强，便于冲洗，通过表面处理可以得到各种不同的颜色，花纹板材平整，裁剪尺寸精确，便于安装，广泛应用与现代建筑的墙面装饰和楼梯，踏板等处。

铝合金浅花纹板是优良的建筑装饰材料之一，其花纹精巧别致，色泽美观大方，同普通铝合金相比，刚度高出20%，抗污垢、抗划伤、抗擦伤能力均有所提高，是我国特有的建筑装饰产品。

2) 铝合金压形板

铝合金压形板重量轻、外形美、耐腐蚀性，经久耐用，安装容易，施工快速，经表面处理可得到各种优美的色彩，是现代广泛应用的一种新型建筑装饰材料，主要用于墙面和屋面，如图9.3所示。

图9.2 铝合金花纹板

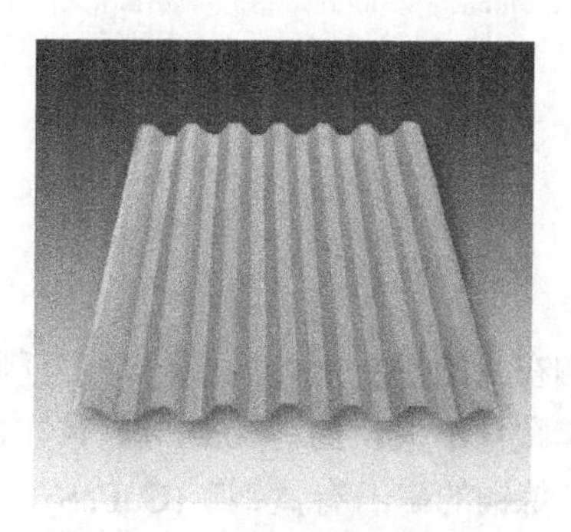

图9.3 铝合金压形板

3) 铝合金穿孔板

铝合金穿孔板是用各种铝合金平板经机械穿孔而成的。孔形根据需要有圆孔、方孔、长圆孔、长方孔、三角孔、大小组合孔等。这是近年来开发的一种降低噪声并兼容有装饰效果的新产品。

铝合金穿孔板材质轻、耐高温、耐高压、耐腐蚀、防火、防潮、防震，化学稳定性好，造型美观，色泽幽雅，立体感强，可用于宾馆、饭店、剧场、影院、播音室等公共建筑中，用于高级民用建筑则可改善音质条件，也可以用于各类车间厂房、机房、人防地下室等作降噪材料。

知识链接

铝合金门窗性能验收

铝合金门窗的物理性能采取见证取样检测，应在经进程检验的门窗产品中随机抽取至少一组检测样品。建筑门窗产品的物理性能检验应包括气密性能、水密性能、抗风压性能、保温性能、采光性能、空气声隔声性能、可见光透射比、遮阳系数等。

1. 建筑外门窗产品的气密性能、水密性能、抗风压性能的检验应符合现行国家标准《建筑外门窗气密、水密、抗风压性能分级及检查方法》GB/T 7106 的规定。

2. 建筑外门窗产品的保温性能的检验应符合现行国家标准《建筑外门窗保温性能分级及检测方法》GB/T 8484 的规定。

3. 建筑门窗产品的空气声隔声性能的检验应符合现行国家标准《建筑门窗空气声隔声性能分级及检测方法》GB/T 8485 的规定。

4. 建筑外窗产品的采光性能的检验应符合现行国家标准《建筑外窗采光性能分级及检测方法》GB/T 11976 的规定。

5. 建筑外窗中空玻璃露点的检验应符合现行国家标准《中空玻璃》GB/T 11944 的规定。

6. 外窗可见光透射比的检验应符合现行国家标准《建筑玻璃 可见光透射比、太阳光直接透射比、太阳能总透射比、紫外线透射比及有关窗玻璃参数的确定》GB/T 2680 的规定。

7. 外窗遮阳系数的检验应符合现行国家标准《建筑玻璃可见光透射比、太阳光直接透射比、太阳能总透射比、紫外线透射比及有关窗玻璃参数的确定》GB/T 2680 的规定测定门窗单片玻璃太阳光光谱透射比、反射比等参数，并应按现行行业标准《建筑门窗玻璃幕墙热工计算规程》JGJ/T 151 的规定计算夏季标准条件下外窗遮阳系数。

(参考资料：《建筑门窗工程检测技术规程》JGJ/T 205—2010.)

9.3 铜及铜合金材料

9.3.1 铜及其应用

铜在我国历史上使用最早，广泛用作建筑装饰及各种零部件的一种有色金属。铜在地壳中储藏量不大，约占 0.01%，且在自然界中很少以游离状态存在，多是以化合物状态存在的。炼铜的矿石有黄铜矿($CuFeS_2$)、辉铜矿(Cu_2S)、斑铜矿(Cu_3FeS_2)、赤铜矿(Cu_2O)和孔雀石[$CuCO_3 \cdot Ca(OH)_2$]等。铜是一种容易精炼的金属材料。铜金属最初是用于制造武器发展起来的，也可以用作生活用品，如铜质盆、铜镜、宗教祭品、货币和装饰品等。

纯铜表面氧化生成氧化铜膜后呈紫红色，故称紫铜，属于有色贵金属，具有良好的导电性、导热性、耐腐蚀性，以及良好的延展性、塑性和易加工性，能压延成薄片(纯铜片)，拉成很细的丝(铜线材)。但纯铜强度较低，不宜直接作为结构材料，主要用于制造导电器材或配制铜合金。

在古建筑中，铜材是一种高档的装饰材料，用于宫廷、寺庙、纪念性建筑以及商店铜字招牌等；在现代建筑中，铜仍然属于高级的装饰材料(图 9.4)，如南京五星级金陵饭店正门大厅选用了铜扶手和铜栏杆。北京、上海、广州等各地的高级宾馆、商厦也常用铜作装饰，具有光彩耀目、富丽堂皇的装饰效果。

图 9.4 铜扶手和铜栏杆

9.3.2 铜合金及其应用

铜合金是在铜中掺入锌、锡等元素形成的，它既保持了铜的良好塑性和高抗蚀性，又改善了纯铜的强度、硬度等力学性能。常用的铜合金有黄铜、白铜和青铜。

铜和锌的合金称为黄铜。黄铜分为普通黄铜和特殊黄铜。铜中只加入锌元素时称为普通黄铜。普通黄铜呈金黄色或黄色，色泽随着含锌的增加而逐渐变淡。为了进一步改善普通黄铜的力学性质和提高耐腐蚀性，在铜、锌之外，可再加入 Pb、Mn、Sn、Al 等合金元素配成特殊黄铜。

铜合金装饰制品的特点之一是源于其具有金色感，常替代稀有的、价值昂贵的金在建筑装饰中作为点缀。

古希腊的宗教建筑和宫殿较多的采用金、铜等进行装饰、雕塑，具有传奇色彩的帕提依神庙大门为铜质镀金。古罗马的雄狮凯旋门、图拉真骑马座像都有青铜的雕塑。中国盛唐时期的宫廷建筑也多以金、铜来装饰，人们认为以金或铜来装饰的建筑是高贵和权势的象征。

现代建筑装饰中，显耀的门厅门配以铜质把手、门锁、执手，变幻莫测的螺旋式楼梯扶手栏杆选用铜质管材，踏步上附有铜质防滑条，水龙头、淋浴器配件、各种灯具等采用铜合金制作，无疑会在原有豪华、高贵的氛围中更增添装饰的艺术性，使得装饰效果得以淋漓尽致的发挥。

铜合金的另一应用是铜粉，俗称“金粉”，是一种由铜合金制成的金色颜料，主要成分为铜及少量的锌、铝、锡等金属，常用于调制装饰涂料，代替“贴金”。

铜合金经冷加工所形成的板材、板带，多用于室内柱面、门厅及挑檐包面等部位的装饰，也可以用来加工制作灯箱和各种灯饰物。

铜饰的装饰效果很强，既能塑造现代风格，也能塑造古典风格，是一种极佳的装饰材料。另外，铜饰能够与铁艺相结合使用，可丰富铁艺的细部造型。

9.4 不锈钢及彩钢材料

建筑用钢材包括各种型钢、钢板、钢管，以及钢筋混凝土用的钢筋和钢丝。它是建筑工程上应用最广、最重要的建筑材料之一。

钢材具有许多重要的优点和特性。一是材质均匀、性能可靠；二是有较高的强度和较

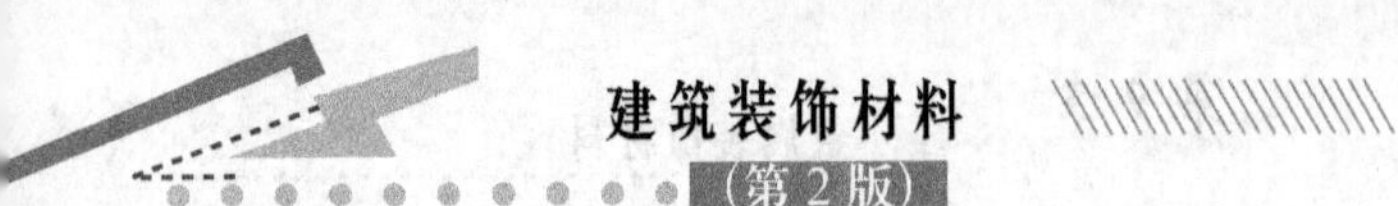

好的塑料、韧性，可承受各种性质的荷载；三是有优良的加工性，可焊、可铆、可制成各种形状的型材和零件。

从装饰角度上讲，普通钢材具有金属感强、美观大方的感觉，可在其基体表面上进行艺术处理，在现代建筑装饰艺术中越来越受到重视。

目前，建筑装饰工程中常用的钢材制品主要有不锈钢板材与管材、彩色不锈钢板、彩色涂层钢板和压形钢板、镀锌钢卷帘门板及轻钢龙骨等。

知 识 链 接

建筑工程常用钢材主要用于以下4个方面。

(1) 钢结构用钢——有角钢、槽钢、工字钢和钢板等。

(2) 钢筋混凝土结构用钢——有光圆钢筋、带肋钢筋、钢丝和钢绞线。

(3) 钢管——有焊缝钢管和无缝钢管等。

(4) 建筑装饰用钢材——有不锈钢板、彩色涂层钢板、压形钢板、轻钢龙骨等。

9.4.1 不锈钢及制品

1. 不锈钢的特性和钢号

1) 不锈钢的特性

铁矿石经过冶炼后得到铁(含碳量大于2%)，铁再经过精炼成为钢(含碳量小于2%)。普通钢材易锈蚀，每年大量钢材遭锈蚀损坏。钢材的损坏有两种情况：一种是化学腐蚀，即在常温下钢材表面受到氧化而生成氧化膜层；二是电化学腐蚀，这是因为钢材在较潮湿的空气中，其表面发生“微电池”作用而产生腐蚀。钢材腐蚀大多属于电化学腐蚀。

不锈钢是以铬元素为主要添加元素的合金钢，事实表明，铬含量越高，钢的抗腐蚀性愈好，除铬外，不锈钢中还含有镍(Ni)、锰(Mn)、钛(Ti)、硅(Si)等元素。这些元素能影响不锈钢的强度、塑性、韧性和耐腐蚀性。

耐腐蚀性是不锈钢诸多性能中最显著的特性之一。不锈钢的耐腐蚀性原因是由于铬的性质比较活泼，在不锈钢中，铬首先与环境中的氧生成一层与钢基体牢固结合的致密氧化膜层(称钝化膜)，它能使合金钢得到保护，不致生锈。

不锈钢另一特性是表面光泽度高。不锈钢的表面经加工特别是抛光后，可以获得镜面效果，光线的反射比可以达到90%以上，体现出优良的装饰性，是富有时代气息的装饰材料。

不锈钢膨胀系数大，约为碳钢的1.3～1.5倍，但导热系数只有碳钢的1/3，不锈钢韧性及延展性均较好，常温下也可加工。

2) 钢号

不锈钢的钢号参照《不锈钢和耐热钢　牌号及化学成分》(GB/T 20878—2007)。以不锈、耐蚀性为主，且铬含量至少为10.5%，碳含量最大不超过1.2%。

2. 不锈钢的分类

按照所加元素的不同，不锈钢分为铬不锈钢、镉镍不锈钢和高锰低铬不锈钢等。

按照耐腐蚀性能分为耐酸钢和不锈钢两种。能抵抗大气腐蚀作用的钢材为不锈钢，能抵抗一些化学介质(如酸液等)侵蚀的钢材为耐酸钢。一般不锈钢不一定耐酸，而耐酸钢一定具有良好的耐腐蚀性。

根据不锈钢的金相组织特点，不锈钢分为马氏体不锈钢、铁素体不锈钢、奥氏体不锈钢和沉淀硬化不锈钢。马氏体不锈钢属铬不锈钢，有磁性，含碳量较高，含铬量为 12%～18%。铁素体不锈钢也属铬不锈钢，有磁性，含碳量低，含铬量为 12%～30%，其高温抗氧化能力好，抗大气和耐酸腐蚀性差。奥氏体不锈钢属镉镍不锈钢，是应用最广泛的不锈钢，无磁性，含碳量很低，含铬量约为 18%，含镍量为 8%～10%，具有良好的耐腐蚀性和耐热性，抛光后能长久光亮。沉淀硬化不锈钢是前 3 种钢经特殊处理产生沉淀硬化而得到的。其中马氏体沉淀硬化不锈钢应用最多。

不锈钢按外表色彩分为普通不锈钢和彩色不锈钢；按表面形状可分为平面板和花纹板。

3. 不锈钢制品及其应用

建筑不锈钢制品主要有板材、管材和型材。

1) 不锈钢板材

不锈钢制品应用最多的为板材，一般均为薄材，厚度多小于 2.0mm。装饰不锈钢板材通常按照板材的反光率分为镜面或光面板、压光板和浮雕板 3 种类型。镜面板表面光滑光亮，反光率可达 90%以上，表面可形成独特的映像效果，常用于室内墙面或柱面，可形成高光部分，独具魅力。为保护镜面板表面在加工和施工过程中不受侵害，常在其上加一层塑料保护膜，待竣工后再揭去。压光板的光线反射率为 50%以下，其光泽柔和、不晃眼，可用于室内外装饰，产生一种柔和、稳重的艺术效果。浮雕板的表面是经辊压、研磨、腐蚀或雕刻而形成浮雕纹路，一般蚀刻深度在 0.015～0.5mm，这样使得浮雕板不仅具有金属光泽，而且还富有立体感。这种板材在加工浮雕前必须经过正常的研磨和抛光，所以比较费时，价格也较贵。

不锈钢板材可以用于公共建筑物的墙柱面装饰，如电梯门、门脸贴面等。

2) 彩色不锈钢板装饰制品

彩色不锈钢板是用化学镀膜、化学浸渍等方法对普通不锈钢板进行表面处理后而制得的，如图 9.5 所示，其表面具有光彩夺目的装饰效果，具有蓝、灰、紫红、青、绿、金黄、橙及茶色等多种彩色和很高的光泽度，色泽会随光照角度的改变而产生变幻的色调效果。

图 9.5　彩色不锈钢板

彩色不锈钢板无毒、耐腐蚀、耐高温、耐摩擦和耐候性好，其色彩面层能在 200℃以下或弯曲 180°时无变化，色层不剥离，色彩经久不褪，耐烟雾腐蚀性能超过一般不锈钢，彩色不锈钢板的加工性能好，可弯曲、可拉伸、可冲压等。耐腐蚀性超过一般的不锈钢，耐磨和耐刻划性能相当于箔层镀金的性能。

彩色不锈钢板适用于高级建筑物的电梯厢板、厅堂墙板、顶棚、门、柱等处，也可作车厢板、建筑装潢和招牌等。

3) 不锈钢型材

不锈钢型材有等边不锈钢角材、等边不锈钢槽材、不等边不锈钢角材和不等边不锈钢槽材、方管、圆管等，用作压条、拉手和建筑五金等。

4) 建筑不锈钢的选择

建筑装饰用不锈钢板在使用中应注意掌握以下原则。

(1) 考虑装饰效果。不锈钢的装饰效果由光泽、色调和质感所体现。镜面板和压光板的装饰效果截然不同，体现的风格也各异。所以人们应根据装饰部位及总体装饰设计的要求合理选择。

(2) 考虑使用条件。不锈钢所处的使用环境不同，可能承受的污染和腐蚀介质及其作用程度也有差异。用于室外环境的不锈钢，由于直接受到大气的影响，所以对其腐蚀性能要求会更高。处于人流密集、高度较低的部位，因在使用中受到人为的撞击磕碰的可能性较大，故要求不锈钢有足够的强度、硬度和刚度。

(3) 考虑构造要求。直接采用过薄的板材装饰，会由于薄板刚度较小而易变形，因此应该选择厚度较大的板材。若采用复合板材，不锈钢板材只作为装饰面，粘贴在一定厚度的基层上，那么不锈钢板材可以薄一些，节省不锈钢板材的用量。

(4) 考虑工程造价。不锈钢的价格较贵，所以应合理选择不锈钢的类型、厚度及表面处理方式。

9.4.2 彩色涂层钢板和彩色压形钢板

1. 彩色涂层钢板

彩色涂层钢板是以冷轧板或镀锌板为基材，在其表面进行化学预处理后，涂以各种保护、装饰涂层而成的，其结构如图 9.6 所示。

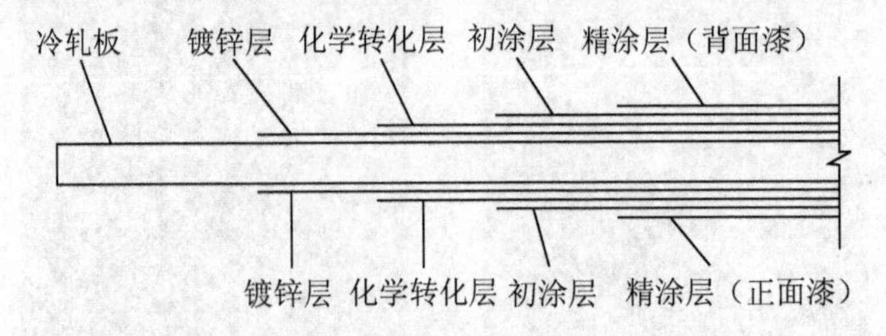

图 9.6 彩色涂层钢板的结构

彩色涂层钢板的涂层有有机涂层、无机涂层和复合涂层 3 种，其中以有机涂层钢板发展最快，用量最多。有机涂层可以配制各种不同颜色和花纹，色彩丰富，有红色、绿色、乳白色、棕色及蓝色等，装饰性强；而且涂层的附着力强，可以长期保持新颖的色泽。彩色涂层钢板的加工性能好，可以进行切断、弯曲、钻孔、铆接和卷边。

1) 彩色涂层钢板的主要技术性能要求

(1) 耐污染性能：将番茄酱、口红、咖啡饮料、食用油等，涂抹在聚酯类涂层表面，放置24小时后，用洗涤液清洗烘干，其表面光泽、色彩无任何变化。

(2) 耐高温性能：彩色涂层钢板在120℃烘箱中连续加热90h，涂层的光泽、颜色无明显变化。

(3) 耐低温性能：彩色涂层钢板在-54℃低温下放置24h，涂层弯曲、抗冲击性能无明显变化。

(4) 耐沸水性能：彩色涂层钢板在沸水中浸泡60min后，表面的颜色和光泽无任何变化，也不出现起泡、软化和膨胀等现象。

2) 彩色涂层钢板的分类

彩色涂层钢板的原板通常为冷轧钢板和镀锌钢板，最常用的有机涂层为聚氯乙烯、聚丙烯酸酯、环氧树脂、醇酸树脂等。涂层与钢板的结合采用薄膜层压法和涂料涂敷法两种，根据结构不同，彩色涂层钢板大致可分为以下几种。

(1) 涂装钢板。用镀锌钢板作为基底，在其正背面都进行涂装，以保证其耐腐蚀性能。正面一层为底漆，通常为环氧底漆，因为它与金属的附着力强，背面漆也涂有环氧树脂或丙烯酸树脂。第二层过去用醇酸树脂，现在一般用聚酯类涂料或丙烯酸树脂涂料。

(2) PVC钢板。有两种类型的PVC钢板：一种是用涂布PVC糊的方法生产的，称为涂布PVC钢板；另一种是将已成形和印花或压花PVC膜贴在钢板上，成为贴膜PVC钢板。

无论是涂布还是贴膜，其表面PVC层均较厚，可达到100～300μm，而一般涂装钢板的涂层仅20μm左右。PVC层是热塑性的，表面可以热加工。

PVC表面层的缺点是易老化。为了改善这一缺点，现在已生产出一种在PVC表面再复合丙烯酸树脂的新型复合性PVC钢板。

(3) 隔热涂装钢板。在彩色涂层钢板的背面贴上15～17mm的聚苯乙烯泡沫塑料或硬质聚氨酯泡沫塑料，可用来提高涂层钢板的隔热隔声性能。目前，我国已能生产此类钢板。

(4) 高耐久性涂层钢板。根据氟塑料和丙烯酸树脂耐老化性能好的特点，将它用在钢板表面涂层上，能使钢板的耐久性、耐腐蚀性能提高。

彩色涂层钢板可以用作各类建筑物的内外墙板、吊顶、屋面板和壁板等。彩色涂层钢板在用作围护结构和屋面板时，往往与岩棉板聚苯乙烯泡沫板等绝热材料制成复合板材，从而达到绝热和装饰的双重要求。此外还可以作屋面板、瓦楞板、防水防渗透板、耐腐蚀设备、构件以及家具、汽车外壳、挡水板等。

彩色涂层钢板还可以制作成压形板，由于它具有耐久性好、美观大方、施工方便等长处，故可以用于工业厂房及公共建筑墙面和屋面。

2. 彩色压型钢板

彩色压型钢板是以镀锌钢板为基材，经过成型机轧制成各种异形断面，表面涂敷各种耐腐蚀涂层或烤漆而成的轻型复合板材，也可以采用彩色涂层钢板直接压制成型。这种板材的基材厚度只有0.5～1.2mm，属于薄型钢板，但是经轧制等加工成压型钢板后(断面为V形、U形、梯形或波形等)，受力合理使钢板的抗弯强度大大提高，如图9.7所示。工程中墙面压型钢板基板的公称厚度不宜小于0.5mm，屋面压型钢板基板的公称厚度不宜小于

0.6mm，楼盖压型钢板基板的公称厚度不宜小于 0.8mm。基板厚度(包括镀层厚度在内)的允许偏差应符合规定，负偏差大于规定的板段不得用于加工型钢板。

图 9.7 彩色压型钢板

压型钢板的型号由 4 部分组成：压型钢板的代号(YX)，波高 *H*，波距 *S*，有效覆盖宽度 *B*。例如，YX38-175-700 表示波高 38mm、波距 175mm、有效覆盖宽度 700mm 的压型钢板。

《建筑用压型钢板》(GB/T 12755—2008)规定压型板表面不允许有用 10 倍放大镜能观察到的裂纹存在。对镀锌钢板及彩色涂层钢板制成的压型板规定不得有镀层、涂层脱落以及影响使用性能的擦伤。

压型钢板基板的镀层(锌、锌铝、铝锌)应采用热浸镀方法，镀层重量(双面)应分别不小于 90g/m^2(热镀锌基板)、50g/m^2(镀铝锌合金基板)及 65g/m^2(镀锌铝合金基板)。不同腐蚀介质环境中，环境腐蚀条件的分类见表 9-1。

表 9-1 外界条件对冷弯薄壁型钢结构的浸蚀作用分类

地区	相对湿度/%	对结构的浸蚀作用分类		
		室内(采暖房屋)	市内(非采暖房屋)	露天
农村、一般城市的商业区及住宅	干燥，<60	无浸蚀性	无浸蚀性	弱浸蚀性
	普通，60～75	无浸蚀性	弱浸蚀性	中等浸蚀性
	潮湿，>75	弱浸蚀性	弱浸蚀性	中等浸蚀性
工业区、沿海地区	干燥，<60	弱浸蚀性	中等浸蚀性	中等浸蚀性
	普通，60～75	弱浸蚀性	中等浸蚀性	中等浸蚀性
	潮湿，>75	中等浸蚀性	中等浸蚀性	中等浸蚀性

彩色压型钢板质量轻、抗震性好、耐久性强，而且易于加工、施工方便，其表面色彩鲜艳、美观大方、装饰性好。彩色压型钢板广泛用于各类建筑物的内外墙面、屋面和吊顶等处的装饰，也用作轻型夹心板材的面板等。

3. 其他装饰板材

1) 搪瓷装饰板

搪瓷装饰板是以钢材、铸铁板为基底材料，在此基底材料的表面上涂刷一层无机物，经过高温烧结后，无机物与基底材料牢固附着在一起而形成一种金属装饰板材。

搪瓷装饰板不仅具有金属基底材料的刚度和强度，而且还具有搪瓷釉层的化学稳定性和装饰性。金属基底材料附着了搪瓷釉层后，耐磨、不生锈、耐酸碱、防火、绝缘，且受热不易氧化，提高了基底金属材料的耐久性。搪瓷装饰板的表面可以采用贴花、丝网印花或喷花等工艺制品制成各种艺术图案，装饰效果好。

搪瓷装饰板广泛应用于各类建筑物的内外墙装饰，也可以制成小幅画作为内墙面的点缀性装饰。

2) 塑料复合板

塑料复合板是在钢板表面上覆一层0.2～0.4mm的半硬质聚氯乙烯塑料膜而成的。它具有绝缘性好、耐磨损、耐冲击和耐潮湿等特性，还具有良好的延展性及加工性，板材弯曲180°塑料层不会脱离钢板。复合塑料膜后不仅改变了钢板的乌黑面貌，而且可在其上绘制图案和艺术条纹，例如木纹、布纹、皮革纹和大理石纹等，具有良好的装饰性。

复合塑料板可用作门板、顶棚等。

9.4.3 轻钢龙骨和金属吊顶

所谓龙骨是指罩在面板装饰中的骨架材料。罩面板装饰材料包括内隔墙、隔墙和吊顶等。与抹灰类和贴面类装饰相比，罩面板装饰可以大大减少装饰施工中的湿作业工程量。

龙骨按用途分为隔墙龙骨和吊顶龙骨两类。隔墙龙骨一般作为室内隔墙或隔断龙骨，两面覆以石膏板、塑料板、石棉水泥板、纤维板或金属板构成墙体。吊顶龙骨用作室内吊顶骨架，面层采用石膏等各种吸声板材。建筑装饰中常用的龙骨材料有轻钢龙骨、铝合金龙骨、塑料龙骨和木龙骨等。

轻钢龙骨是以冷轧钢板(钢带)、镀锌钢板(钢带)或彩色喷塑钢板(钢带)为原料，采用冷弯工艺加工而成的薄壁型钢，经组合装配而成的一种金属骨架。它具有自重轻、刚度大、防火、抗震性能好、加工安装简便等特点，适用于工民建等室内隔墙和吊顶所用的骨架。其可用作吊顶和隔墙龙骨，是一种代木产品。

1. 轻钢龙骨的特点

1) 自重轻

制作轻钢龙骨的板材厚度为0.5～1.5mm。吊顶龙骨自重为3～4kg/m^2，与9mm厚纸面石膏板组成吊顶，重11～12kg/m^2，相当于20mm厚抹灰顶棚质量的1/4左右。隔断龙骨自重为5kg/m^2，两侧各覆以厚度12mm的纸面石膏板构成隔墙，质量也仅为25～27kg/m^2，相当于普通120mm厚砖墙重量的1/10。所以采用轻钢龙骨可以大大减轻建筑物的自重。

2) 防火性能好

轻钢龙骨具有良好的防火性能，尤其优于木龙骨的主要特点。轻钢龙骨与耐火石膏板组成的隔断，其耐火极限可达1h，完全可以满足建筑设计的防火规范要求。

3) 结构安全可靠

轻钢龙骨虽然薄、轻，但由于采用了异形断面，所以强度高、弯曲刚度大、挠曲变形小，因此由其制作的结构安全可靠。

4) 抗震性能好

轻钢龙骨各构件之间采用吊、挂、卡等连接方式，与面层板之间采用射钉、抽芯铆钉或自攻螺钉等方式连接，在受震动时，可吸收较多变形能量，所以轻钢龙骨隔墙或吊顶有良好的抗震性能。

5) 可提高绝热效果及室内空间利用率

轻钢龙骨占地面积小，如C75轻钢龙骨和两层12mm厚石膏板组成的隔断，其厚度仅为99mm，其绝热性能远远超过一砖墙；若在龙骨内再填充岩棉等保温材料，其绝热效果相当于三七墙。在相同绝热效果下，轻钢龙骨隔断可以减少占地面积而提高室内空间利用率。

6) 施工方便便于拆改

轻钢龙骨的施工是组装式的，完全取消湿作业，因此施工效率高，且装配、调整方便。这一施工特点，便于住户根据不同的使用要求进行室内空间的布置和分隔，为室内空间的重新布置提供了较大的灵活性和可能性。

2. 轻钢龙骨的分类与标记

1) 轻钢龙骨的分类

按荷载类型分，有上人龙骨和不上人龙骨。按用途分，有吊顶龙骨(代号D)和墙体龙骨(代号Q)；按其断面形式不同分为C型龙骨(代号C)、T型龙骨(代号T)、L型龙骨(代号L)和U型龙骨(代号U)等多种，如图9.8所示。其中，C型龙骨主要用于隔墙，U型龙骨和T型龙骨主要用于吊顶。

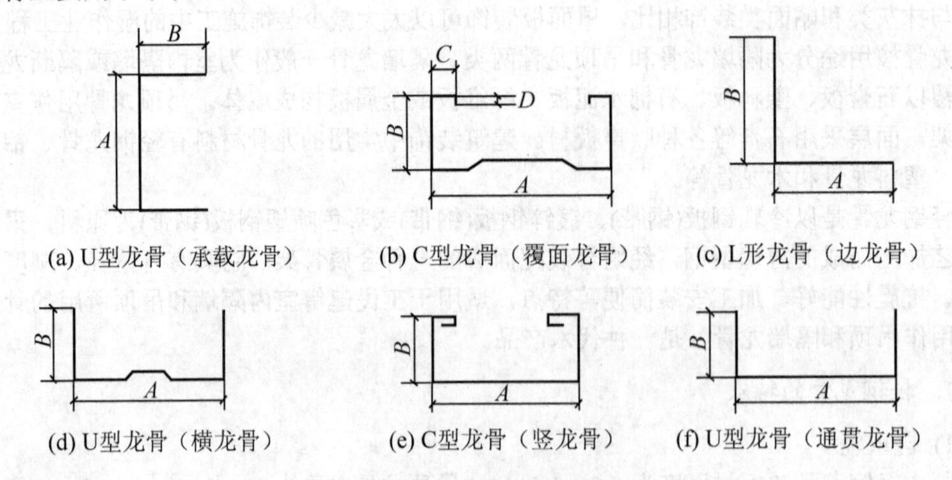

图9.8 轻钢龙骨的断面形状

2) 轻钢龙骨的标记

轻钢龙骨的标记顺序为：产品名称、代号、断面形状、宽度、高度、厚度和标准号。例如，断面形状为C形、宽度为50mm、高度为15mm、钢板厚度为1.5mm的吊顶承载龙骨的标记为：建筑用轻钢龙骨DC50×15×1.5 GB/T 11981—2008。

3. 轻钢龙骨的技术要求

轻钢龙骨按外观质量、表面镀锌量和形状允许偏差分为优等品、一等品和合格品。

1) 外观质量

轻钢龙骨外形应平整、棱角清晰、切口不允许有影响使用的毛刺和变形。镀锌层不允许有起皮、起瘤和脱落等缺陷。对于腐蚀、损伤、黑斑和麻点等缺陷应符合表9-1的规定。

2) 表面防锈处理

按照GB/T 11981—2008规范，轻钢龙骨表面应镀锌防锈，镀锌量应符合表9-2的规定。

允许轻钢龙骨用喷漆、喷塑等其他方法防锈，其性能要求与镀锌防锈相同。

表 9-2 轻钢龙骨外观质量、表面防锈及尺寸允许偏差

项目	内容		技术要求	
外观质量	腐蚀、损伤、黑斑、麻点		无较严重的腐蚀、损伤、麻点，面积不大于 1cm² 的黑斑每米长度内不多于 3 处	
表面防锈	双面镀锌量/(g/cm²)		≥100	
尺寸允许偏差/mm	长度		U 型、C 型、H 型、V 型、L 型、CH 型	±0.5
			T 型孔距	±0.3
	覆面龙骨	尺寸 A	≤1.0	
		尺寸 B	≤0.5	
	其他龙骨	尺寸 A	≤0.5	
		尺寸 B	≤0.1	

4. 轻钢龙骨配件的种类

根据 JC/T 558—2007 标准规定，建筑用轻钢龙骨配件是以冷轧薄钢板(钢带)为原料，经冲压成形，用作组合轻钢龙骨墙体、吊顶骨架。

吊顶龙骨的配件有吊杆、吊件、挂件、挂插件、接插件和连接件，如图 9.9 所示。吊件(有普通吊件和弹簧吊件)用于承载龙骨与吊杆的连接；挂件(有压筋式挂件和平板式挂件)用于承载龙骨和覆面龙骨的连接；挂插件用于正交两方面的覆面龙骨的连接；接插件用于覆面龙骨的接长；连接件用于承载龙骨的接长。吊顶 T 型龙骨的配件有连接件，用于龙骨的接长。

墙体龙骨的配件有支撑卡、接插件和角托等，如图 9.10 所示。支撑卡用于覆面板材与龙骨固定时辅助支撑竖龙骨；接插件用于竖龙骨的接长；角托用于竖龙骨背面与横龙骨之间的连接。

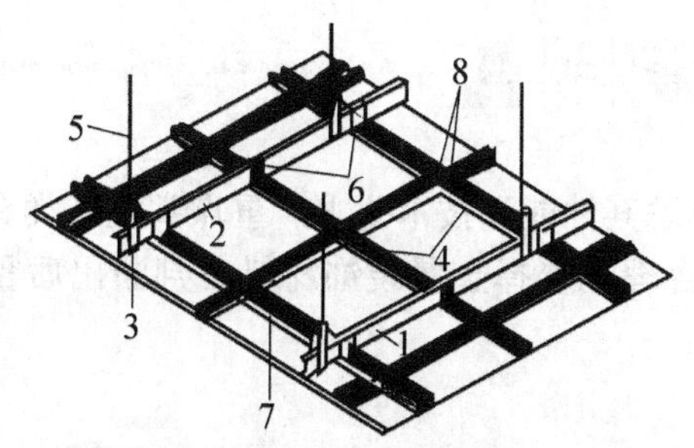

1—承载龙骨连接件；2—承载龙骨；3—吊件；
4—覆面龙骨连接件；5—吊杆；6—挂件；
7—覆面龙骨；8—挂插件

图 9.9 吊顶龙骨配件

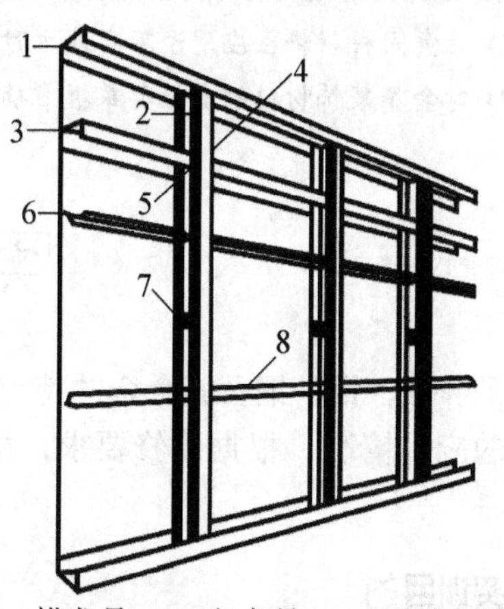

1—横龙骨；2—竖龙骨；3—通撑龙骨；
4—角托；5—卡托 6—通贯龙骨；7—支撑卡；
8—通贯龙骨连接件

图 9.10 墙体龙骨配件

本章小结

本章对建筑金属装饰材料进行了较为详细的阐述，包括各种金属材料的特点及应用。

通过本章常用金属装饰材料的学习，使同学们了解铝、铜、钢及其合金的特点、分类、牌号，掌握铝合金的种类及表面处理方法，了解铜性能特点和应用，掌握不锈钢及彩色涂层钢板的特点及应用，熟悉轻钢龙骨吊顶的产品规格、技术要求及应用。

案例分析

1. 某住宅铝合金窗使用两年后发现表面颜色变暗、结构变形，开关不顺畅，隔声效果及气密性差。试分析原因。

【分析】

(1) 铝合金材料遇腐蚀后，易导致表面氧化，颜色变暗，使用寿命缩短。

(2) 本案例可能是材质不好，门窗型材选择不当，规格偏小，型材厚度偏薄。

(3) 拼装时构造不合理，连接不牢固，受力后容易产生变形。

(4) 门窗框同墙体连接处不牢固，可能有微小裂缝，安装时未用密封胶填嵌密封或密封材料添置不连续，粘接不牢靠。

(5) 滑轮、毛条、防脱落密封器、下密封块的安装是否正确。这些因素会大大影响铝合金门窗的启闭状态、隔声效果和气密性。

2. 观察居住建筑和公共建筑装饰材料的选用方面有何差异，在选用金属装饰材料方面应注意什么？

【分析】

(1) 两者的使用功能不同，其注重的装饰效果不同。注意按不同金属材料的使用质量和给人的质地感官差别来选择，营造或高贵典雅或庄重华贵或淡雅或宁静的效果。

(2) 注意同种材料在应用于不同地方时给人带来的差异性效果。

(3) 对金属装饰材料的属性要掌握准确，根据使用环境正确选择，达到功能和质量同时保证的目的。

实训指导书

了解铝、铜、钢及其合金的特点、分类，熟悉其性能和技术要求，重点掌握各类金属材料的应用情况。根据装修要求，能够正确并合理地选择金属装饰材料，判断出质量的好坏。

一、实训目的

让学生自主地到建筑装饰材料市场和建筑装饰施工现场进行考察和实训，了解常用金属装饰材料的价格，熟悉其应用情况，能够准确识别各种常用金属装饰材料的名称、规格、种类、价格、使用要求及适用范围等。

二、实训方式

1. 建筑装饰材料市场的调查分析

学生分组：3～5 人一组，自主地到建筑装饰材料市场进行调查分析。

调查方法：学会以调查、咨询为主，认识各种金属装饰材料、调查材料价格、收集材料样本图片、掌握材料的选用要求。

重点调查：不同金属装饰材料的常用规格。

2. 建筑装饰施工现场装饰材料使用的调研

学生分组：10～15 人一组，由教师或现场负责人指导。

调查方法：结合施工现场和工程实际情况，在教师或现场负责人指导下，熟知金属装饰材料在工程中的使用情况和注意事项。

重点调查：金属装饰材料的性能检验。

三、实训内容及要求

(1) 认真完成调研日记。
(2) 填写材料调研报告。
(3) 实训小结。

第10章

其他装饰材料

教学目标

熟悉地毯、装饰壁纸、墙布、窗帘的特性、分类及选用方法；熟悉装饰灯具的分类及选用方法；了解绝热材料、吸声、隔声材料的基本性质及选用方法。

教学要求

能力目标	相关试验或实训	重　点
能够根据装饰织物及地毯的技术性质正确选择地毯、窗帘的品种和规格	调研地毯、窗帘市场价格及应用	★
能够识别各类灯饰与灯具的功能与用途	调研灯具的种类及应用	★
理解绝热、吸声与隔音材料的原理		
能够根据绝热材料的性能正确选择绝热材料及其制品		
能够根据吸声与隔声材料的性能正确选择吸声与隔声材料及其制品		★

引 例

如图 10.1 所示，某办公建筑的会议室装修工程，根据建筑空间功能要求，如何选配室内织物？若主要采用纱质窗帘，是否能够满足其需求？如何根据《办公建筑设计规范》中会议室的照度、色温指标，选用建筑照明方案，结合空间装饰风格、气氛创造，配置合适的灯具；并根据办公建筑空间性质，合理地进行会议室空间界面的局部吸声材料的配置。

图 10.1 办公空间装饰材料应用

装饰织物是最常见的建筑装饰材料之一；而灯具、灯饰是建筑空间环境不可缺少的装饰陈设品。与此同时，应注意装饰织物及灯具也具有不可或缺的功能性质，合理利用这些材料和装饰陈设，不仅能够满足人们工作生活的需要，同时增添了空间美感。随着装饰装修的发展，人们对其要求也日益增长。

在建筑空间中通常利用绝热材料和吸声、隔声材料来满足空间的功能需求。建筑材料中采用适当的绝热材料，也可以满足空间环境的特殊功能需求。

10.1 装饰织物

装饰织物是指以纺织织物和编织物为面料制成的装饰陈设品，如织物壁纸、壁挂、地毯、桌布、床罩、窗帘等，其原料可以是丝、羊毛、棉、麻和化纤等，也可以是草、树叶等天然材料。织物对塑造室内的空间氛围和空间特性等起到很大的作用。装饰织物按照使用功能可以分为硬装饰和软装饰，硬装饰是利用装饰织物与建筑构件相结合的方法对空间进行装饰设计，形成风格后不易改变，比如利用织物壁纸进行墙面装饰；软装饰是指在装饰空间中利用织物的灵活多样性进行装饰组合，设计风格可以随时更换、变更，比如地毯、窗帘、织物工艺品、布艺陈设、床上用品等。

10.1.1 墙面装饰织物

装饰壁纸、墙布属于硬装饰范畴，为了满足房屋的结构、布局、功能、美观需要，添加在空间界面表面，一般情况下不可移动。壁纸、墙布除了具有柔和、美观的装饰效果之外，对吸声有一定的帮助。不同材质的墙布形式多样，较常见的有黄麻墙布、印花墙布、无纺墙布、植物编织墙布等；此外，还有较高档次的丝绸墙布、静电植绒墙布等。选配时需要对建筑空间的装饰风格有总体的定位和把握。

1. 织物壁纸

织物壁纸主要有纸基织物壁纸和麻草壁纸两种。

(1) 纸基织物壁纸

纸基织物壁纸是以棉、麻、毛等天然纤维制成各种色泽、花色和粗细不一的纺线，经特殊工艺处理和巧妙的艺术编排，粘接于纸基上而制成。

纸基壁纸具有色彩柔和、自然、墙面立体感强、吸声效果好的特点，不褪色、调湿性和透气性好，适用于宾馆、饭店、会议室、计算机房、播音室等空间的墙面装饰。

(2) 麻草壁纸

麻草壁纸是以纸为基底，以编织的麻草为面层，经复合加工而制成的墙面装饰材料。麻草壁纸具有吸声、阻燃、散潮气、不吸尘、不变形等特点，适用于会议室、接待室、影剧院、酒吧、舞厅以及饭店、宾馆的客房等的墙壁贴面装饰，也可用于商店的橱窗设计。

2. 墙布

墙布通过运用工艺处理手法，使色彩及纹样组合更加广泛，表现力丰富，可以满足多样性的审美要求，是十分常用的室内墙面装饰材料之一，具有视觉舒适、触感柔和、吸音、透气、亲和性强、典雅、高贵等特点。在很多场所都适用，比如家居空间的客厅、卧室、餐厅、儿童房、书房，公共空间的娱乐室、餐厅、商场、展示厅、办公楼、学校、医院等，歌舞厅、酒吧、KTV、夜总会、咖啡馆等。

1) 玻璃纤维印花贴墙布

玻璃纤维印花贴墙布是以中碱玻璃纤维布为基料，表面涂以耐磨树脂，印上彩色图案而成的。其特点是：装饰效果好，且色彩鲜艳，花色多样，室内使用不褪色、不老化，防水、耐湿性强，便于清洗，价格低廉，施工简单，粘贴方便，适用于宾馆、饭店、民用住宅等室内墙面装饰，尤其适用于室内卫生间、浴室等墙面的装修。

2) 无纺贴墙布

无纺贴墙布是采用棉、麻等天然纤维或涤、腈等合成纤维，经过无纺成形、上树脂、印刷彩色花纹等工序而制成的。无纺贴墙布的特点是挺括、富有弹性、不易折断，纤维不老化、不散失，对皮肤无刺激作用，墙布色彩鲜艳、图案雅致，适用于各种建筑物的室内墙面装饰，尤其是涤纶无纺墙布应用更加广泛。

3) 化纤装饰贴墙布

化纤装饰贴墙布是以化学纤维织成的布(单纶或多纶)为基材，经一定处理后印花而成的。常用的化学纤维有粘胶纤维、醋酸纤维、丙纶、腈纶、锦纶、涤纶等。化学纤维贴墙布具有无毒、无味、透气、防潮、耐磨、不分层等特点，适用于宾馆、饭店、办公室、会议室及民用住宅的内墙面装饰。

4) 棉纺装饰贴墙布

棉纺装饰墙布是以纯棉平布为基材经过处理、印花、涂布耐磨树脂等工序制作而成的。这种墙布的特点是强度大、静电小、蠕变性小、无光、吸声、无毒、无味，对施工人员和用户均无害，花型色泽美观大方，适用于宾馆、饭店及其他公共建筑和较高级的民用住宅建筑中的内墙装饰。

5) 多功能墙布

多功能墙布由针刺棉复合，经纳米功能助剂处理的墙布面料构成。针刺棉是由优质棉经纳米功能助剂充分浸泡、搅拌后，再经过甩干、烘干、开松、梳理等多道工序，最后由针刺机加工成有牢度、平整，棉纤维相互缠结成布状的多功能墙布专用背基材料。将针刺棉与同样经过纳米功能助剂处理的布复合而成。

多功能墙布具有阻燃、隔热、保温、吸音、隔音、抗菌、防霉、防水、防油、防污、防尘、防静电等功能。

3. 高级墙面装饰织物

高级墙面装饰织物是指锦缎、丝绒、呢料等织物，这些织物由于纤维材料各异，制造方法以及处理工艺不同，所产生的质感和装饰效果也不同。

常被用于高档室内墙面的悬挂装饰，也可用于室内高级墙面的裱糊。

主要用于高级建筑室内空间的窗帘、柔隔断或壁挂，也适于高级宾馆等公共空间墙柱面的裱糊装饰。

10.1.2 其他装饰织物

易于更换、可以移动的陈设品多属于“软装饰”类，如装饰工艺品、居室植物、灯具、窗帘、地毯、家纺用品等。其中窗帘、地毯和家纺用品等织物类装饰品面积较大，因此家纺用品使用的是否得当关系到整个室内空间的氛围，要想营造和谐舒适且有个性的室内空间，一定要注重织物的恰当配置。

10.1.3 装饰织物的特征

织物软装饰陈设品具有其他装饰材料无可比拟的优越性。织物绝大部分都是由一些棉、麻、丝、毛等材料构成的，它们作为室内空间中的主要材料，具有许多独特的性质。

1) 材质柔软

织物装饰的柔软特性，是塑造室内环境氛围最为重要的材料特性。可以弥补现代建筑中大量使用的硬质材料的亲和力缺陷，使室内环境获得温暖、亲切、舒适、和谐的感受。

2) 易于加工

软装饰材料加工方便、易于成型，从原始的坯布到印花的成品，从不同的纱线到多彩的绒线，通过缝、织、挂、卷、吊、垂、拉毛等加工工艺，即可塑造为具有审美特性和装饰特色的织物装饰品，以适应当代室内空间的需求。

3) 性能优越

软装饰的材料一般具有良好的吸声、调光、控温、防尘、挡风、避潮、遮挡视线等物理性能，又能改善建筑空间的人文环境质量，打造温情的、富有文化气息的室内环境。

4) 方便打理

装饰织物比其他用于室内空间环境的装饰材料更为轻便，容易清洗，同时还具备很强的置换性，满足人们追踪流行趋势的心理。即便是一些边角织物、陈旧织物经过重新设计与制作后，也可以取得令人耳目一新的效果。

10.1.4 装饰织物的类别

室内装饰织物的应用可以追溯到石器时代，为了防潮取暖，人们发明了兽皮纺线织物以供坐卧，古称“地衣”；但由于当时生产生活水平低下，人们对其实用功能的需求远远大于对其装饰功能的需求。装饰织物发展到当今，内容日渐丰富，比如窗帘、地毯、床品、座垫、靠垫、桌布及其工艺品等。按照织物用途可分为以下几类。

1. 遮饰类

遮饰类装饰织物主要应用于门、窗及空间隔断，如窗帘、门帘、隔帘、织物屏风等，具有隔音、遮蔽、装饰及分割空间的作用，其中以窗帘最为常用。

窗帘有单层、双层和多层等形式，外层窗帘多采用透明或半透明的大提花经编织物、经编衬纬网眼织物、花式线点缀纱罗织物等，既便于采光、通风，又防止阳光直射入室内。中层窗帘起温湿度调节或改变内外层窗帘格调的作用，一般用半透明的提花织物或提花印花织物。内层窗帘以各种粗犷的中厚型织物为主，起遮光、隔热和装饰作用，提花织物、双层织物和绒类织物较为适合，其色彩和图案往往与空间风格有关。

现在，窗帘已与人们的行为空间并存，格调千变，样式万化，功能用途也非常细化。有欧式、韩式、中式等风格；从功能及材料上有遮阳帘、隔音帘、天棚帘、百叶帘、木制帘、竹制帘、金属帘、风琴帘、电动窗帘、手动窗帘等。

窗帘种类繁多，大体可归为成品帘和布艺加工窗帘两大类。成品帘根据其外型及功能不同可分为卷帘、折帘、垂直帘和百页帘。布艺加工窗帘是指用装饰布经设计缝纫而做成的窗帘。

窗帘按材质划分：纯棉、真丝、仿真丝、天鹅绒、麻纱、乔其纱、尼龙等。

窗帘的悬挂方式分为单层和双层；从开闭方式分为单幅平拉、双幅平拉、整幅竖拉和上下两段竖拉等。

2. 铺饰类

铺饰类装饰织物主要包括床上用品和地毯。

床上用品是室内装饰织物中面积较大的一类，它包括床垫(套)、床单、床罩、被套、毛毯等，具有舒适、保暖、协调并美化空间等作用。其中床罩影响室内色彩的作用最明显，有印花、提花、绣花、簇绒、缝编等，可选用表现宁静、凉爽的冷色调，也可使用使人感到亲切、温暖而宁静的暖色调，织物不同的质感与色彩相结合，可以共同创造出舒适的休息环境。

地毯则是一种软质铺地材料，具有吸音、保温、装饰及行走舒适的作用。地毯是常用的装饰织物，多以棉、麻、毛、丝、草等天然纤维或化学合成纤维类原料，经手工或机械工艺进行编结、栽绒或纺织而成。随着室内陈设品的丰富，软装饰逐渐成为一种时尚，其中地面配饰中的地毯，在家居空间、酒店空间、办公空间和娱乐空间中都得到了广泛应用。地毯的选配，按其使用场所不同，一般可分为6级，见表10-1。

表 10-1 地毯的等级

序号	等　　级	使用范围
1	轻度家用级	适宜铺设不常使用的房间
2	中度家用或轻度专业使用级	可用于卧室或餐室等
3	一般家用或中度专业使用级	起居室用或公共空间
4	重度家用或一般专业使用级	供家居重度磨损场所及人流较大的空间
5	重度专业使用级	用于特殊要求的场合
6	豪华级	品质好，绒毛长，用于高级装饰空间

特别提示

- 选购地毯时一看图案，整体构图的比例要协调完整，图案的线条要清晰圆滑，不同颜色之间的轮廓要鲜明；二看颜色，把地毯平整放在日光灯下，观看全毯颜色要协调、均匀，色彩间要有一定过渡；三看毯面，毯型是否正，优质地毯不但平整，而且应该线条密，无瑕疵；四看做工，看做工首先看“道线”(经纬线的密度)，一般是越高越好，再看打结工艺。一般“土耳其扣”(前后两根经线上绕 720°)比“八字扣”(前后两根经线上绕 360°)要好。

3. 蒙饰类

蒙饰类装饰织物主要用于覆盖家具如座椅、餐桌、茶几、沙发等，包括沙发布、沙发套、椅垫、椅套、坐垫、靠垫、台布、桌布等，具有保护家具、增加舒适度和装饰作用。蒙饰类装饰织物的色彩可作为点缀而具有较大灵活性。

4. 装饰类和卫浴厨具类

装饰类织物主要用于装饰，为纯欣赏性的织物，主要有艺术壁毯、布贴画、织物制工艺品等，可用于装饰墙面、桌面、床头等，多灵活地运用色彩的各种特性来表现古典、抽象、华丽、朴素、静止、运动等不同的风格，与室内色调协调并加以点缀。

卫生厨具类织物主要用于浴室与厨房，包括浴帘、浴巾、毛巾、餐巾、餐垫等，主要起清洁保护、隔热等作用，它们的颜色图案还具备装饰作用。

10.1.5 装饰织物的功能

1. 划分空间

在建筑空间中通过织物进行软隔断，创造出新的空间秩序，或者用织物把特定的空间划分成不同使用功能的空间。运用织物进行空间划分具有易于变换、移动性强、外观丰富等优点；更能够体现空间的性格特征。

利用织物划分，可以使空间在使用时更加灵活，如家居空间中，利用可伸缩的挂帘、屏风等将就餐区与会客区隔开，既满足使用者对空间功能的需求，也起到美化装饰的作用。同时，在需要大空间时，灵活的软装饰也可灵活地转换。

利用地毯进行地面分割，既能起到心理上的空间暗示，也能起到有效划分的作用。不同的地毯由于材质、颜色、图案的不同，可用于各种室内空间的装饰。同时，使用不同的铺设方法，也可增强室内空间的视线导向。一般来讲，在室内空间运用大面积的地毯，能够在很大程度上影响空间的装饰风格。若小面积铺设地毯，则需要颜色和图案相对鲜艳和跳跃，能调动装饰气氛。

2. 柔化空间

装饰织物因材料的质地特性，对于营造柔和、温馨的室内气氛有着重要的意义。织物不仅能够柔化空间、提高空间的柔和感、有效地消除噪声、保暖防潮，还能够有效地增强装饰效果。所以在私密性较强空间中，充分利用装饰织物可增强室内空间的柔和感。

3. 强化设计风格

装饰织物的颜色、图案、质地等能加强室内空间的风格特征。不同风格图案的织物在室内空间中能强化设计风格，调整和改变空间对人的心理的影响。

10.1.6 装饰织物的应用

1. 装饰织物的风格

1) 简约风格

简约风格注重发挥陈设本身的特征，造型简洁，反对累赘装饰，推崇合理的构成形式，重视材料的性能。简约主义中装饰织物的应用要遵循下面的原则。

色彩简约。黑色和白色是简约主义的代表色，灰色、浅蓝色和米黄色等清淡的颜色是简约主义设计的常用色。这些颜色对人们的视觉干扰力较弱，有简约、低调的宁静感，沉稳而内敛。

形式简约。运用统一、单纯的设计语言，在装饰织物的表现上主要运用点、线、面3个空间元素，单纯从高低、长短中表现层次感。线条简单，造型简洁，陈设的布置统一、完整。

2) 自然风格

通过在装饰织物上制作花、鸟、鱼、虫等动植物图案，或者色调偏向自然元素的色彩，如草绿、天蓝、桔红等，在视觉上给人一种回归自然的心理感受，让使用者体验舒展、开阔的生活环境。

3) 新古典主义风格

利用装饰织物营造新古典主义风格，在制作材料的选用上，多是以棉、麻、丝绸等古典风格中常用的材料为主，制造出提花、刺绣；并在局部进行精致的设计，重视蕾丝花边的使用，全面营造织物的立体美感；新古典主义在颜色方面以白色为主，彰显织物的优雅洁净。另外淡黄色等浅色的棉麻材质织物可以构造出清新、舒适的氛围。

4) 中式风格

中式风格在颜色方面以中国红、水墨黑、玉脂白、琉璃黄、长城灰为主，也可以搭配现代多元化的色彩，来增加时代气息。图案方面可选用中国传统图示纹样，如龙凤、蝙蝠、喜鹊、牡丹、祥云、福寿字纹、象形文字等，这些纹样图案大多含有吉祥寓意，可以在不同的空间赋予空间不同的内涵，也可以运用新材料和现代工艺，采用抽象或简化的手法来体现中式风格的神韵。如由青铜器上雷纹的线条简化而来的回纹，用在靠垫、窗帘等布艺饰品作边饰和底纹，可创造出赏心悦目的感觉。

2. 装饰织物的应用

1) 办公空间

装饰织物在办公空间，特别是会议室的应用是为了创造商讨和议事的良好环境氛围，因此要使用平和、稳重的织物，可获得安静、专注感。多采用简洁图案且颜色柔和的地毯、窗帘、椅面、桌面等装饰织物，使空间整体庄重。如大面积采用绿色，有缓解视力、舒缓压力的作用；小面积、主体部分可以采用暖色，可起到活跃气氛、突出主题的功效。

2) 交通、宾馆空间

在交通空间(汽车站、火车站)、宾馆、饭店的室内装饰中，装饰织物可以选择图案丰富、花样繁多的图案，特别是能够表现地方特色，反映民族风情和乡土气息的织物图案，以充分营造适宜的室内环境。通过织物的配饰能够充分地展现特定场所的氛围，能给人们以新奇、愉快的情感体验。

3) 商业空间

在公共商业空间中，为了构建特定的商业氛围，通过使用各种织物进行悬挂，可使空间的氛围紧密、充实、热闹、时尚等多重感受，充分吸引人们的注意力。

10.2 灯饰与灯具

10.2.1 灯具的发展

灯具可分为功能性灯具和装饰性灯具。装饰灯具一般采用装饰部件围绕光源组合而成，它的主要作用是美化环境，烘托气氛；还应适当兼顾效率和限制眩光等要求。功能性灯具则以提高光效、降低眩光、保护光源不受损伤为目的，并考虑其装饰效果和节能等因素。

中国最早的灯具始见于战国，这一时期有造型优美的十五连盏灯(图 10.2)。后来出现了陶瓷、黏土和青铜制品的油灯，也有金银或玻璃、石头做的油灯。汉代是我国灯具史上第一个繁荣时期，其灯具主要为高灯和行灯，最具代表的是长信宫灯(图 10.3)。三国两晋南北朝以后我国灯具进入全面发展时期，隋唐时代大量生产以实用性为主的陶瓷灯具，在造型和装饰方面都十分精美。由于佛教的影响，唐代的寺庙建筑中石灯笼大量应用，石灯笼后来传入日本，在日本庭园中得到了继承与发展。到了宋代出现走马灯、省油灯。元代的八角宫灯、提灯。明代的红纸风灯、桌灯。清代的透明羊角灯、纱灯出现，各种豪华的宫灯、陶瓷灯、金属灯、玻璃灯等造型丰富、装饰繁丽。

西方早在旧石器时代出现了石灯。公元前 7 世纪古希腊开始用灯具代替火炬和火盆，最初沿用古埃及的碟形灯，以后碟子逐渐加深加大成为壶形。中世纪时，欧洲的基督教寺院中出现了一种新的灯具，即浮灯，灯碗做得极为讲究，用红玻璃制成，放在黄铜的灯柱上。19 世纪 80 年代，奥地利化学家韦尔斯巴赫制造了一种浸过金属盐溶液的纱罩套在煤气火焰上、金属盐在高温下白炽化，发出极为明亮的白光。人们将煤气白炽灯做成装饰华丽的枝形吊灯或壁灯，多用于宴会大厅和舞台。

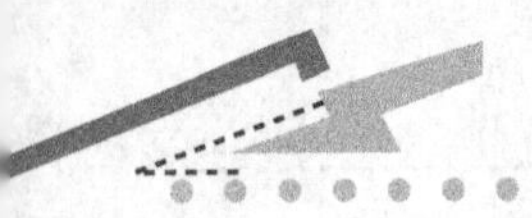

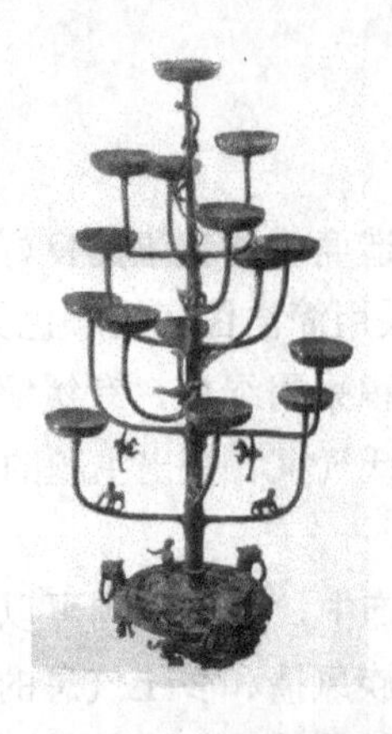

图 10.2　十五连盏灯

图 10.3　长信宫灯

我国现代灯具在很大程度上直接受西方现代灯具的影响。20 世纪 20 年代以后，理性主义设计风格的灯具渐占主导地位，灯具外形采用几何形体而绝少装饰。20 世纪 60 年代意大利工业设计师卡斯蒂里奥尼说："一切灯具设备的构造只能附属于它产生的光照效果。"此后，灯具设计逐渐成为光环境设计的一部分。当今灯具的造型开始注重结合地域、人文、风情、文化背景，立意主题化，外形样式也日趋多元化。

10.2.2　灯具的分类

1. 光源的种类

当今各种照明光源种类繁多，主要有以下几种类型。

半导体发光二极管(LED)。最大的优点是功率小、可靠耐用、可调光、光效高、寿命长。

高强度气体放电灯。光源光通量高、亮度高、寿命长，适合室外大面积照明。特别是金属卤化物灯，其发光效率高，显色性好，得到了广泛的应用。

荧光灯。具有光效高、寿命长、色温多样的特点，是最主要的室内照明光源，也是室外照明的节能光源。荧光灯的类型丰富，种类繁多且有着很好的节能环保作用，广泛应用于室内外照明，户外常用 T5 管灯制作荧光灯。目前的研发主要集中于减少和防止汞污染问题和 T2、T3 超细管径荧光灯的研发。

太阳能照明。作为一种环保节能光源越来越受到青睐。太阳能照明由照明灯具、光源、蓄电池、控制系统组成。灯具类型有太阳能草坪灯、庭院灯、景观灯和高杆灯等。发光原理以太阳光为能源，管线铺设简单，灯杆灵活可动。光源一般采用 LED 或者直流节能灯，使用寿命长，又是冷光源，对植物生长无害，是一种环保型绿色照明。

2. 灯具的种类

灯具按安装方式可分为嵌顶灯、吸顶灯、吊灯、壁灯、活动灯具、建筑照明 6 种；按光源可分为白炽灯、荧光灯、高压气体放电灯 3 类；按使用场所可分为民用灯、建筑灯、舞台灯等；按配光特性可分为直接照明型、半直接照明型、全漫射式照明型和间接照明型等。

灯具的常用代号及表示方法见表 10-2。

表 10-2 灯具的代号及表示方法

名 称	灯 种	代 号	名 称	灯 种	代 号
民用灯具	壁灯 床头灯 吊灯 落地灯 门灯 嵌入式顶灯 台灯 未列入类 吸顶灯	B C D L M Q T W X	按光源种类	白炽灯 汞灯 混光光源 金属卤化物灯 卤钨灯 钠灯 氙灯 荧光灯	不注 G H J L N X Y

按照灯具的风格，可分为欧式、中式、美式、现代 4 种不同的风格，这 4 种灯饰各有特点。

现代灯：简约、个性、时尚是其最大的特点。其材质一般采用金属质感的铝材、个性的玻璃造型等，在外观和造型上以独特个性为主；色调上以白色、金属色居多，适合与简约、现代的装饰风格配饰。

欧式灯：注重曲线造型和色泽上的富丽堂皇。有时还会以铁锈、黑漆等造出斑驳的效果，以期获得怀旧的感觉。材质上，欧式灯多以树脂和铁艺为主。树脂灯造型繁多，可饰多种花纹，贴金、银箔以显得颜色亮丽、色泽鲜艳；铁艺等造型相对简单，但更具质感。

美式灯：注重古典情怀。相对于欧式灯，风格和造型上相对简约，外观简洁大方，更注重休闲和舒适感。用材也多以树脂和铁艺为主。

中式灯：中式灯讲究色彩的对比，图案多为如意图、龙凤、京剧脸谱等元素，强调古典和传统文化神韵的凝练；多以镂空或雕刻的木材为主，宁静古朴。仿羊皮中式灯光线柔和，色调温馨，给人以宁静的感觉；主要以圆形与方形为主。圆形大多是装饰灯；方形的仿羊皮灯多以吸顶灯为主，外围配以各种栏栅及图形，古朴端庄，简洁大方。

10.2.3 灯具的应用

1. 人工照明在空间中的应用

随科技的发展，人工照明被赋予了丰富的意义。照明装置也发生了翻天覆地的变化，从传统到现代，灯具的发展十分迅速，无论从大小、造型、色彩以及创意方面都更好地迎合了人们的心理，并且装饰了空间。所以，人工照明已构成空间装饰中不可分割的一部分。

1) 普通照明

普通照明是人工照明中最为普通的一种形式。一般分为主光源照明、点光源照明以及主光源和点光源混合照明的方式。如办公空间一般采用普遍照明，给人一种宽敞、明亮的感觉。

2) 特殊照明

特殊照明是为了迎合特殊的气氛而实施的一种照明方式，例如展示空间以及舞台照明。

对于展示空间而言，为了让人们更好地欣赏陈设品，所采用的人工照明必须能够真实地反映出陈设品的颜色、花纹以及造型；同时人工照明所释放出来的热量还要避免损坏藏

品。因此，必须采用显色指数高的光源；同时应保证陈设品照度均匀。

舞台的人工照明相对复杂，除了安放相应的照明灯具外，还要调节装置、滑轨等设施，以适应不同的气氛创造。

2. 灯具的选用原则

照明设计中，应选择既满足使用功能和照明质量的要求，又便于安装维护、长期运行费用低的灯具，具体应考虑以下几个方面。

光学特性，如配光、眩光控制等。

经济性，如灯具效率、初始投资及长期运行费用等。

安全性，在特殊的环境条件需要考虑有特殊性能的灯具，如有火灾危险、爆炸危险的环境，有灰尘、潮湿、振动和化学腐蚀的环境等。

灯具外形的美观性，且与建筑空间环境相协调。

灯具效率，灯具效率的高低取决于反射器形状和材料，出光口大小，漫射罩或格栅形状和材料等。

符合环境条件的照度需求，如教室、阅览室等空间的照度要求相对较高，而咖啡馆、餐厅等需要有不同的灯具衬托氛围。

特别提示

- 节能灯泡大都是标准螺口，而吊灯有两种口径，一种是标准的，可以使用节能灯泡；另一种是非标准的，不能使用节能灯泡。选择时要注意：射灯大都是非节能产品。

10.3 绝热材料

建筑中，保温材料通常用于控制室内热量外流；隔热材料通常用于防止室外热量进入室内；保温、隔热材料总称为绝热材料。绝热材料是指用于建筑围护或者热工设备、阻抗热流传递的材料或者材料复合体，既包括保温材料，也包括保冷材料。绝热材料的使用，一方面是为了满足建筑空间的热环境；另一方面是为了节约能源。随着能源的日趋紧张，绝热材料在节能方面的意义日显突出。仅就居住空间采暖的设备而言，通过使用绝热围护材料，可节能50%～80%。

10.3.1 绝热材料的基本性能

1. 导热性

物体大都具有导热性。导热性是指材料传导热量的能力，不同材料导热能力不同，材料导热能力的大小用热导率λ表示，在相同的温差条件下，热导率λ越小，材料的保温隔热性能越好。

2. 温度稳定性

绝热材料的温度稳定性是指材料在受热作用下保持其原有性能不变的能力。通常用其不致丧失绝热性能的极限温度来表示。

3. 吸湿性

绝热材料的吸湿性是指绝热材料从潮湿环境中吸收水分的能力。一般情况下，材料的吸湿性越大，绝热能力越不稳定，绝热效果越差。

4. 强度

绝热材料的机械强度用极限强度来表示，通常采用抗压强度和抗折强度表示。由于绝热材料含有大量的孔隙，所以材料的强度不大，因此不适合用作承重部位。

10.3.2 影响热导性能的主要因素

1. 材料的性质

不同材料的导热系数差异很大，相比之下，固体的导热系数远大于液体和气体，而金属材料的导热系数又大于非金属的固体材料。对于同一种材料，内部结构不同也会导致导热系数的不同。导热系数最强的是结晶结构材料，其次是微晶体结构，而玻璃体结构的最小，但对于多孔的绝热材料而言，由于材料孔隙较多，气体(空气)对导热系数会产生影响。

2. 化学成分和微观结构

不同的化学成分和微观结构有着不同的导热性能，如金属材料的热导率都比非金属材料大得多。一般来说，结晶结构的导热率最大，微晶结构的次之，玻璃体结构的导热率最小。因此，通过改变其微观结构，可使建筑装饰材料的导热率变小。

3. 孔结构

孔结构也是影响建筑装饰材料热导率的一大因素。材料的孔结构包括两方面的含义：一方面是孔隙率；另一方面是孔隙特征。孔隙率指的是空隙密度，孔隙特征指的是空隙的物理特征，其中空隙特征包括很多方面，如孔的形状、大小、孔径分布、连通或封闭等。

在工程中，孔隙率可用体积密度来代替，从而表示出孔结构对材料导热性能的影响，材料的体积密度越小，其孔隙率越大，则热导率就越小。在孔隙率相近的情况下对比空隙特征，孔径越大，孔隙相互连通的越多，材料的热导率越大。

对于表观密度很小的材料，特别是纤维状材料(如超细玻璃纤维)，当其表观密度低于某一极限值时，导热系数反而会增大，这是由于孔隙增大且互相连通的孔隙大大增多，而使对流作用加强的结果。因此这类材料存在一个最佳表观密度，即在这个表观密度时导热系数最小。

4. 温度

材料本身的导热性能够随温度的变化而变化。一般情况下，热导率会随温度的升高而增大。同时，材料孔隙中空气的导热和孔壁间的辐射作用也有所增加。但这种影响在温度处于0～50℃范围内时并不明显，只有处于高温或负温下的材料，才需要考虑温度的影响。

5. 湿度

材料受潮后，热导率会增大，这是因为当材料的孔隙中有了水分后，孔隙中蒸汽的扩散起到传热的作用，水的热导率比空气的热导率大20倍左右，所以水分子的运动将起主要导热作用，如果孔隙中的水结成冰，其热导率会变得更大。这种情况在多孔材料中最为明显。

6. 热流方向

有些材料的组成在不同方向上结构布局不同，如木材等，纤维具有方向性，当热流平行于纤维方向时，受到阻力较小，此时其导热率较大；而垂直于纤维方向时，受到的阻力较大，此时其热导率较小。因此在材料使用过程中，还要根据其特性，依照热流方向走势进行合理利用。

特 别 提 示

- 以上各影响因素中孔结构和湿度对热导率的影响最大，在工程中体积密度是决定材料导热性能的重要依据，也是选用绝热材料的重要依据之一。

10.3.3 绝热材料的分类

1. 无机绝热材料

无机绝热材料主要由矿物质原料制成，多为纤维状、散粒状或制成板、块、片、卷材等制品，不仅防蛀且不易燃，有的还能耐高温。无机绝热材料按构造可分为纤维状、颗粒状材料和多孔材料。

无机绝热材料主要用于工业领域，以围材、隔材及衬材的形式对工业设备、管道等部位进行绝热以阻止热扩散，提高热能利用率。代表性产品有岩(矿)棉制品、玻璃棉制品、硅酸铝(镁)纤维制品，以及近年来兴起的复合材制品。

无机绝热材料的优劣性：由于该材料耐热性较好，因此在石油化工、热电热网冶金等行业的高温作业领域中发挥着不可取代的作用。但由于材料结构较为单一，松散无序，导致空气在其中自由流通，热量随空气大量流失。吸水、吸湿，潮湿使材料的绝热性能降低甚至丧失。

2. 有机绝热材料

有机绝热材料基本上都属于石油化工的副产品，主要用于建筑物体的隔热保温及制冷设备上，其代表性产品有 EPS、XPS 类、聚氨酯泡沫类等。其优势是质轻，隔热保温效果好，制作工艺成熟，施工方便，已在国内外应用多年。但由于防火功能低下，虽然做了自熄、阻燃等处理，但仍防火性能仍然较差，使用寿命较短。

通过多年的应用，一部分有机绝热材料逐步淘汰，一部分通过改变和折中，与无机质材料相结合利用，以优势互补的办法改变其现状。

10.3.4 绝热材料的应用

保温材料有很多种类，应用范围也很广，比较常用的有玻璃棉制品、维耐隔热毯、绝热泡沫玻璃、聚氨酯等。

玻璃棉制品多用于空调保温、风管保温、钢结构保温、锅炉保温、除尘器、蒸汽管道保温等。

维耐隔热毯多用于石油、化工、热电、钢铁、有色金属、工业炉等行业热工设备的隔热保温与保护；船舶、火车、汽车、飞机等交通设备的高温隔热；家电产品的保温隔热，如烧烤炉、烤箱、电烤箱、微波炉等；浸入树脂加工成板状，是建筑及冷气机优良的衬垫隔热、消音材料。

绝热泡沫玻璃多用于建筑墙体保温、楼宇屋顶等节能防水等；各种烟道内衬和工业窑炉的保温应用；各种民用冷库、库房和地铁、隧道等基础绝热应用；高速公路、机场和建筑等基础隔离层应用；游泳池、渠坝等防漏防蛀工程；中低温制药绝热系统；船舶业舱板保温应用。

聚氨酯多用于冷库、冷藏车或保鲜箱；彩钢夹芯板隔热层等；石化罐体；石化、冶金等各种管道的保温保冷。

屋面保温材料应选用孔隙多、表观密度小、导热系数(小)的材料，如聚苯板。

10.3.5 保温材料的发展

近年来，许多大型公共建筑相继发生建筑外保温材料火灾，造成严重人员伤亡和财产损失，建筑易燃可燃外保温材料已成为一类新的火灾隐患，由此引发的火灾已呈多发势头。目前外墙保温材料的发展显示，传统的 EPS、XPS、PU 等有机保温材料一统外墙保温市场的局面因防火等级的提高受到严峻挑战，有机保温材料易燃，特别是高层建筑一旦发生火灾，具有火势蔓延快、疏散困难、扑救难度大的特点，尤其是幕墙和干挂石材的外墙，保温板与墙面间有缝隙，形成烟囱效应，火势会迅速蔓延，在这种情况下，在有机保温材料中加入阻燃剂或者利用无机保温隔离带的方式并不能阻挡火势的持续蔓延，保温材料的防火性能就显得极为重要了。气凝胶、无机真空绝热袋、玻化微珠、玻璃棉、岩棉、矿棉、硅酸铝棉、泡沫玻璃、泡沫水泥等无机保温材料则占据了市场空间，但无机保温材料的性能缺陷和粉尘污染的缺点都要加大研发力度。

市场上逐渐出现一些新型的复合保温材料，将无机保温材料与有机保温材料结合起来，提高保温材料的阻燃性和保温性能。比如无机复合夹心保温板，用不燃的无机保温材料将可燃的聚苯板(EPS)、挤塑板(XPS)或聚氨酯板用科学的方法包起来，其抗拉强度和抗压强度大大提高，易于固定，易于与外装饰结合，阻燃防火，其保温性能相当于内部所包有机保温材料的保温性能。

10.4 吸声与隔声材料

10.4.1 吸声材料

声波能量是由空气传递的，吸声材料在一定程度上吸收声波能量。主要用于对声音效果需求较高的建筑空间，如音乐厅、影剧院、大会堂、播音室等的内部墙面、地面、天棚等部位，可用来改善声波在室内传播的质量，保持良好的声音传播效果。

1. 吸声材料的吸声原理

多孔吸声材料根据材料的外观形状可划分为颗粒型、纤维型、泡沫型 3 类。

颗粒型吸声材料主要有膨胀珍珠岩和微孔吸声砖等。纤维型是由无数细小纤维状材料堆叠或压制而成的，如玻璃纤维、矿渣棉、木丝板等。泡沫型是由表面和内部都有无数微孔的高分子材料制成的，如聚氨基甲醋酸泡沫塑料等。

在多孔材料中，组成材料的筋络纤维之间的细微空隙占有材料极大部分体积，从材料表面到材料内部，空隙组成了许多微小的通路。当声波传播到材料表面时，大多数声波沿

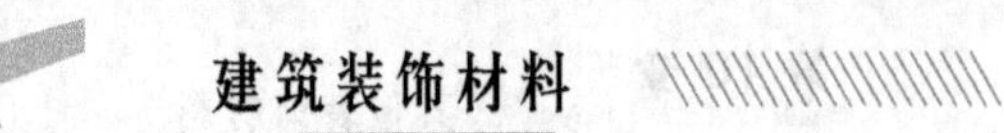

着对外敞开的微孔入射，并衍射到内部的微孔内，引起空隙中空气分子和材料细小纤维的振动。由于空气分子之间的粘滞阻力，以及空气与材料中筋络纤维间的摩擦作用，使相当一部分能量转化为热能，从而使声能衰减。此外，空气与材料纤维间以及孔壁的热交换也会消耗部分声能，从而使再次反射出去的声能大大减少。多孔吸声材料对高频声能的吸收高于低频，孔径越细或声音频率越高，这种声能吸收的效果越显著。

评价材料吸声性能好坏的主要指数之一是吸声系数，一般材料或结构的吸声系数在0～1之间。吸声系数值越大，表示吸声性能越好。吸声系数和声波的入射条件、声波的频率有关，工程上通常采用频率为125Hz，250Hz，500Hz，1000Hz，2000Hz，4000Hz的吸声系数及这6个频率下的吸声系数算术平均值来表示材料或结构的吸声性能。一般把这6个频率下平均吸声系数大于0.2的材料，称为吸声材料，平均吸声系数大于0.56的材料称为高效吸声材料。

2. 影响材料吸声性能的因素

1) 材料的密度和厚度

同一种材料，密度越大，空隙率越小，比流阻越大，当厚度一定而增加密度时，可以提高中低频吸声系数，但比材料厚度所引起的吸声系数变化要小。在同样用料情况下，当厚度不限制时，多孔材料以松散为宜。在厚度一定的情况下，密度增加，则材料就密实，引起流阻增大，减少空气透过量，造成吸声系数下降，但同样密度，增加厚度并不改变比流阻，所以，增大厚度时，吸声系数一般增大，但增至一定厚度时，吸声性能的改变就不太明显了。

2) 孔隙的特征

孔隙率指材料中的空气体积和材料总体积之比，是描述材料空隙的主要指标。而空气体积是指处于连通的气泡状态，并且是入射到材料中的声波所能引起运动的部分。材料的孔隙愈多愈细小，吸声效果愈好。若孔隙太大，则效果就相对较差。若材料的孔隙为封闭独立的气泡，声波就不能进入，根据吸声原理，就不能达到吸声的效果。一般来说，孔隙率越大，吸声性能越好。

3) 空气流阻的影响

多孔材料的吸声特性受空气流阻的影响最大。空气流阻是指空气流稳定地流过材料时，材料两面的静压差和流速之比。当材料厚度不大时，流阻越大，说明空气穿透量越小，吸声性能会下降；但若流阻太小，声能因摩擦力、粘滞力而损耗的功率也将降低，吸声性能也会下降。当材料厚度充分大时，比流阻越小，吸声越大。所以，多孔材料存在一个最佳的流阻值，过高和过低的流阻值都无法使材料具有良好的吸声性能。

4) 声波的频率和入射条件

多孔材料的吸声系数随频率的提高而增大，常用厚度为5cm的成型多孔材料，对中、高频有较大的吸声系数。吸声材料的吸声系数也会因为入射条件的不同而表现出差异，比如垂直入射和斜入射，而实际情况多为无规则入射，在测定材料的吸声系数时，应采用符合实际情况的测量方式。

5) 材料周围的条件

厚度、密度等条件一定的多孔材料安装在壁面上，当其与壁面之间留有空气层时，吸声系数会有所改变，在很宽的频率范围，使得同一种多孔材料的吸声系数增加，可以用在材料背后设置空气层的办法来代替增加多孔材料厚度。

6) 吸湿、吸水的影响

多孔材料吸水后，材料的间隙和小孔中的空气被水分所代替，使空隙率降低，从而导致吸声性能的改变。一般趋势是随含水率的增加，先降低对高频声的吸声系数，随后逐步扩大影响范围。

7) 饰面的影响

很多多孔材料在工程使用过程中需要根据保持清洁和建筑艺术处理等方面的要求进行表面处理，比如使用油漆涂刷表面或以其他材料罩面。经过饰面处理的多孔吸声材料因为改变了表面的孔隙特征，吸声特性会发生一定的变化，因此必须根据使用要求选择适当的饰面处理，不能顾此失彼，丧失了使用多孔吸声材料的功能意义。

3. 吸声材料的类型及其结构形式

吸声材料的类型大体上分为多孔吸声材料、薄板吸声结构、共振吸声结构、穿孔板组合共振吸声结构和空间吸声体等。

1) 多孔吸声材料

多孔吸声材料常见类型见表 10-3。

表 10-3 多孔吸声材料常见类型

主要种类		常用材料举例	使用情况
纤维材料	有机纤维材料	动物纤维：毛毡	价格昂贵，使用较少
		植物纤维：麻绒、海草	防火、防潮性能差，原料来源丰富
	无机纤维材料	玻璃纤维：中粗棉、超细棉、玻璃棉毡	吸声性能好，保温隔热，不自燃，防腐防潮，应用广泛
		矿渣棉：散棉、矿棉毡	吸声性能好，松散材料易自重下沉，施工扎手
	纤维材料制品	软质木纤维板、矿棉吸声板、岩棉吸声板、玻璃棉吸声板	装配式施工，多用于室内吸声装饰工程
颗粒材料	砌块	矿渣吸声砖、膨胀珍珠岩吸声砖、陶土吸声砖	多用于砌筑截面较大的消声器
	板材	膨胀珍珠岩吸声装饰板	质轻、不燃、保温、隔热、强度偏低
	泡沫塑料	聚氨酯及脲醛泡沫塑料	吸声性能不稳定，吸声系数使用前需实测
泡沫材料	其他	泡沫玻璃	强度高、防水、不燃、耐腐蚀、价格昂贵，使用较少
		加气混凝土	微孔不贯通，使用较少
		吸声剂	多用于不易施工的墙面等处

2) 薄板吸声结构

薄膜、薄板共振吸声结构的吸声材料是将皮革、人造革、塑料薄膜等材料固定在框架上，背后留有一定的空气层，构成薄膜共振吸声的效果。这些材料具有不透气、柔软、受张拉时有弹性等特性。

3) 共振吸声结构

共振吸声结构的吸声材料中间封闭有一定体积的空腔，并通过有一定深度的小孔与声场相联系。

4) 穿孔板组合共振吸声结构

穿孔板组合共振吸声结构的吸声材料是在各种穿孔板、夹缝板背后设置空气层，形成吸声结构，属于空腔共振吸声类结构。穿孔板的吸声特性比较适合于中频。

5) 空间吸声体

空间吸声体与一般吸声结构的材料区别较大，空间吸声体不是与顶棚、墙体等面相结合组成的吸声结构，而是悬挂于室内的吸声结构，自成体系。

常用吸声材料的吸声系数见表10-4。

表10-4 常用吸声材料的吸声系数

材料分类及名称		厚度/cm	各种频率(Hz)下的吸声系数						装置情况
			125	250	500	1000	2000	4000	
无机材料	膏板(花纹)	6.5	0.05	0.07	0.10	0.12	0.16	—	
	水泥蛭石板	—	0.03	0.05	0.06	0.09	0.04	0.06	贴实
	石膏砂浆	4.0	—	0.14	0.46	0.78	0.50	0.60	贴实
	声砖	2.2	0.24	0.12	0.09	0.30	0.32	0.83	墙面粉刷
	水泥珍珠岩板	5	0.16	0.46	0.64	0.48	0.56	0.56	贴实
	水泥砂浆	1.7	0.21	0.16	0.25	0.40	0.42	0.48	墙面粉刷
	砖(清水墙面)		0.02	0.03	0.03	0.04	0.05	0.05	
有机材料	软木板	2.5	0.05	0.11	0.25	0.63	0.70	0.70	贴实
	木丝板	3.0	0.10	0.36	0.62	0.53	0.71	0.90	定在龙骨上后留10cm空气层
	三夹板	0.3	0.21	0.73	0.21	0.19	0.08	0.12	后留5cm空气层
	穿孔五夹板	0.5	0.01	0.25	0.55	0.30	0.16	0.19	后留5～15cm空气层
	木丝板	0.8	0.03	0.02	0.03	0.03	0.04	—	后留5cm空气层
	木质纤维板	1.1	0.06	0.15	0.28	0.30	0.33	0.31	后留5cm空气层
多孔材料	泡沫玻璃	4.4	0.11	0.32	0.52	0.44	0.52	0.33	贴实
	脲醛泡沫塑料	5.0	0.22	0.29	0.40	0.68	0.95	0.94	贴实
	泡沫水泥	2.0	0.18	0.05	0.22	0.48	0.22	0.32	紧靠基层粉刷
	吸声蜂窝板	—	0.27	0.12	0.42	0.86	0.48	0.30	紧贴墙
	泡沫塑料	1.0	0.03	0.06	0.12	0.41	0.85	0.67	
纤维材料	矿棉板	3.13	0.10	0.21	0.60	0.95	0.85	0.72	贴实
	玻璃棉	5.0	0.06	0.08	0.18	0.44	0.72	0.82	贴实
	酚醛玻璃纤维板	8.0	0.25	0.55	0.80	0.92	0.98	0.95	贴实
	工业毛毡	3.0	0.10	0.28	0.55	0.60	0.60	0.56	紧靠墙面粉刷

10.4.2 隔声材料

将噪声源和接收者分开或隔离，阻断空气声的传播，从而达到降噪目的的措施称作隔声。能够减弱或隔断声波传递的材料称为隔声材料。人们要隔绝的声音按其传播途径可分为空气声和固体声两种。

对空气声的隔绝，主要是依据声学的“质量定律”，即材料的密度越大，越不易受声波作用而产生振动。所以应选择密实、表观密度大的材料作为隔声材料，如烧结普通砖、钢筋混凝土等。

对固体声隔绝的最有效措施是断绝其声波继续传递的途径，即在产生和传递固体声波的结构层中加入具有一定弹性的衬垫材料，如毛毡、橡胶和地毯等材料。

1. 隔声原理

隔声包括对声的反射和吸收两部分。不同材料具有不同的透声特性与吸声特性，这主要取决于材料的密实程度与表面声阻抗。一般来讲，坚硬光滑，结构紧密和厚重的材料吸声能力差，反射声音的性能较强，隔声性能较好。而对于比较松软，且有互相贯穿微孔的多孔材料来说，虽然其吸声性能好，但其反射能力很差，隔声性能并不一定好。

工程中常用隔声量来表示材料的隔声性能。对于一定的材料，隔声量与声波频率密切相关，一般来说，低频时的隔声量较低，高频时的隔声量较高。

2. 影响隔声性能的因素

隔声性能主要取决于材料的质量、结构完整性、材料弹性、结构独立性等。

隔声材料在不同的声音下可能有不同的效果，但是在大部分情况中，影响隔声的几个因素是相互关联、相互影响的。

1) 重量

一个单片材料对于声音的减弱效果是和这个材料单位面积上的质量成正比的。理论上为质量每增大一倍，隔声的效果将增加 6dB，但是在实际经验中，质量增加一倍，声音的隔绝量大约增加 5dB。

此外，频率也影响声降的效果，频率增大一倍，声降大约增加 5dB。

2) 完整性

材料结构的完整性和它的空气密闭性有关，空隙对空气传播的声音阻隔的影响十分明显，比如说，一面砖墙有一个洞或者是一个裂缝，而这个洞或者裂缝的面积只是占到整个墙面面积的 0.1%的话，那么这面墙的平均隔音量值会从 50dB 降到 30dB。

3) 均匀性

一个结构面的整体隔声效果会因为小面积隔声的薄弱而大大下降。比如一扇占据一面半砖墙面积 25%的门如果没有关上的话，那么它将把那面墙的平均隔音量从 45dB 降到 23dB。声降的最终效果总是和比较薄弱部分的隔声比较接近。因此要提高一个组成结构的隔声效果，首先就要提高在这个结构中隔声效果最差的部分。

4) 弹性

材料的弹性会影响材料的隔声性能，材料的弹性越差，硬度就越高，高硬度的材料可以使一定频率声音的隔声减弱，这是因为容易产生共振和重合效果，共振是当外来的声音的声波频率和材料本身的固有频率相同的时候产生的增强震动，共振会在一定程度上产生声音，因而会消弱隔声效果。

有弹性的、具有高质量的材料有较好的隔声属性。但是弹性并不是一面墙或者是一层楼板必须有的结构属性，因此隔声材料需要与结构材料适当结合，从而创造适宜的隔声环境。

5) 独立性

不连续的结构对于降低声音是比较有效果的。当声音在不同材料的交接部分转换成不同的震动时，声音就大大损失了，从而达到有效的隔声效果。这个原理运用很广泛，比如玻璃窗的空气夹层、架空楼板、地毯及在振动的机器上的弹性垫层。

3. 建筑隔音材料和隔音构件

隔音材料需要减弱透射声能并阻挡声音的传播，因此它的材质应该是重而密实并具有一定的弹性，如钢板、铅板、砖墙等材料。隔音材料要求密实无孔隙、缝隙，有较大的重量。由于这类隔音材料密实，难于吸收和透过声能，反射能强，所以它的吸音性能差。

建筑空间中隔音构件最主要的是隔墙，20 世纪 80 年代前的隔墙大多采用黏土砖，240mm 黏土砖墙的隔音量在 50dB 以上，隔音效果比较好，而现在黏土砖已被禁止生产使用，并且随着建筑高度的不断提升，要求墙体质轻，隔音性能相对弱于以往的黏土砖。常用的隔墙材料和构件有混凝土墙、砌块墙、条板墙、薄板复合墙等。

1) 混凝土墙

200mm 以上厚度的现浇实心钢筋混凝土墙的隔音量与 240mm 黏土砖墙的隔音量接近，但面密度 200kg/m^2 的钢筋混凝土多孔板，隔音量在 45dB 以下。

2) 砌块墙

砌块按功能划分有承重和非承重砌块。常用砌块主要有陶粒、粉煤灰、炉渣、砂石等混凝土空心和实心砌块。砌块墙的隔音量随着墙体的重量厚度的不同而不同，面密度与黏土砖墙相近的承重砌块墙，其隔音性能与黏土砖墙也大体相接近。水泥砂浆抹灰轻质砌块填充隔墙的隔音性能，在很大程度上取决于墙体表面抹灰层的厚度，两面各抹 15～20mm 厚水泥砂浆后的隔音量约为 43～48dB，面密度小于 80kg/m^2 的轻质砌块墙的隔音量通常在 40dB 以下。

3) 条板墙

砌筑隔墙的条板通常厚度为 60～120mm，面密度一般小于 80kg/m^2，具备轻质、施工方便等优点。

单层轻质条板墙如轻集料混凝土条板、蒸压加气混凝土条板、钢丝网陶粒混凝土条板、石膏条板等，隔音量通常在 32～40dB 之间；密实面层材料与轻质芯材在生产厂预复合成的预制夹芯条板墙，如混凝土岩棉或聚苯夹芯条板、纤维水泥板轻质夹芯板等。隔音量通常在 35～44dB 之间。

4) 薄板复合墙

薄板复合墙是在施工现场将薄板固定在龙骨的两侧而构成的轻质墙体。薄板的厚度一般在 6～12mm，薄板用作墙体面层板，墙龙骨之间填充岩棉或玻璃棉。薄板品种有纸面石膏板、纤维石膏板、纤维水泥板、硅钙板、钙镁板等。薄板本身隔音量并不高，单层板的隔音量在 26～30dB 之间，而它们和轻钢龙骨、岩棉或玻璃棉组成的双层中空填棉复合墙体，却能获得较好的隔音效果，它们的隔音量通常在 40～49dB 之间。增加薄板层数，墙的隔音量可大于 50dB。

综上所述，目前国内外有相当一部分的轻质隔墙隔音性能较差，单层墙的隔音量满足不了住宅分户墙的最低隔音要求，仅能用于套内隔墙。为提高轻质隔墙的隔音量，可采用双层或多层复合构造，还可以两层墙之间增加空气层间隙，由于空气层的弹性层作用，可使总墙体的隔音量大大加强。

4. 隔音材料和吸音材料的区别

“吸音”和“隔音”作为两个完全不同的概念，常常被混淆了。比如玻璃棉、岩矿棉一类具有良好吸音性能但隔音性能却很差的材料常常被误称为“隔音材料”，一些以植物纤维为原料制成的吸音板曾经被错误地命名为“隔音板”，并用以解决建筑物的隔音问题。要合理使用材料、提高建筑物噪声控制效果，就需要明确吸音材料和隔音材料各自的性质以及两者之间的区别。

材料吸音的目标是反射声能要小，吸音材料对入射声能进行衰减式吸收，一般只能吸收入射声能的十分之几，因此吸音系数常用小数表示。材料隔音的目标是透射声能小，隔音材料可以使透射声能衰减到入射声能的十分之三或者更小，隔音量常常用分贝的计量方法表示。吸音是为了减弱声音在室内的反复反射，减弱室内的混响声，从而达到听音清晰、丰满等不同主观感觉需求，通常说的声学材料往往指的就是吸音材料。

吸音材料和隔音材料有着本质上的区别，但在实际运用当中，两者结合使用更能发挥出综合的降噪效果。从理论上讲，加大室内的吸音量，相当于提高了分隔墙的隔音量。常见的有隔音房间、隔音罩、由板材组成的复合墙板、交通干道的隔音屏障、车间内的隔音屏等。

本章小结

本章对装饰织物、灯具与灯饰、绝热和吸声材料作了较详细的阐述。

介绍了室内装饰地毯的分类方法，纯毛地毯、化纤地毯的性能特点、技术要求，质量评价标准以及地毯的选用标准。还介绍了墙面装饰织物壁纸和墙布的特点、规格、技术性能等内容。

介绍了绝热、吸声材料的基本原理、影响因素、应用范围、使用效果及常用品种，以便合理选用。

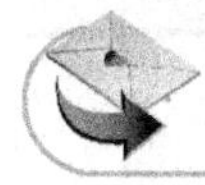

案例分析及训练

1. 某住宅楼在二次装修进行外墙打孔后，其绝热性能逐渐下降。请分析原因。

【分析】

建筑的预留孔洞处的建筑外保温都经过处理，二次装修的室外打孔后，破坏外墙保温的整体性，产生了缝隙，经过风雨侵袭后，绝热材料逐渐受潮，当绝热材料受潮后，材料的孔中有水分。除孔隙中剩余的空气分子传热、对流及部分孔壁的辐射作用外，孔隙中的蒸汽扩散和分子的热传导起了主要作用，因水的导热能力远大于孔隙中空气的导热能力，故材料的绝热性能下降。

2. 在给定的家装方案图中，根据建筑空间功能、空间风格选配装饰织物，如床罩、桌布、靠垫及窗帘等；并再合适的部位选配地毯等配饰；根据空间界面需求在室内界面选配合适的壁纸；根据室内光环境气氛创意选配适宜的灯具。

第11章

建筑装饰材料检测

教学目标

熟悉测定装饰木材、装饰玻璃和石材放射性试验仪器的性能和操作方法；掌握陶瓷内墙砖的简易质量识别方法；了解涂料的黏度、遮盖力与耐洗刷性的检验。

教学要求

能力目标	相关试验或实训	重　　点
掌握装饰玻璃检测	装饰玻璃试验	
掌握石材放射性的检测	放射性测定试验	
能够进行陶瓷内墙砖的简易质量识别	简易质量识别试验	★
掌握装饰木材的常规性检测	常用装饰木材常规性试验	★

11.1 装饰玻璃的检测

11.1.1 平板玻璃检测

平板玻璃检测方法，见表 11-1。

表 11-1 平板玻璃检测方法

项 目	内 容
尺寸偏差	用符合《金属直尺》(GB/T 9056—2004)规定的分度值为 1mm 的金属直尺或符合《钢卷尺》(GB/T 2443—2011)规定的Ⅰ级精度钢卷尺，在长、宽边的中部，分别测量两平行边的距离。实测值与公称尺寸之差即为尺寸偏差
对角线	用符合《钢卷尺》(GB/T 2443—2011)规定的Ⅰ级精度钢卷尺，测量玻璃板的两条对角线长度，其差的绝对值即为对角线差
厚度偏差	用符合外径《外径千分尺》(GB/T 1216—2004)规定的分度值为 0.01mm 的外径千分尺，在垂直于玻璃板拉引方向上测量 5 点；距边缘约 15mm 向内各取一点，在两点中均分其余 3 点。实测值与公称厚度之差即为厚度偏差
厚薄差	用测量厚度偏差同样方法，测出一片玻璃板 5 个不同点的厚度，计算其最大值与最小值之差
外观质量	(1) 点状缺陷。用符合《读数显微镜》(JB/T 2369—1993)规定的分格值为 0.01mm 的读数显微镜测量点状缺陷的最大尺寸。 (2) 点状缺陷密集度。用符合《金属直尺》(GB/T 9056—2004)规定的分度值为 1mm 的金属直尺，测量两点状缺陷的最小间距，并统计 100mm 圆内规定尺寸的点状缺陷数量。 (3) 线道、划伤和裂纹。如图 11.1 所示，在不受外界光线影响的环境中，将试样垂直放置在距屏幕 600mm 的位置。屏幕为黑色无光泽屏幕，安装有数支 40W、间距为 300mm 的荧光灯。观察者距离试样 600mm，视线垂直于试样表面观察。 采用符合《金属直尺》(GB/T 9056—2004)规定的分度值为 1mm 的金属直尺和符合《读数显微镜》(JB/T 2369—1993)规定的分格值为 0.01mm 的读数显微镜，测量划伤的长度和宽度。 (4) 光学变形。如图 11.2 所示，试样按拉引方向垂直放置于距屏幕 4.5m 处。屏幕带有黑白色斜条纹，且亮度均匀。观察者距试样 4.5m，透过试样观察屏幕上的条纹。首先使条纹明显变形，然后慢慢转动试样，直至变形消失，记录此时的入射角度。 (5) 断面缺陷。用符合《金属直尺》(GB/T 9056—2004)规定的分度值为 1mm 的金属直尺测量。凹凸时，测量边部凹进或凸出最大处与板边的距离；爆边时，测量边部沿板面凹进最大处与板边的距离；缺角时，测量原角等分线的长度；斜边时，测量端口突出，如图 11.3 所示
弯曲度	将玻璃表面紧靠一根水平拉直的钢丝，用符合规定的塞尺，测量钢丝与玻璃板之间的最大间隙。玻璃呈弓形弯曲时，测量对应弦长的拱高；玻璃呈波形时，测量对应两波峰间的波谷深度。按下式计算弯曲度： $$c=\frac{h}{l}\times 100$$ 式中 c——弯曲度，%； h——拱高波谷深度，mm； l——弦长或波峰到波峰的距离，mm

续表

项 目	内 容
光学特性	(1) 无色透明平板玻璃可见光透射比。随机抽取3片无色透明平板玻璃试样，按规定的方法测定可见光透射比，取3片试样的平均值； (2) 本体着色平板玻璃透射比偏差。随机抽取3片本体着色平板玻璃试样，按规定的方法测定可见光透射比、太阳光直接透射比和太阳能总透射比。透射比偏差为最大值与最小值之差； (3) 本体着色平板玻璃颜色均匀性。从同一批本体着色平板玻璃随机抽取的样本中，任意抽取五片。按规定的方法，在相同的位置测量每片 L^*、a^*、b^*值，以其中 a^*和 b^*最大或最小的一片作为标准片，其余的4片均与该片进行透射颜色的比较，分别测出4片的 ΔE^*_{ab}值，其最大值应符合相关规定

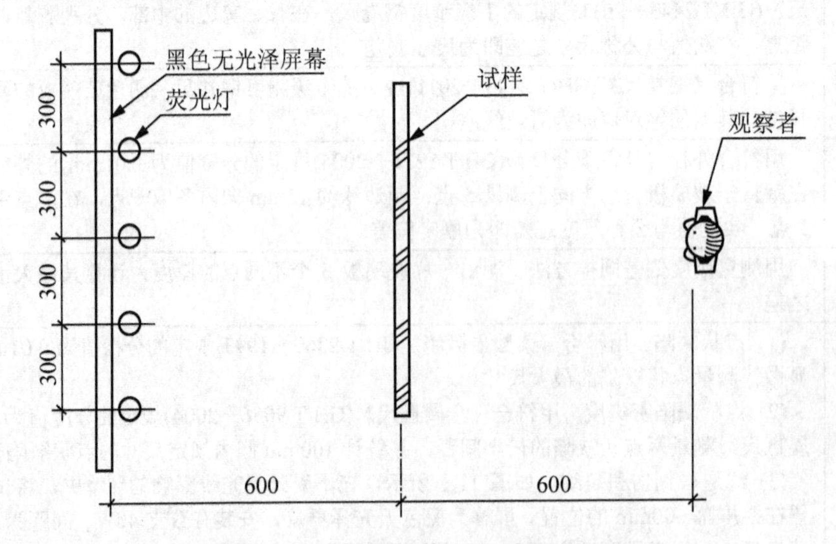

图 11.1　检验外观质量示意图(单位：mm)

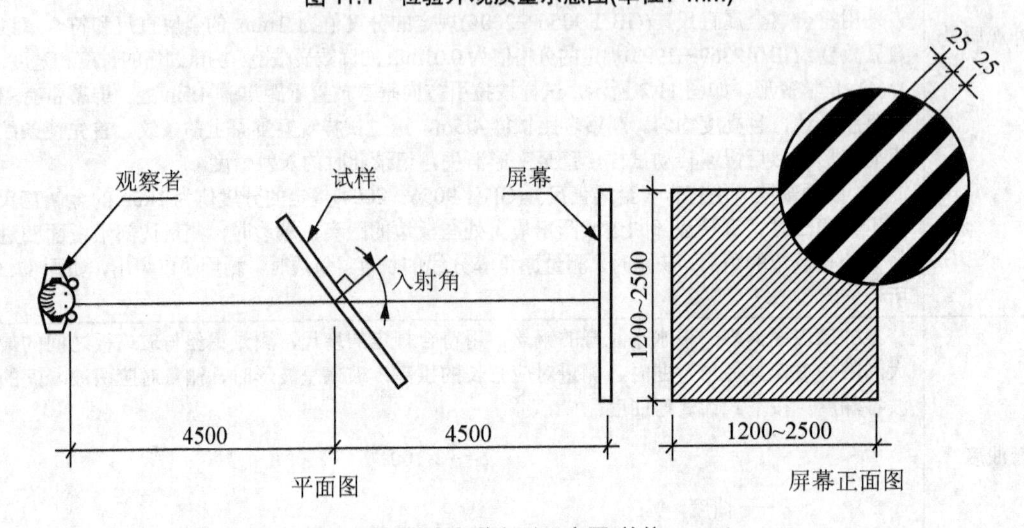

图 11.2　检验光学变形示意图(单位：mm)

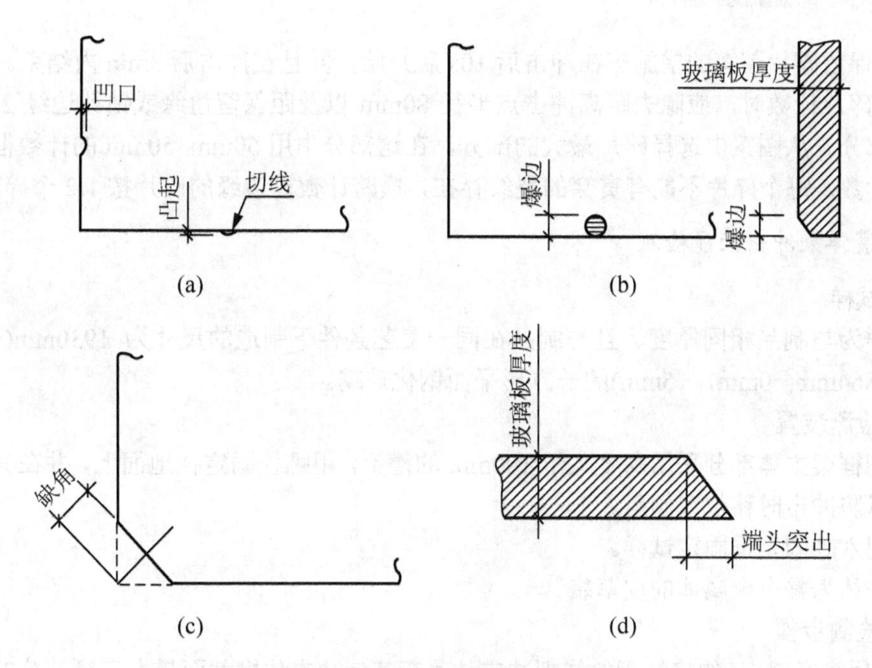

图 11.3 测量断面缺陷示意图

11.1.2 钢化玻璃检测

1. 抗冲击性检测

1) 试样

试样为与制品同厚度、同种类的，且与制品在同一工艺条件下制造的尺寸为 610mm (−0mm，+5mm)×610mm(−0mm，+5mm)的平面钢化玻璃。

2) 检测装置

落球冲击试样支架，使冲击面保持水平。试验曲面钢化玻璃时，需要使用相应的辅助框架支承。

3) 检测步骤

使用直径为 63.5mm(质量约 1040g)表面光滑的钢球，放在距离试样表面 1000mm 的高度，使其自由落下，冲击点应在距试样中心 25mm 的范围内。

对每块试样的冲击仅限 1 次，以观察其是否破坏。试验在常温下进行。

2. 碎片状态检测

1) 试样

以制品为试样。

2) 检测设备

可保留碎片图案的任何装置。

3) 检测步骤

(1) 将钢化玻璃试样自由平放在试样台上，并用透明胶带纸或其他方式约束玻璃周边，以防止玻璃碎片溅开。

(2) 在试样的最长边中心线上距离周边 20mm 左右的位置，用尖端曲率半径为 0.2mm±0.05mm 的小锤或冲头进行冲击，使试样破碎。

(3) 保留碎片图案的措施应在冲击后 10s 后开始，并且在冲击后 3min 内结束。

(4) 碎片计数时，应除去距离冲击点半径 80mm 以及距保留边缘或钻孔边缘 25mm 范围内的部分。从图案中选择碎片最大的部分，在这部分中用 50mm×50mm 的计数框计算框内的碎片数，每个碎片不能有贯穿的裂纹存在，横跨计数框边缘的碎片按 1/2 个碎片计算。

3. 霰弹袋冲击性能检测

1) 试样

试样为与制品相同厚度、且与制品在同一工艺条件下制造的尺寸为 1930mm(−0mm，+5mm)×864mm(−0mm，+5mm)的长方形平面钢化玻璃。

2) 检测装置

检测框架主体部分采用高度大于 100mm 的槽钢，用螺栓固定在地面上，并在其背面加支撑杆以防冲击时移位或倾斜。

采用木制固定框固定试样。

冲击体为常有金属体的皮草袋。

3) 检测步骤

(1) 用直径 3mm 的挠性钢丝绳把冲击体吊起，使冲击体横截面最大直径部分的外周距离试样表面小于 13mm，距离试样的中心在 50mm 以内；

(2) 使冲击体最大直径的中心位置保持在 300mm 的下落高度，自由摆动落下，冲击试样中心点附近 1 次。若试样没有破坏，升高至 750mm，在同一试样的中心点附近再冲击 1 次。

(3) 试样仍未破坏时，再升高至 1200mm 的高度，在同一块试样中心点附近冲击一次。

(4) 下落高度为 300mm、750mm 或 1200mm，试样破坏时，在破坏后 5min 之内，从玻璃碎片中选出最大的 10 块，称其质量，并测量保留在框内最长的无贯穿裂纹的玻璃碎片的长度。

11.1.3 夹层玻璃检测

1. 耐热性检测

1) 试样

试样与制品材料相同，在相同加工工艺下制备，或直接从制品上切取，但至少有一边为制品原边的一部分。

试样状态应与最终产品使用条件一致。如最终产品使用时，所有边部是带保护的，试样的所有边部也应带保护。

试样规格应不小于 300mm×300mm，数量为 3 块。

2) 检测装置

试验装置可以采用控温精度不超过±1℃电热鼓风烘箱，或能够加热水至沸腾的装置。

3) 检测步骤

将 3 块玻璃试样加热至 100^{0}_{-3} ℃，并保温 2h，然后将试样冷却至室温。如果试样的两个外表面均为玻璃，也可把试样垂直浸入加热至 100^{0}_{-1} ℃的热水中 2h，然后将试样从水中取出冷却至室温，为了避免热应力造成试样出现裂纹，可先将试样在(65±3)℃的温水中预热 3min。

目视检查试验后的样品，记录是否有气泡或其他缺陷。

2. 落球冲击剥离检测

1) 试样

与制品相同材料、在相同工艺条件下制备或直接从制品上切取的610mm×610mm 试验片，数量为6块。

2) 检测装置

检测装置包括能使钢球从规定高度自由落下的装置或能使钢球产生相当自由落下的投球装置，以及试样支架。

3) 检测步骤

(1) 检测前，试样应在规定的条件下至少放置4h。

(2) 将试样放在试样支架上，试样的冲击面与钢球的入射方向应垂直，允许偏差在 3°以内。

(3) 试样为不对称夹层玻璃时，取较薄的一面为冲击面。曲面夹层玻璃进行检测时，需要采用与曲面形状相吻合的辅助框架支撑，冲击面根据使用情况确定。

(4) 将质量 1040g 钢球放置于距离试样表面 1200mm 高度的位置，自由落下后冲击点应位于以试样几何中心为圆心、半径为 25mm 的圆内，观察玻璃有一块或一块以上破坏时的状态。

(5) 如果玻璃没有破坏，按下落高度 1200mm、1500mm、1900mm、2400mm、3000mm、3800mm、4800mm 的顺序，依次提升高度冲击，并观察每次冲击后玻璃的破坏状态。若玻璃仍未破坏，用 2260g 钢球按相同程序进行冲击，并观察每次冲击后玻璃的破坏状态。若玻璃还未破坏，按《滚动轴承钢球》(GB/T 308—2002)规定选取质量适当增大的钢球，按相同的程序冲击，并观察每次冲击后玻璃的破坏状态。

3. 霰弹袋冲击性能检测

1) 试样

(1) 试样应采用与产品相同材料和工艺条件下制备的平型试验片；曲面夹层玻璃采用相同结构和工艺的平面试验片替代。共需试样 12 块，每 4 块试样为 1 组，分为 3 组，试验中未破坏的样品允许再次使用。

(2) 试样规格为：(1930±2)mm×(864±2)mm。

(3) 如果试样为不对称夹层玻璃且不能确定该结构的产品，在使用时的受冲击面时，应分别在两面进行霰弹袋冲击试验，试验样品数量加倍。

2) 检测装置

检测装置包括一个固定的检验框、一个检验过程中使试样保持在实验框内的夹紧框和一个备有悬挂装置和释放装置的冲击体，以及测力球装置。检验框架应具有足够的刚度并固定牢固。

3) 检测步骤

(1) 检测前，试样应在规定的检测条件下至少保存12h。

(2) 检测应从最低冲击高度开始，4 块玻璃为一组，按 300mm、750mm 和 1200mm 的高度依次进行冲击检测。

(3) 在每次冲击试检测前，应将冲击体提升至相应的高度并保持冲击静止。在该冲击高度，冲击体的金属杆中，心轴应与冲击体的悬挂绳索成一直线。

(4) 在相应的冲击高度，将初速度为零的冲击体释放，使冲击体以摆插式自由下落垂直冲击试样的中部一次。

(5) 结构为不对称夹层玻璃的，有确定的使用冲击面时，对指定的冲击面进行冲击试验；无确定的使用冲击面时，应对两面进行冲击试验，并在测试报告中注册冲击面。

(6) 每次冲击后，应对试样状态进行检查。如一组试样中任一片试样不满足规定的要求，该组试样结束；如一组试样均满足规定的要求，可继续下一个高度冲击试验，未破坏的试样可再次使用。

(7) 记录并报告该产品试样最大冲击高度和冲击历程；注明中间层材料的种类、产地等内容。

11.1.4 防火玻璃检测

1. 耐火性能

(1) 按《镶玻璃构件耐火试验方法》(GB/T 12513—2006)进行耐火性能检测。试样受火尺寸应选择实际使用的最大尺寸来进行检测，且不应小于 1100mm×600mm。

(2) 检测时，所使用的固定框架和安装方式应与实际工程配套使用的相同，并以图纸或其他相当的方法记录固定框架的结构和安装方式。对于隔热型(A 类)防火玻璃固定框架背火面温度测量值仅做记录，不作为隔热型的判定条件。

2. 耐热性能

(1) 取 6 块试样进行检测，其中 3 块为备样。试样规格应为 300mm×300mm，应与制品材料相同、在相同加工工艺下制作。

检测前，试样应在(20±5)℃下垂直放置 6h 以上，检查外观质量并详细记录缺陷情况。

(2) 将试样垂直放入恒温箱，保持(50±2)℃，恒温 6h 后取出。

(3) 将取出的试样，在(20±5)℃下垂直放置 6h 以上，检查其外观质量。

3. 耐紫外线辐射性能

(1) 取 6 块试样进行试验，其中 3 块为备样。试样规格应为 300mm×76mm，为与制品材料相同、在相同加工工艺下制作的平型试验片。

(2) 检测装置应满足《汽车安全玻璃试验方法 第 3 部分：耐辐照、高温、潮湿、燃烧和耐模拟气候试验》(GB/T 5137.3—2002)的要求。

(3) 检测应按照《汽车安全玻璃试验方法 第 3 部分：耐辐照、高温、潮湿、燃烧和耐模拟气候试验》(GB/T 5137.3—2002)进行。试验前后试样的可见光透射比相对变化率 ΔT 的计算公式为

$$\Delta T=\frac{|T_1-T_2|}{T_1}\times 100$$

式中 ΔT——试样可见光透射比相对变化率，%；

T_1——紫外线照射前试样可见光透射比；

T_2——紫外线照射后试样可见光透射比。

11.1.5 中空玻璃检测

1. 密封检测

1) 检测原理

试样放在低于环境气压(10±0.5)kPa 的真空箱内，其内部压力大于箱内压力，以测量试样厚度增长程度及变形的稳定程度来判断试样的密封性能。

2) 仪器设备

真空箱：由金属材料制成的能达到试验要求真空度的箱子。真空箱内装有测量厚度变化的支架和百分表，支点位于试样中部。

3) 检测条件

试样为 20 块与制品在同一工艺条件下制作的尺寸为 510mm×360mm 的样品，试验在(23±2)℃，相对湿度 30%～75%的环境中进行。试验前全部试样在该环境放置 12h 以上。

4) 检测步骤

(1) 将试样分批放入真空箱内，安装在装有百分表的支架中。

(2) 把百分表调整到零点或记下百分表初始读数。

(3) 检测时，把真空箱内压力降到低于环境气压(10±0.5)kPa。在到达低压后 5～10min 内记下百分表读数，计算出厚度初始偏差。

(4) 保持低压 2.5h 后，在 5min 内再记下百分表的读数，计算出厚度偏差。

2. 露点检测

1) 检测原理

放置露点仪后，玻璃表面局部冷却，当达到一定温度后，内部水气在冷点部位结露，该温度为露点。

2) 仪器设备

(1) 露点仪：测量管的高度为 300mm，测量表面直径为ϕ50mm。

(2) 温度计：测量范围为-80～+30℃，精度为 1℃。

3) 检测条件

试样为制品或 20 块与制品在同一工艺条件下制作的尺寸为 510mm×360mm 的样品，试验在温度(23±2)℃，相对湿度 30%～75%的条件下进行。试验前将全部试样在该环境条件下放置一周以上。

4) 检测步骤

(1) 向露点仪的容器中注入约 25mm 的乙醇或丙酮，再加入干冰，使其温度冷却到等于或低于-40℃，并在试验中保持该温度。

(2) 将试样水平放置，在上面涂一层乙醇或丙酮，使露点仪与该表面紧密接触，停留时间按表 11-2 的规定。

表 11-2 停留时间

原片玻璃厚度/mm	接触时间/min
≤4	3
5	4
6	5
8	7
≥10	10

(3) 移开露点仪，立刻观察玻璃试样的内表面上有无结露或结霜。

3. 耐紫外线辐照检测

1) 检测原理

此项试验是检验中空玻璃耐紫外线辐照性能，照射后密封胶如果有有机物、水等挥发物，通过冷却水盘可以把这些物质吸附到玻璃内表面，并检验试样在紫外线辐照下胶条蠕变情况。

2) 仪器设备

(1) 紫外线试验箱：箱体尺寸为560mm×560mm×560mm，内装有紫铜板制成的ϕ150mm的冷却盘2个。

(2) 光源为MLU型300W紫外线灯，电压220V±5V，其输出功率不低于40W/m^2，每次试验前必须用照度计检查光源输出功率。

(3) 试验箱内温度为(50±3)℃。

3) 检测条件

试样为4块(2块试验、2块备用)与制品在同一工艺条件下制作的尺寸为510mm×360mm的样品。

4) 检测步骤

(1) 在试验箱内放2块试样，试样中心与光源相距300mm，在每块试样中心表面各放置冷却板，然后连续通水冷却，进口水温保持在(16±2)℃，冷却板进出口水温相差不得超过2℃。

(2) 紫外线连续照射168h后，把试样移出，放到(23±2)℃温度下存放一周，然后擦净表面。

(3) 按照上步，观察试样的内表面有无雾状、油状或其他污物，玻璃是否有明显错位、胶条有无蠕变。

4. 气候循环耐久性检测

1) 检测原理

此项检测是加速户外自然条件的模拟检测，通过试验来考虑试样耐户外自然条件的能力。检测后根据露点测试来确定该项性能的优劣。

2) 仪器设备

气候循环试验装置：由加热、冷却、喷水、吹风等能够达到模拟气候变化要求的部件构成。

3) 检测条件

试样为6块(4块试验、2块备用)与制品在同一工艺条件下制作的尺寸为510mm×360mm未经耐紫外线辐射试验的中空玻璃。试验在温度(23±2)℃，相对湿度 30%～75%的条件下进行。

4) 检测步骤

(1) 将4块试样装在气候循环装置的框架上，试样的一个表面暴露在气候循环条件下，另一表面暴露在环境温度下。安装时，注意不要使试样产生机械应力。

(2) 气候循环试验进行 320 个连续循环，每个循环周期分为 3 个阶段。

① 加热阶段：时间为(90±1)min，在(60±30)min 内加热到(52±2)℃，其余时间保温。

② 冷却阶段：时间为(90±1)min，冷却 25min 后用(24±3)℃的水向试样表面喷 5min，其余时间通风冷却。

③ 制冷阶段：时间为(90±1)min，在(60±30)min 内将温度降低到(−15±2)℃，其余时间保温。

最初 50 个循环里最多允许 2 块试样破裂，可用备用试样更换，更换后继续试验。更换后的试样进行 320 次循环试验。

(3) 完成 320 次循环后，移出试样，在(23±2)℃和相对湿度 30%～75%的条件下放置一周，然后按规定测量露点。

5. 试验高温耐久性检测

1) 检测原理

此项检测是检查中空玻璃在高温高湿环境下的耐久性能，试样经高温高湿及温度变化产生热胀冷缩，强制水气进入试样内部，检测后根据露点测试确定该项性能的优劣。

2) 检测设备

高温高湿试验箱：由加热、喷水装置构成。

3) 检测条件

试样为 10 块(8 块试验、2 块备用)与制品在同一工艺条件下制作的尺寸为 510mm×360mm，未经试验的中空玻璃；放置在相对湿度大于 95%的高温高湿试验箱内，在箱壁和箱板之间连续喷水，使温度在(25±3)℃～(55±3)℃之间有规律变动。

4) 检测步骤

(1) 试验进行 224 次循环，每个循环分为两个阶段。

① 加热阶段：时间为(140±1)min，在(90±1)min 内将箱内温度提高到(55±3)℃，其余时间保温。

② 冷却阶段：时间为(40±1)min，在(30±1)min 内将箱内温度降低到(25±3)℃，其余时间保温。

(2) 试验最初 50 个循环里，最多允许有 2 块试样破裂，可以更换后继续试验，更换后的试样再进行 224 次循环试验。

(3) 完成 224 次循环后，移出试验，在温度(23±2)℃，相对湿度 30%～75%的条件下放置一周，然后按规定测量露点。

11.2 装饰木材的检测

11.2.1 胶合板翘曲度的测量方法

(1) 将胶合板凹面向上并在无任何外力作用下，放置在水平台面上，分别沿两对角线方向置金属直尺或紧绷线绳于板面，用测量仪器测量板面与直尺或线绳间最大弦高及对角线长度，精确至1mm。

(2) 用下式计算翘曲度，精确至0.1%。

$$翘曲度=\frac{对角线最大弦高(mm)}{对应对角线长度(mm)}\times 100\%$$

(3) 分别计算两对角线方向的翘曲度，取其中大者为该板的翘曲度。

11.2.2 硬质纤维板检测

1. 含水率的测定

1) 原理

试件保持抽样相同状态时的质量和在(103±2)℃温度下干燥至恒定质量的质量之差与试件干燥后质量的百分比。

2) 测试仪器与工具

(1) 天平，读数精确至0.01g。

(2) 空气对流干燥箱，箱内各点温度能保持(103±2)℃。

(3) 装有干燥剂的干燥箱，干燥器内空气尽可能接近绝干状态。

3) 取样与试件

(1) 按规定抽取样板。

(2) 按规定锯割试件。

(3) 试件为正方形，边长为(100±2)mm。

(4) 试件表面应清除碎片和锯屑。

4) 测试方法

(1) 称量试件质量，精确至0.01g，试件称量时应保持与抽样时相同的状态。

(2) 试件在温度为(103±2)℃的干燥箱内干燥至质量恒定。

注：当间隔为6h的两次连续称量的结果，其差别不超过试件质量的0.1%时，即认为试件达到质量恒定。

(3) 在干燥器内，将试件冷却至室温，然后称量，精确至0.01g。操作应迅速及时，避免含水率的增加超过0.1%。

5) 结果计算

(1)每个试件的含水率的百分数按下式计算，计算精确至0.1%。

$$H=\frac{m_{\mathrm{H}}-m_{\mathrm{O}}}{m_{\mathrm{O}}}\times 100$$

式中 H——试件含水率，%；

m_H——试件干燥前的质量，g；

m_O——试件干燥后质量，g。

(2) 每张样板3个试件含水率的算术平均值，即为所测样板的含水率，计算精确至0.1%。

2. 密度的测定

1) 原理

试件质量与体积的比值。

2) 测试仪器与工具

(1) 天平。

(2) 千分尺。

(3) 游标卡尺。

3) 取样与试件

(1) 按规定抽取样板。

(2) 按规定锯割试件。

(3) 试件为正方形，边长为(100±2)mm。

(4) 试件在相对湿度的(65±5)%和温度为(20±2)℃的条件下平衡处理到质量恒定。

注：当间隔为24h的两次连续称量的结果，其差别不超过试件质量的0.1%时，即认为试件达到质量恒定。

4) 测试方法

(1) 称量试件的质量，精确至0.1g。

(2) 试件尺寸的测量按规定进行，测量位置如图11.4所示。取二对边长度的算术平均值为试件的边长；取四点板厚度的算术平均值为试件厚度，计算试件体积，精确至0.1cm³。

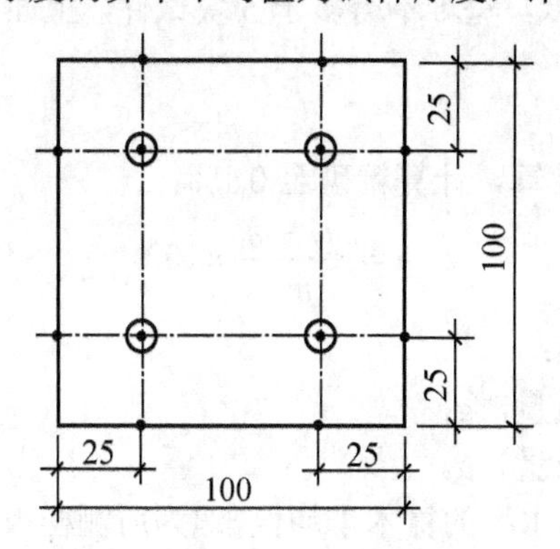

注：① ·为长、宽测量点。
② ⊙为厚度测量点。

图 11.4 测量位置示意图

5) 结果计算

每个试件的密度按下式计算，计算精确至0.01g/cm³。

$$\rho=\frac{m}{V}$$

式中　ρ——试件密度，g/cm^3；

m——试件质量，g；

V——试件体积，cm^3。

3. 吸水率的测量

1) 原理

试件浸水后质量之差与试件浸水前质量的百分比。

2) 测试仪器与工具

(1) 天平。

(2) 恒温水槽、试件架、吸滤纸。

(3) 压块，质量约为3kg，幅面为120mm×120mm。

3) 取样与试件

(1) 按规定抽取样板。

(2) 按规定锯割试件。

(3) 试件为正方形，边长为(100±2)mm。

(4) 试件在相对湿度的(65±5)%和温度为(20±2)℃的条件下平衡处理到质量恒定。

注：当间隔为24h的两次连续称量的结果，其差别不超过试件质量的0.1%时，即认为试件达到质量恒定。

4) 测试方法

(1) 称量试件质量，精确至0.1g。

(2) 将试件置于试件架上，立于温度为(20±1)℃、pH值为6±1的水中，各试件不可相互接触，应保持距离，试件上端应低于水面20mm，试件浸泡15min后，从水中取出并水平叠放，试件之间放入吸滤纸，每堆不得多于5块试件，上面压上压块，保持30s后卸下，在10min以内称量完毕。

5) 结果计算

(1) 试件吸水率按下式计算，计算精确至0.1%。

$$A = \frac{m_2 - m_1}{m_1} \times 100$$

式中　A——试件含水率，%；

m_1——浸水前试件的质量，g；

m_2——浸水后试件的质量，g。

(2) 每张样板3块试件吸水率的算术平均值，即为所测样板的吸水率，计算精确至0.1%。

4. 静曲强度的测定

1) 原理

试件置于两支座上，在其中心部位施加载荷，直至试件破坏为止。根据最大破坏载荷、两支座跨距、试件宽度和厚度计算出静曲强度。

2) 仪器与工具

(1) 量具。

(2) 静曲强度试验机或木材万能力学试验机。

3) 取样与试件

(1) 按规定抽取样板。

(2) 按规定锯割试件。

(3) 试件为长方形，宽度 b 为 75mm 长度 L 为支座跨距再加 50mm，试件长、宽制作尺寸误差应小于 2mm。

(4) 试件在相对湿度的(65±5)%和温度为(20±2)℃的条件下平衡处理到质量恒定。

注：当间隔为 24h 的两次连续称量的结果，其差别不超过试件质量的 0.1%时，即认为试件达到质量恒定。

4) 测试方法

(1) 试件的长度、宽度和厚度按规定进行测量，测量部位如图 11.5 所示。

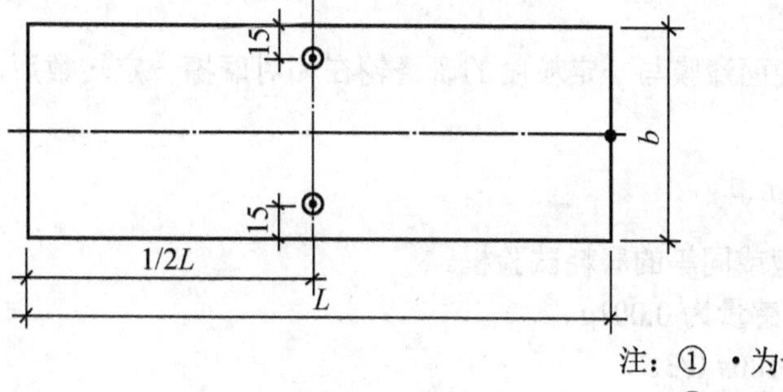

注：① ·为长、宽测量点。
② ⊙为厚度测量点。

图 11.5　测量部位示意图

(2) 校准试验机两支座跨距为试件名义厚度的 25 倍，但不得小于 100mm，精确至±1mm。

(3) 将试件放在两支座上，中央施加载荷。支座及加荷头的半径为(15±0.5)mm，如图 11.6 所示。

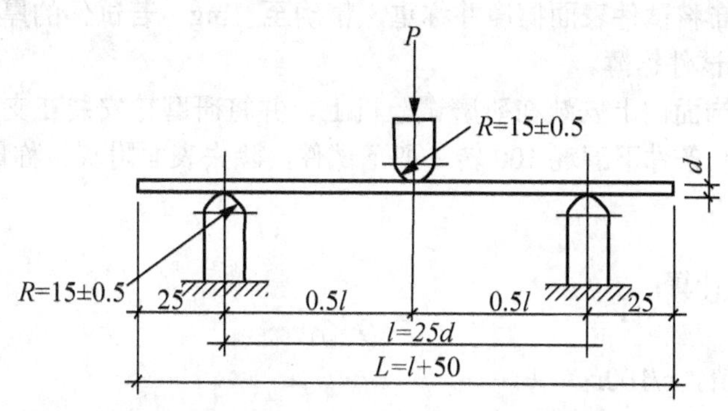

图 11.6　支座及加荷头的半径

(4) 硬质纤维板试件背面承受张力，加荷速度取(30±3)mm/min，要求加荷均匀，直至试件破坏为止，从刻度盘上读出最大破坏载荷，精确至 5N。

5) 结果计算

(1)试件静曲强度按下式计算，精确至 0.103MPa。

$$\sigma=\frac{3PL}{2bd^2}$$

式中 σ——试件静曲强度，MPa；

P——试件最大破坏荷载，N；

L——试件支座跨距，mm；

b——试件宽度，mm；

d——试件厚度，mm。

(2) 样板 6 块试件静曲强度的算术平均值，即为所测样板的静曲强度，计算精确至 0.1MPa。

11.2.3 实木复合地板表面耐磨性能测试

1. 原理

测定产品表面漆膜与一定粒度的研磨轮在相对摩擦一定转数后，表面磨失量及保留漆膜的能力。

2. 仪器和工具

(1) Tabie 型或同等的磨耗试验机。

(2) 天平，感量为 0.001g。

(3) 砂布，180# 0/3。

(4) 研磨轮。

(5) 脱脂纱布。

3. 试验步骤

(1) 按规定制作研磨轮，将粘好砂布后的研磨轮在相对湿度为(65±5)%、温度(20±2)℃的条件下放置 24h 以上，备用。

(2) 用脱脂纱布将试件表面擦净并称重，精确至 1mg。若试件的厚度影响到研磨轮支架的水平度，应将试件锯薄。

(3) 将试件装饰面向上安装在研磨试验机上，并将研磨轮安装在支架上，在每个接触面受力为(4.9±0.2)N 条件下磨耗 100 转，取下试件，除去表面附灰、称量，精确至 1mg。

4. 结果计算

磨耗值按下式计算：

$$F=G-G_1$$

式中 F——磨耗值，g/100r；

G——试件磨前质量，g；

G_1——试件磨后质量，g。

记录磨耗值并目测试件表面漆膜状况。

特别提示

- 建筑装修工程主体材料是指用于构造建筑物主体装修工程所使用的建筑装修材料，包括石材、木材、陶瓷、石膏制品等材料及各种新型节能环保材料等。

11.3 石材放射性元素的检测

11.3.1 材料分类

本试验根据《建筑材料放射性核素限量》(GB 6566—2010)的要求和装饰材料放射性水平大小，划分为以下 3 类。

1) A 类装饰装修材料

装饰装修材料中，天然放射性核素镭-226、钍-232、钾-40 的放射性比活度同时满足 IRa≤1.0 和 Ir≤1.3 要求的，为 A 类。

A 类装饰装修材料产销与使用范围不受限制。

2) B 类装饰装修材料

不满足 A 类装饰装修材料要求，但同时满足 IRa≤1.3 和 Ir≤1.9 要求的为 B 类。

B 类装饰装修材料不可用于 I 类民用建筑的内饰面，但可用于 II 类民用建筑物、工业建筑内饰面及其他一切建筑物的外饰面。

3) C 类装饰装修材料

不满足 A、B 类装饰装修材料要求，但满足 Ir≤2.8 要求的，为 C 类。

C 类装饰装修材料只可以用于建筑物的外饰面及室外其他用途。

11.3.2 检测方法

1. 仪器

低本底多道 γ 能谱仪。

2. 取样与制样

(1) 取样。随机抽取样品两份，每份不少于 3kg。一份密封保存，另一份作为检验样品。

(2) 制样。将检验样品破碎，磨细至粒径不大于 0.16kg。将其放入与标准样品几何形态一致的样品盒中，称重(粗确至 1g)、密封、待测。

3. 测量

当检验样品中天然放射性衰变链基本达到平衡后，在与标准样品测量条件相同情况下，采用低本底多道 γ 能谱仪对其进行镭-226、钍-232、钾-40 比活度测量。

4. 计算

(1) 内照射指数。内照射指数按照下式进行计算：

$$I_{\mathrm{Ra}} = \frac{C_{\mathrm{Ra}}}{200}$$

式中 I_{Ra}——内照射指数；

C_{Ra}——建筑材料中天然放射性核素镭-226 的放射性比活度，单位为贝克每千克($\mathrm{Bq \cdot kg^{-1}}$)；

200——仅考虑内照射情况下，标准规定的建筑材料中放射性核素镭-226 的放射性比活度限量，单位为贝克每千克($\mathrm{Bq \cdot kg^{-1}}$)。

(2) 外照射指数。外照射指数按照下式进行计算：

$$I_r = \frac{C_{Ra}}{370} + \frac{C_{Th}}{260} + \frac{C_k}{4200}$$

式中　I_{Ra}——外照射指数；

C_{Ra}、C_{Th}、C_k——分别为建筑材料中天然放射性核素镭-226、钍-232、钾-40的放射性比活度，单位为贝克每千克($Bq \cdot kg^{-1}$)；

370、260、4200——分别为仅考虑外照射情况下，标准规定的建筑材料中放射性核素镭-226、钍-232、钾-40在其各自单独存在时标准规定的限量，单位为贝克每千克($Bq \cdot kg^{-1}$)。

5. 测量不确定度

当样品中镭-226、钍-232、钾-40的放射性比活度之和，大于37$Bq \cdot kg^{-1}$时，本标准规定的试验方法要求测量不确定度(扩展因子k=1)不大于20%。

6. 修约

计算结果数字修约后，保留一位小数。

7. 其他

(1) 材料生产企业按照《建筑材料放射性核素限量》(GB 6566—2010)要求，在其产品包装或说明书中注明其放射性水平类别。

(2) 在天然放射性本底较高地区，单纯利用当地原材料生产的建筑材料产品时，只要其放射性比活度不大于当地地表土壤中相应天然放射性核素平均本底水平的，可限在本地区使用。

11.4 陶瓷内墙砖的简易质量识别检测

11.4.1 检测目的

用简单的试验方法对陶瓷内墙砖进行质量检验。

11.4.2 检测仪器

(1) 荧光灯，色温为6000～6500K。
(2) 直尺，1m长。
(3) 照度计。
(4) 0.05mm的游标卡尺。

11.4.3 试样制备

(1) 对于边长小于600mm的砖，每种类型至少取30块整砖进行检验，且面积不小于1m^2。

(2) 对于边长不小于600mm的砖，每种类型至少取10块整砖进行检验，且面积不小于1m^2。

11.4.4 试验步骤

(1) 尺寸偏差：用读数为 0.05mm 的游标卡尺测量，长度、宽度测量附加四边，高度测量包括凸背纹。陶瓷内墙砖的尺寸偏差要求见表 11-3。

表 11-3 陶瓷内墙砖的尺寸偏差 (单位：mm)

名　称	数　值	允许偏差
长度或宽度	≤152	±0.5
	＞152	±0.8
	≥250	±1.0
	＞250	+0.4
厚度	≤5	−0.3
	＞5	厚度的±8%

(2) 表面缺陷：表面缺陷和人为效果的定义如下。

① 裂纹：在砖的表面、背面或两面可见的裂纹。
② 釉裂：釉面上有不规则如头发丝的细微裂纹。
③ 缺釉：施釉砖釉面局部无釉。
④ 不平整：在砖或釉面上非人为的凹陷。
⑤ 针孔：施釉砖表面的如针状的小孔。
⑥ 桔釉：釉面有明显可见的非人为结晶，光泽较差。
⑦ 斑点：砖的表面有明显可见的非人为异色点。
⑧ 釉下缺陷：被釉面覆盖的明显缺点。
⑨ 装饰缺陷：在装饰方面的明显缺点。
⑩ 磕碰：砖的边、角或表面崩裂掉细小的碎屑。
⑪ 釉泡：表面的小气泡或烧结时释放气体后的破口泡。
⑫ 毛边：砖的边缘有非人为的不平整面。
⑬ 釉缕：沿砖边有明显的釉堆集成的隆起。

检验表面缺陷时，将试样在检查板上铺成方形平面，检查板与水平成 70° ±10° 放置，试样铺放后，要使砖面的最高边与检验者的视线向平，砖面上各部分的照度约为 300lux。若需灯光照明，光源应置于检验者脚尖的距离位置。观察距离指试样铺贴底边至检查者脚尖的距离。

检验龟裂、开裂、背面磕碰时，在光线充足的条件下，距试样 0.5m 远逐块目测检验，见表 11-4。敲击试样，根据声音差异辨别夹层缺陷。目测检验时，检验者的身体不应倾斜。

表面质量以表面无可见缺陷砖的百分比表示。

表 11-4 陶瓷内墙砖的缺陷

缺陷名称	优等品	一级品	合格品
开裂、夹层、釉裂	不允许		
背面磕碰	深度为砖厚的 1/2	不影响使用	
剥边、落脏、釉泡、斑点、坯粉釉缕、桔釉、波纹、缺釉、棕眼裂纹、图案缺陷、正面磕碰	距离砖面 1m 处	距离砖面 2m 处	距离砖面 3m 处
	目测无可见缺陷	目测缺陷不明显	目测缺陷不明显

(3) 色差：在接近日光并光线充足的条件下，观察距离为 0.5m，随机抽取样品为对照组，在对照组内选取一块样品为对照板，对照板的颜色应在对照组内与尽可能多的样品一致。以对照板为基准，与被检样品逐块目测对比，按表 11-5 试验。

表 11-5 允许色差

色　差	优等品	一级品	合格品
	基本一致	不明显	不严重

11.5 涂料的黏度、遮盖力与耐洗刷性的检测

11.5.1 检测目的

通过试验测定涂料的黏度(过去作“黏度”)、遮盖力和耐洗刷性。

11.5.2 涂料的黏度检测

1. 试验仪器和设备

(1) 温度计：温度范围 0～50℃，分度为 0.1℃、0.5℃。

(2) 秒表：分度为 0.2s。

(3) 水平仪。

(4) 永久磁铁。

(5) 承受杯：50mL 量杯、150mL 搪瓷杯。

(6) 黏度计：分为涂-1、涂-4 黏度计和落球黏度计。

2. 原理

涂-1、涂-4 黏度计测定的黏度是条件黏度[《涂料黏度测定法》(GB/T 1723—1993)中规定]，即为一定量的试样，在一定的温度下从规定直径的孔所流出的时间，以 s 表示。用式(11-6)、式(11-7)、式(11-8)可将试样的流出时间换算成运动黏度值。

涂-1 黏度计：$t=0.053v+1.0$ (11-1)

涂-4 黏度计：$t<23\text{s}$ 时，$t=0.154v+11$ (11-2)

$23\text{s}<t<150\text{s}$ 时，$t=0.223v+6.0$ (11-3)

式中 t——流出时间，s；

v——运动黏度，mm^2/s。

落球黏度计测定的黏度是条件黏度，即为在一定的温度下，一定规格的钢球垂直下落，通过盛有试样的玻璃管上、下两刻度线所需的时间，以 s 表示。

涂-1 黏度计：上部为圆柱形，下部为圆锥形的金属容器。内壁上有一刻线，圆锥底部有漏嘴。容器的盖上有两个孔，一孔为插塞棒用，另一孔为插温度计用，容器固定在一个圆形水浴套内，黏度计置于带有两个调节水平螺钉的台架上，如图 11.7 所示。

涂-4 黏度计：上部为圆柱形，下部为圆锥形的金属容器。锥形底部有漏嘴，在容器上部有一圈凹槽作为多余试样溢出用。黏度计置于带有两个调节水平螺钉的台架上。其材质

有塑料与金属两种，但以金属材质的黏度计为准，如图 11.8 所示。

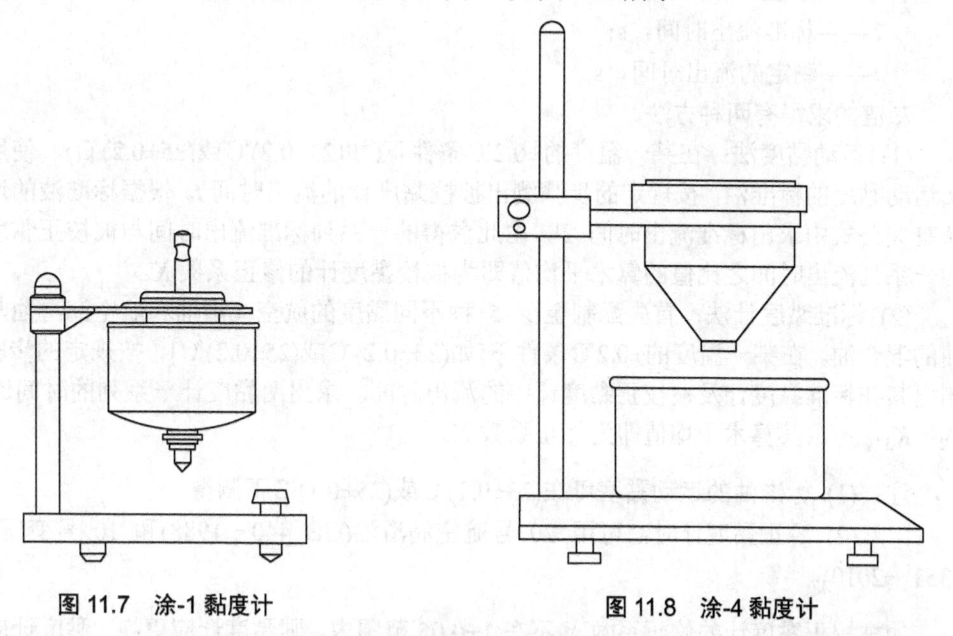

图 11.7 涂-1 黏度计　　　　图 11.8 涂-4 黏度计

落球黏度计：由两部分组成，即玻璃管和钢球。玻璃管长 350mm，内径为(25±0.25)mm，距两端管口边缘 50mm 处各有一刻度线，两线间距为 250mm。在管口上、下端有软木塞子，上端软木塞中间有一铁钉。玻璃管被垂直固定在架上。钢球直径为(8±0.03)mm，如图 11.9 所示。

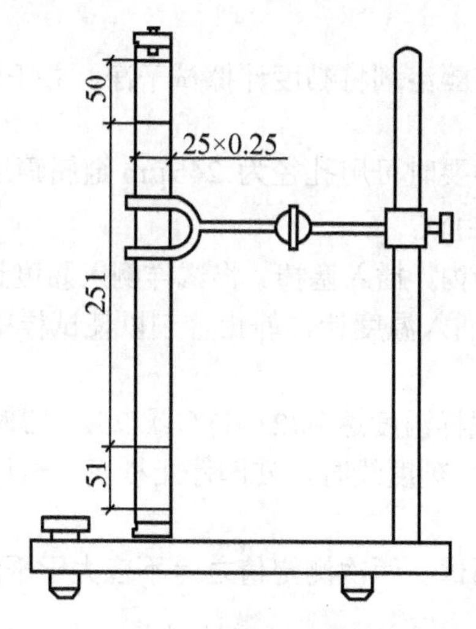

图 11.9 落球黏度计

校正涂-1、涂-4 黏度计时，应首先求得每个黏度计的修正系数 K。其定义为在相同条件下，被校黏度计的标准流出时间 T 与测定的流出时间 t 之比值即为黏度计的修正系数 K。表达式为

$$K=\frac{T}{t} \tag{11-4}$$

式中 K——黏度计修正系数；

T——标准流出时间，s；

t——测定的流出时间，s。

K值的求得有两种方法。

(1) 运动黏度法：在某一温度的±0.2℃条件下(如(23±0.2)℃或(25±0.2)℃)，使用各种已知运动黏度的标准油，按规定的步骤测出被校黏度计的流出时间 t。根据标准油的运动黏度从有关公式中求出标准流出时间 T。由此求得的一系列标准流出时间与被校正黏度计测得的一系列流出时间之比值的算术平均值即为被校黏度计的修正系数 K。

(2) 标准黏度计法：首先配制至少 5 种不同黏度的航空润滑油和航空润滑油与变压器油的混合油。在某一温度的±0.2℃条件下[如(23±0.2)℃或(25±0.2)℃]，按规定的步骤，分别测出其在标准黏度计及被校正黏度计中的流出时间。求出两黏度计一系列的时间比值 K_1，K_2，K_3，…，其算术平均值即为修正系数 K。

注：(1) 标准油的运动黏度可在(23±0.1)℃或(25±0.1)℃下测得。

(2) 校正黏度计时，可用 20 号航空润滑油(GB 440—1988)和 10 号变压器油(SY 1351—2010)。

如被校正黏度计的修正系数 K 不在 1±0.05 范围内，则黏度计应更换。黏度计应按其使用的频繁程度定期校正。

3. 试验步骤

(1) 取代表性试样，样品分为两份，一份密封储存备查，另一份作为检验用样品。

(2) 涂-1 黏度计法。

① 测定前后均需用纱布蘸溶剂将黏度计擦拭干净，并干燥或用冷风吹干。对光检查，黏度计漏嘴等应保持洁净。

② 将试样搅拌均匀，必要时可用孔径为 246 μm 金属筛过滤。除另有规定外，应将试样温度调整至(23±1)℃或(25±1)℃。

③ 将黏度计置于水浴套内，插入塞棒。将试样倒入黏度计内，调节水平螺钉使液面与刻线刚好重合，盖上盖子并插入温度计，静止片刻以使试样中的气泡溢出。在黏度计漏嘴下放置一个 50mL 量杯。

④ 除另有规定外，当试样温度达到(23±1)℃或(25±1)℃时，迅速提起塞棒，同时启动秒表。当杯内试样达到 50mL 刻度线时，立即停止秒表。试样流入杯内 50mL 所需时间，即为试样的流出时间(s)。

⑤ 按③和④步骤重复测试。两次测定值之差不应大于平均值的 3%。取两次测定值的平均值为测定结果。

(3) 涂-4 黏度计法。

① 测定前后均需用纱布蘸溶剂将黏度计擦拭干净，并干燥或用冷风吹干。对光检查，黏度计漏嘴等应保持洁净。

② 将试样搅拌均匀，必要时可用孔径为 246 μm 金属筛过滤。除另有规定外，应将试样温度调整至(23±1)℃或(25±1)℃。

③ 使用水平仪，调节水平螺钉，使黏度计处于水平位置。在黏度计漏嘴下放置 150mL 搪瓷杯。

④ 用手指堵住漏嘴，将(23±1)℃或(25±1)℃试样倒满黏度计中，用玻璃棒或玻璃板将气泡和多余试样刮入凹槽。迅速移开手指，同时启动秒表，待试样流束刚中断时立即停止秒表。秒表读数即为试样的流出时间(s)。

⑤ 按④的步骤重复测试。两次测定值之差不应大于平均值的 3%。取两次测定值的平均值为测定结果。

(4) 落球黏度计法。

① 将透明试样倒入玻璃管中，使试样高于上端刻度线 40mm，放入钢球，塞入带铁钉的软木塞。

② 将管子颠倒使铁钉吸住钢球，再翻转过来，固定在架上，使用铅锤，调节玻璃管使其垂直。将永久磁铁拿走，使钢球自由下落，当钢球刚落到上刻度线时，立即启动秒表。至钢球落到下刻度线时停止秒表，以钢球通过两刻度线的时间(s)表示。两次测定值之差不应大于平均值的 3%。取两次测定值的平均值为测定结果。

11.5.3 涂料的遮盖力检测

1. 试验仪器及要求

(1) 天平：感量为 0.01g，0.001g。

(2) 木版：尺寸为 100mm×100mm×(1.5～2.5)mm。

(3) 漆刷：宽 25～35 mm。

(4) 玻璃板：100mm×250mm×(1.2～2)mm(刷涂法)，100mm×100mm×(1.2～2)mm(喷涂法)。

刷涂法黑白格玻璃板的制法：将 100mm×250mm 的玻璃板的一端遮住 100mm×50mm(留作试验时手执之用)，然后在剩余的 100mm×200mm 的面积上喷涂一层黑色的硝基漆。待干后用小刀仔细地间隔区划 25mm×25mm 的正方形，再将玻璃板放入水中浸泡片刻，取出晾干，间隔剥去正方形涂膜处，再喷上一层白色硝基漆，即制成具有 32 个正方形的黑白间隔的玻璃板。然后再贴上一张光滑牛皮纸，刮涂一层环氧胶防止溶剂渗入破坏黑白格漆膜，如图 11.10 所示。

喷涂法黑白格玻璃板的制法：在 100mm×100 mm 的木板上喷涂一层黑色硝基漆，待干后漆面贴一张相同面积大小的白色厚光滑纸，然后用小刀仔细地间隔划去 25mm×25mm 的正方形，再喷上一层白色硝基漆，待干后仔细地揭去存留的间隔正方形纸，即制得具有 16 个正方形的黑白格间隔板，如图 11.11 所示。

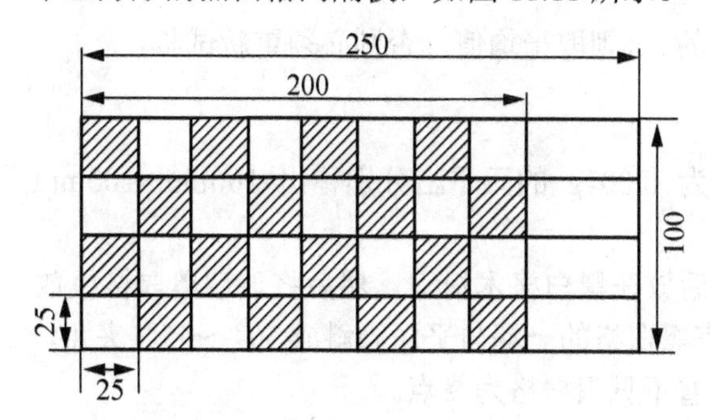

图 11.10 刷涂法黑白格玻璃板

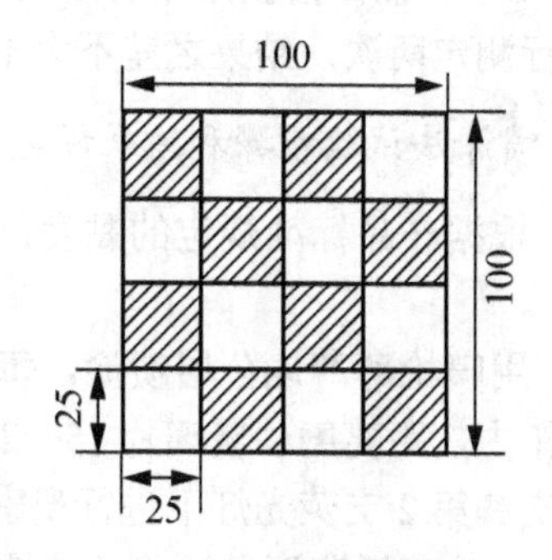

图 11.11 喷涂法黑白格玻璃板

(5) 木制暗箱：尺寸为 600mm×500mm×400mm，暗箱内用 3mm 厚的磨砂玻璃将暗箱分为上下两部分，磨砂玻璃的磨面向下，使光源均匀。暗箱上部均匀地平行装置 15W 的荧光灯两支，前面装一挡光板，下部正面敞开用于检验，内壁涂上无光黑漆。木制暗箱如图 11.12 所示。

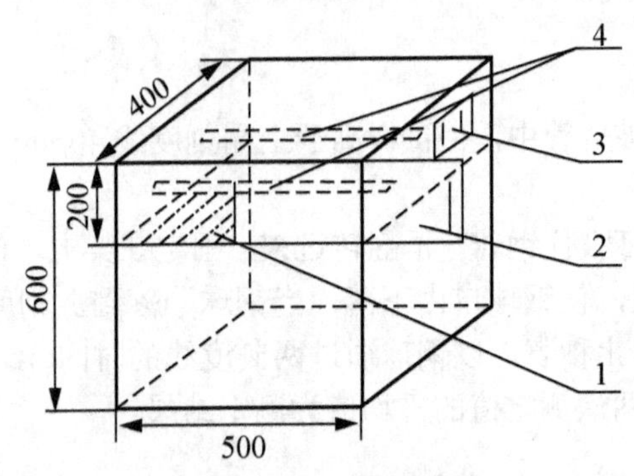

图 11.12　木制暗箱

1—磨砂玻璃；2—挡光板；3—电源开关；4—15W 荧光灯

2. 刷涂法检测步骤和结果评定

(1) 根据产品标准规定的黏度，在感量为 0.01g 的天平上称出盛有油漆的杯子和漆刷的总质量。

(2) 用漆刷将油漆均匀地涂刷在玻璃黑白格板上，涂刷时应快速均匀，不要将油漆刷在板的边缘上，然后将玻璃黑白格板放置在暗箱内，距离磨砂玻璃片 15～20cm，有黑白格的一端与平面倾斜成 30°～45° 夹角，在第 1 支和第 2 支荧光灯下进行观察，直至看不见黑白格为终点。

(3) 将盛有余漆的杯子和漆刷称重，求出黑白格板上油漆质量。

(4) 计算方法及精度：遮盖力(X)计算公式(以湿漆膜计)为

$$X = \frac{W_1 - W_2}{S} \times 10^4 \qquad (11\text{-}5)$$

式中 W——未涂刷前盛有油漆的杯子和漆刷的总质量，g；

W_2——涂刷后盛有余漆的杯子和漆刷的总质量，g；

S——黑白格板涂漆的面积，cm^2。

平行测定两次，结果之差不大于平均值的 5%则取平均值，否则必须重新试验。

3. 喷涂法试验步骤和结果评定

(1) 根据产品标准规定的黏度，在感量为 0.001g 的天平上分别称出 100mm×100mm 质量。

(2) 用喷枪薄薄地分层喷涂，每次喷涂后放在黑白格木板上。然后将玻璃黑白格板放置在暗箱内，距离磨砂玻璃片 15～20cm，有黑白格的一端与平面倾斜成 30°～45° 夹角，在第 1 支和第 2 支荧光灯下进行观察，直至看不见黑白格为终点。

(3) 将玻璃板背面和边缘的漆擦净，各种喷漆类按固体含量中的规定的焙烘温度烘至恒重。

(4) 计算方法及精度：遮盖力(X)计算公式(以湿漆膜计)为

$$X = \frac{W_1 - W_2}{S} \times 10^4 \tag{11-6}$$

式中 W_1——未涂刷前玻璃板的质量，g；

W_2——喷涂漆膜恒重后的玻璃板质量，g；

S——玻璃板喷涂漆的面积，cm^2。

平行测定两次，结果之差不大于平均值的 5%则取平均值，否则必须重新试验。

11.5.4 涂料的耐洗刷性检测

1. 检测仪器及要求

(1) 洗刷试验机：洗刷机是一种使刷子在试验样板的涂层表面作直线往复运动，对其进行洗刷的仪器。刷子运动频率为每分钟往复 37 次循环(74 个冲程)，每个冲程刷子运动距离为 300mm，在中间 100mm 区间大致为匀速运动。洗刷机的构造如图 11.13 所示。

(2) 刷子：在 90mm×38mm×25mm 的硬木平板(或塑料板)上，均匀地打 60 个直径约为 3mm 的小孔，分别在孔内垂直地栽上黑猪鬃，与毛成直角剪平，毛长约为 19mm。使用前，将刷毛浸入 20℃左右水中，12mm 深，30min，再用力甩净水，浸入洗刷介质中 12mm 深，20min。刷子经此处理方可使用。当刷毛磨损至长度小于 16mm 时，须重新更换刷子。

(3) 洗刷介质：将洗衣粉溶于蒸馏水中，配成 0.5%(按质量计)的溶液，其 pH 值为 9.5～10.0。

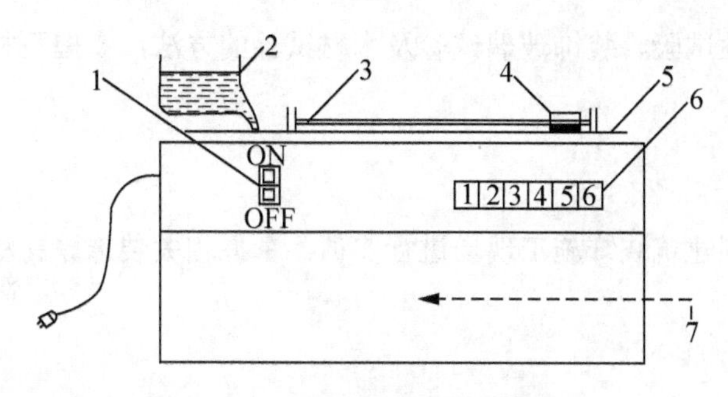

图 11.13 洗刷试验机的构造示意图

1—电源开关；2—滴加洗刷介质的容器；3—滑动架；4—刷子和夹具；
5—试验台板；6—往复次数显示器；7—电动机

2. 检测样板的制备

(1) 底板：430mm×150mm×3mm 洁净的玻璃板。

(2) 涂底漆：在底板上单面喷涂一道 C06-1 铁红醇酸底漆(ZBG51010)，使其于(105±2)℃下烘烤 30min，干漆膜厚度为(30±3) μm 。

(3) 涂面漆：在涂好底漆的板上涂待测试的建筑涂料。

水性涂料：以 55%固体分的涂料刷涂两道。第一道涂布量为(150±20)g/m^2，第二道涂布量为(100±20)g/m^2，施涂间隔时间为 4h，涂完末道涂层使样板涂漆面向上，放置在温度为(23±2)℃、相对湿度为(50±5)%的条件下干燥 7d。

厚质涂料涂布量按产品技术要求。施涂两道漆，干漆膜总厚度为(45±5) μm 。涂漆间隔时间和样板的干燥、处置条件均按产品标准的规定进行。

3. 检测环境条件

本试验在(23±2)℃温度范围内对同一试样采用3块样板进行平行试验。

4. 检测步骤

(1) 将试验样板涂漆面向上，水平地固定在洗刷试验机的试验台板上。

(2) 将预处理过的刷子置于试验样板的涂漆面上，样板承受约450g的负荷(刷子和夹具的总重)，往复摩擦涂膜，同时滴加洗刷介质(滴加速度为0.04g/s)，使洗刷面保持湿润。

(3) 根据产品要求，洗刷至规定次数(或洗刷至样板长度的中间100mm区域露出底漆颜色)后，从试验机上取下试验样板，用自来水清洗。

(4) 在散射日光下检查试验样板被洗刷过的中间长度100mm区域的涂膜。观察是否破损，是否露出底漆颜色。

5. 结果评定

洗刷至规定的次数，3块试验样板中至少有2块试验样板的涂漆无破损，不露出底漆颜色，则认为其耐洗刷性合格。

实训指导书

熟悉石材放射性试验、装饰玻璃试验及木材试验的方法，掌握石材、玻璃及木材须试验检测的项目。

一、实训目的

让学生自主地到建筑装饰施工现场进行实训，掌握相关装饰原材料及成品、半成品的性能检测。

二、实训方式

建筑装饰施工现场装饰材料检测的调研。

学生分组：10～15人一组，由教师或现场负责人指导。

调查方法：结合施工现场和国家规范的要求，在教师或现场负责人指导下，熟知常用装饰材料的检测情况。

重点调查：石材放射性元素试验；木(板)材甲醛含量测定、木材防火涂料测定；中空玻璃露点检测；金属门窗性能试验、金属幕墙性能试验等。

三、实训内容及要求

(1) 认真完成调研日记。

(2) 填写材料调研报告。

(3) 实训小结。

参 考 文 献

[1] 安素琴．建筑装饰材料[M]．北京：高等教育出版社，2007.
[2] 陆平，黄燕生．建筑装饰材料[M]．北京：化学工业出版社，2006.
[3] 李燕，任淑霞．建筑装饰材料[M]．北京：科学出版社，2006.
[4] 张书梅．建筑装饰材料[M]．北京：机械工业出版社，2004.
[5] 林祖宏．建筑材料[M]．北京：北京大学出版社，2008.
[6] 王立久．建筑与装饰工程材料[M]．北京：北京大学出版社，2006.
[7] 胡志强．新型建筑与装饰材料[M]．北京：化学工业出版社，2007.
[8] 饶勃．金属饰面装饰施工手册[M]．北京：中国建筑工业出版社，2005.
[9] 李栋．室内装饰施工与管理[M]．南京：东南大学出版社，2005.
[10] 姜中宏．新型光功能玻璃[M]．北京：化学工业出版社，2008.
[11] 赵斌．建筑装饰材料[M]．天津：天津科学技术出版社，2002.
[12] 李永盛，丁洁民．建筑装饰工程材料[M]．上海：同济大学出版社，2000.
[13] 葛新亚．建筑装饰材料[M]．武汉：武汉理工大学出版社，2005.
[14] 葛新亚．建筑装饰材料[M]．北京：中国电力出版社，2008.
[15] 王勇．室内装饰材料与应用[M]．北京：中国电力出版社，2007.
[16] 周舟．建筑装饰装修工程实用材料手册[M]．太原：山西科学技术出版社，2007.
[17] 代洪卫．装饰装修材料标准速查与选用指南[M]．北京：中国建材工业出版社，2011.
[18] 薛健．装修设计与施工手册[M]．北京：中国建筑工业出版社，2004.
[19]《建筑施工手册(第四版)》编写组．建筑施工手册[M]．四版．北京：中国建筑工业出版社，2003.

北京大学出版社高职高专土建系列规划教材

序号	书名	书号	编著者	定价	出版时间	印次	配套情况	
基础课程								
1	工程建设法律与制度	978-7-301-14158-8	唐茂华	26.00	2012.7	6	ppt/pdf	
2	建设工程法规	978-7-301-16731-1	高玉兰	30.00	2013.1	11	ppt/pdf/答案/素材	★
3	建筑工程法规实务	978-7-301-19321-1	杨陈慧等	43.00	2012.1	3	ppt/pdf	★
4	建筑法规	978-7-301-19371-6	董伟等	39.00	2013.1	4	ppt/pdf	★
5	建设工程法规	978-7-301-20912-7	王先恕	32.00	2012.7	1	ppt/ pdf	
6	AutoCAD 建筑制图教程(第 2 版)(新规范)	978-7-301-21095-6	郭 慧	38.00	2013.3	1	ppt/pdf/素材	★
7	AutoCAD 建筑绘图教程(2010 版)	978-7-301-19234-4	唐英敏等	41.00	2011.7	2	ppt/pdf	★
8	建筑 CAD 项目教程(2010 版)	978-7-301-20979-0	郭 慧	38.00	2012.9	1	pdf/素材	
9	建筑工程专业英语	978-7-301-15376-5	吴承霞	20.00	2012.11	7	ppt/pdf	★
10	建筑工程专业英语	978-7-301-20003-2	韩薇等	24.00	2012.1	1	ppt/ pdf	★
11	建筑工程应用文写作	978-7-301-18962-7	赵立等	40.00	2012.6	2	ppt/pdf	★
12	建筑构造与识图	978-7-301-14465-7	郑贵超等	45.00	2013.2	12	ppt/pdf/答案	★
13	建筑构造(新规范)	978-7-301-21267-7	肖 芳	34.00	2012.9	1	ppt/ pdf	
14	房屋建筑构造	978-7-301-19883-4	李少红	26.00	2012.1	2	ppt/pdf	★
15	建筑工程制图与识图	978-7-301-15443-4	白丽红	25.00	2012.8	8	ppt/pdf/答案	★
16	建筑制图习题集	978-7-301-15404-5	白丽红	25.00	2013.1	7	pdf	
17	建筑制图(第 2 版)(新规范)	978-7-301-21146-5	高丽荣	32.00	2013.2	1	ppt/pdf	★
18	建筑制图习题集(第 2 版)(新规范)	978-7-301-21288-2	高丽荣	28.00	2013.1	1	pdf	
19	建筑工程制图(第 2 版)(附习题册)(新规范)	978-7-301-21120-5	肖明和	48.00	2012.8	5	ppt/pdf	
20	建筑制图与识图	978-7-301-18806-4	曹雪梅等	24.00	2012.2	4	ppt/pdf	★
21	建筑制图与识图习题册	978-7-301-18652-7	曹雪梅等	30.00	2012.4	3	pdf	★
22	建筑制图与识图(新规范)	978-7-301-20070-4	李元玲	28.00	2012.8	2	ppt/pdf	★
23	建筑制图与识图习题集(新规范)	978-7-301-20425-2	李元玲	24.00	2012.3	2	ppt/pdf	★
24	新编建筑工程制图(新规范)	978-7-301-21140-3	方筱松	30.00	2012.8	1	ppt/ pdf	★
25	新编建筑工程制图习题集(新规范)	978-7-301-16834-9	方筱松	22.00	2012.9	1	pdf	
26	建筑识图(新规范)	978-7-301-21893-8	邓志勇等	35.00	2013.1	1	ppt/ pdf	★
建筑施工类								
1	建筑工程测量	978-7-301-16727-4	赵景利	30.00	2013.1	8	ppt/pdf /答案	★
2	建筑工程测量(第 2 版)(新规范)	978-7-301-22002-3	张敬伟	37.00	2013.1	1	ppt/pdf /答案	★
3	建筑工程测量	978-7-301-19992-3	潘益民	38.00	2012.2	1	ppt/ pdf	★
4	建筑工程测量实验与实习指导	978-7-301-15548-6	张敬伟	20.00	2012.4	7	pdf/答案	
5	建筑工程测量	978-7-301-13578-5	王金玲等	26.00	2011.8	3	pdf	
6	建筑工程测量实训	978-7-301-19329-7	杨凤华	27.00	2013.1	3	pdf	★
7	建筑工程测量(含实验指导手册)	978-7-301-19364-8	石 东等	43.00	2012.6	2	ppt/pdf/答案	★
8	建筑施工技术(新规范)	978-7-301-21209-7	陈雄辉	39.00	2013.2	2	ppt/pdf	★
9	建筑施工技术	978-7-301-12336-2	朱永祥等	38.00	2012.4	7	ppt/pdf	
10	建筑施工技术	978-7-301-16726-7	叶 雯等	44.00	2012.7	4	ppt/pdf /素材	
11	建筑施工技术	978-7-301-19499-7	董伟等	42.00	2011.9	2	ppt/pdf	
12	建筑施工技术	978-7-301-19997-8	苏小梅	38.00	2012.1	1	ppt/pdf	
13	建筑工程施工技术(第 2 版)(新规范)	978-7-301-21093-2	钟汉华等	48.00	2013.1	8	ppt/pdf	★
14	基础工程施工(新规范)	978-7-301-20917-2	董伟等	35.00	2012.7	1	ppt/pdf	★
15	建筑施工技术实训	978-7-301-14477-0	周晓龙	21.00	2013.1	6	pdf	★
16	建筑力学(第 2 版)(新规范)	978-7-301-21695-8	石立安	46.00	2013.3	2	ppt/pdf	★
17	土木工程实用力学	978-7-301-15598-1	马景善	30.00	2013.1	4	pdf/ppt	★
18	土木工程力学	978-7-301-16864-6	吴明军	38.00	2011.11	2	ppt/pdf	★

序号	书名	书号	编著者	定价	出版时间	印次	配套情况	
19	PKPM 软件的应用	978-7-301-15215-7	王 娜	27.00	2012.4	4	pdf	★
20	建筑结构(第 2 版)(上册)	978-7-301-21106-9	徐锡权	41.00	2013.4	1	ppt/pdf/答案	★
21	建筑结构	978-7-301-19171-2	唐春平等	41.00	2012.6	3	ppt/pdf	
22	建筑结构基础(新规范)	978-7-301-21125-0	王中发	36.00	2012.8	1	ppt/pdf	★
23	建筑结构原理及应用	978-7-301-18732-6	史美东	45.00	2012.8	1	ppt/pdf	★
24	建筑力学与结构(第 2 版)(新规范)	978-7-301-22148-8	吴承霞等	49.00	2013.4	1	ppt/pdf/答案	★
25	建筑力学与结构(少学时版)	978-7-301-21730-6	吴承霞	34.00	2013.2	1	ppt/pdf/答案	★
26	建筑力学与结构	978-7-301-20988-2	陈水广	32.00	2012.8	1	pdf/ppt	
27	建筑结构与施工图(新规范)	978-7-301-22188-4	朱希文等	35.00	2013.3	1	ppt/pdf	★
28	生态建筑材料	978-7-301-19588-2	陈剑峰等	38.00	2011.10	1	ppt/pdf	
29	建筑材料	978-7-301-13576-1	林祖宏	35.00	2012.6	9	ppt/pdf	★
30	建筑材料与检测	978-7-301-16728-1	梅 杨等	26.00	2012.11	8	ppt/pdf/答案	★
31	建筑材料检测试验指导	978-7-301-16729-8	王美芬等	18.00	2012.4	4	pdf	
32	建筑材料与检测	978-7-301-19261-0	王 辉	35.00	2012.6	3	ppt/pdf	★
33	建筑材料与检测试验指导	978-7-301-20045-2	王 辉	20.00	2013.1	2	ppt/pdf	★
34	建筑材料选择与应用	978-7-301-21948-5	申淑荣等	39.00	2013.3	1	ppt/pdf	★
35	建筑材料检测实训	978-7-301-22317-8	申淑荣等	24.00	2013.4	1	pdf	
36	建设工程监理概论(第 2 版)(新规范)	978-7-301-20854-0	徐锡权等	43.00	2013.1	2	ppt/pdf /答案	
37	建设工程监理	978-7-301-15017-7	斯 庆	26.00	2013.1	6	ppt/pdf /答案	★
38	建设工程监理概论	978-7-301-15518-9	曾庆军等	24.00	2012.12	5	ppt/pdf	
39	工程建设监理案例分析教程	978-7-301-18984-9	刘志麟等	38.00	2013.2	2	ppt/pdf	★
40	地基与基础	978-7-301-14471-8	肖明和	39.00	2012.4	7	ppt/pdf/答案	★
41	地基与基础	978-7-301-16130-2	孙平平等	26.00	2013.2	3	ppt/pdf	
42	建筑工程质量事故分析	978-7-301-16905-6	郑文新	25.00	2012.10	4	ppt/pdf	★
43	建筑工程施工组织设计	978-7-301-18512-4	李源清	26.00	2012.9	4	ppt/pdf	★
44	建筑工程施工组织实训	978-7-301-18961-0	李源清	40.00	2012.11	3	ppt/pdf	★
45	建筑施工组织与进度控制(新规范)	978-7-301-21223-3	张廷瑞	36.00	2012.9	1	ppt/pdf	★
46	建筑施工组织项目式教程	978-7-301-19901-5	杨红玉	44.00	2012.1	1	ppt/pdf/答案	
47	钢筋混凝土工程施工与组织	978-7-301-19587-1	高 雁	32.00	2012.5	1	ppt/pdf	
48	钢筋混凝土工程施工与组织实训指导(学生工作页)	978-7-301-21208-0	高 雁	20.00	2012.9	1	ppt	
	工程管理类							
1	建筑工程经济	978-7-301-15449-6	杨庆丰等	24.00	2013.1	11	ppt/pdf/答案	★
2	建筑工程经济	978-7-301-20855-7	赵小娥等	32.00	2012.8	1	ppt/pdf	
3	施工企业会计	978-7-301-15614-8	辛艳红等	26.00	2013.1	5	ppt/pdf/答案	★
4	建筑工程项目管理	978-7-301-12335-5	范红岩等	30.00	2012. 4	9	ppt/pdf	★
5	建设工程项目管理	978-7-301-16730-4	王 辉	32.00	2013.1	4	ppt/pdf/答案	★
6	建设工程项目管理	978-7-301-19335-8	冯松山等	38.00	2012.8	2	pdf/ppt	
7	建设工程招投标与合同管理(第 2 版)(新规范)	978-7-301-21002-4	宋春岩	38.00	2013.1	2	ppt/pdf/ 答案 / 试题/教案	★
8	建筑工程招投标与合同管理(新规范)	978-7-301-16802-8	程超胜	30.00	2012.9	1	pdf/ppt	★
9	建筑工程商务标编制实训	978-7-301-20804-5	钟振宇	35.00	2012.7	1	ppt	★
10	工程招投标与合同管理实务	978-7-301-19035-7	杨甲奇等	48.00	2011.8	2	pdf	★
11	工程招投标与合同管理实务	978-7-301-19290-0	郑文新等	43.00	2012.4	2	ppt/pdf	★
12	建设工程招投标与合同管理实务	978-7-301-20404-7	杨云会等	42.00	2012.4	1	ppt/pdf/ 答案 / 习题库	
13	工程招投标与合同管理(新规范)	978-7-301-17455-5	文新平	37.00	2012.9	1	ppt/pdf	★
14	工程项目招投标与合同管理	978-7-301-15549-3	李洪军等	30.00	2012.11	6	ppt	★
15	工程项目招投标与合同管理	978-7-301-16732-8	杨庆丰	28.00	2013.1	6	ppt	★
16	建筑工程安全管理	978-7-301-19455-3	宋 健等	36.00	2013.1	2	ppt/pdf	
17	建筑工程质量与安全管理	978-7-301-16070-1	周连起	35.00	2013.2	5	ppt/pdf/答案	

序号	书名	书号	编著者	定价	出版时间	印次	配套情况	
18	施工项目质量与安全管理	978-7-301-21275-2	钟汉华	45.00	2012.10	1	ppt/pdf	
19	工程造价控制	978-7-301-14466-4	斯　庆	26.00	2012.11	8	ppt/pdf	★
20	工程造价管理	978-7-301-20655-3	徐锡权等	33.00	2012.7	1	ppt/pdf	
21	工程造价控制与管理	978-7-301-19366-2	胡新萍等	30.00	2013.1	2	ppt/pdf	★
22	建筑工程造价管理	978-7-301-20360-6	柴　琦等	27.00	2013.1	2	ppt/pdf	
23	建筑工程造价管理	978-7-301-15517-2	李茂英等	24.00	2012.1	4	pdf	
24	建筑工程造价	978-7-301-21892-1	孙咏梅	40.00	2013.2	1	ppt/pdf	★
25	建筑工程计量与计价(第2版)	978-7-301-22078-8	肖明和等	58.00	2013.3	1	pdf/ppt	★
26	建筑工程计量与计价实训	978-7-301-15516-5	肖明和等	20.00	2012.11	6	pdf	
27	建筑工程计量与计价——透过案例学造价	978-7-301-16071-8	张　强	50.00	2013.1	5	ppt/pdf	★
28	安装工程计量与计价（第2版）	978-7-301-22140-2	冯钢等	50.00	2013.3	12	pdf/ppt	★
29	安装工程计量与计价实训	978-7-301-19336-5	景巧玲等	36.00	2012.7	2	pdf/素材	★
30	建筑水电安装工程计量与计价(新规范)	978-7-301-21198-4	陈连姝	36.00	2012.9	1	ppt/pdf	★
31	建筑与装饰装修工程工程量清单	978-7-301-17331-2	翟丽旻等	25.00	2012.8	3	pdf/ppt/答案	
32	建筑工程清单编制	978-7-301-19387-7	叶晓容	24.00	2011.8	1	ppt/pdf	★
33	建设项目评估	978-7-301-20068-1	高志云等	32.00	2012.1	1	ppt/pdf	★
34	钢筋工程清单编制	978-7-301-20114-5	贾莲英	36.00	2012.2	1	ppt / pdf	
35	混凝土工程清单编制	978-7-301-20384-2	顾　娟	28.00	2012.5	1	ppt / pdf	
36	建筑装饰工程预算	978-7-301-20567-9	范菊雨	38.00	2012.5	1	pdf/ppt	★
37	建设工程安全监理(新规范)	978-7-301-20802-1	沈万岳	28.00	2012.7	1	pdf/ppt	★
38	建筑工程安全技术与管理实务(新规范)	978-7-301-21187-8	沈万岳	48.00	2012.9	1	pdf/ppt	★
39	建筑工程资料管理	978-7-301-17456-2	孙　刚等	36.00	2013.1	2	pdf/ppt	
40	建筑施工组织与管理(第2版)(新规范)	978-7-301-22149-5	翟丽旻等	43.00	2013.4	1	ppt/pdf/答案	★
	建筑设计类							
1	中外建筑史	978-7-301-15606-3	袁新华	30.00	2012.11	7	ppt/pdf	★
2	建筑室内空间历程	978-7-301-19338-9	张伟孝	53.00	2011.8	1	pdf	★
3	建筑装饰 CAD 项目教程(新规范)	978-7-301-20950-9	郭　慧	35.00	2013.1	1	ppt/素材	
4	室内设计基础	978-7-301-15613-1	李书青	32.00	2011.1	2	ppt/pdf	
5	建筑装饰构造	978-7-301-15687-2	赵志文等	27.00	2012.11	5	ppt/pdf/答案	★
6	建筑装饰材料(第2版)	978-7-301-22356-7	焦　涛等	34.00	2013.5	4	ppt/pdf	
7	建筑装饰施工技术	978-7-301-15439-7	王　军等	30.00	2012.11	5	ppt/pdf	★
8	装饰材料与施工	978-7-301-15677-3	宋志春等	30.00	2010.8	2	ppt/pdf/答案	★
9	设计构成	978-7-301-15504-2	戴碧锋	30.00	2012.10	2	ppt/pdf	
10	基础色彩	978-7-301-16072-5	张　军	42.00	2011.9	2	pdf	★
11	设计色彩	978-7-301-21211-0	龙黎黎	46.00	2012.9	1	ppt	★
12	建筑素描表现与创意	978-7-301-15541-7	于修国	25.00	2012.11	3	pdf	★
13	3ds Max 室内设计表现方法	978-7-301-17762-4	徐海军	32.00	2010.9	1	pdf	
14	3ds Max2011 室内设计案例教程(第2版)	978-7-301-15693-3	伍福军等	39.00	2011.9	1	ppt/pdf	
15	Photoshop 效果图后期制作	978-7-301-16073-2	脱忠伟等	52.00	2011.1	1	素材/pdf	★
16	建筑表现技法	978-7-301-19216-0	张　峰	32.00	2013.1	2	ppt/pdf	
17	建筑速写	978-7-301-20441-2	张　峰	30.00	2012.4	1	pdf	★
18	建筑装饰设计	978-7-301-20022-3	杨丽君	36.00	2012.2	1	ppt/素材	
19	装饰施工读图与识图	978-7-301-19991-6	杨丽君	33.00	2012.5	1	ppt	
	规划园林类							
1	居住区景观设计	978-7-301-20587-7	张群成	47.00	2012.5	1	ppt	★
2	居住区规划设计	978-7-301-21031-4	张　燕	48.00	2012.8	1	ppt	★
3	园林植物识别与应用(新规范)	978-7-301-17485-2	潘利等	34.00	2012.9	1	ppt	★
4	城市规划原理与设计	978-7-301-21505-0	谭婧婧等	35.00	2013.1	1	ppt/pdf	★
5	园林工程施工组织管理(新规范)	978-7-301-22364-2	潘利等	35.00	2013.4	1	ppt/pdf	★
	房地产类							
1	房地产开发与经营	978-7-301-14467-1	张建中等	30.00	2013.2	6	ppt/pdf/答案	★

序号	书名	书号	编著者	定价	出版时间	印次	配套情况	
2	房地产估价	978-7-301-15817-3	黄　晔等	30.00	2011.8	3	ppt/pdf	★
3	房地产估价理论与实务	978-7-301-19327-3	褚菁晶	35.00	2011.8	1	ppt/pdf/答案	★
4	物业管理理论与实务	978-7-301-19354-9	裴艳慧	52.00	2011.9	1	ppt/pdf	★
5	房地产营销与策划(新规范)	978-7-301-18731-9	应佐萍	42.00	2012.8	1	ppt/pdf	★
	市政路桥类							
1	市政工程计量与计价(第2版)	978-7-301-20564-8	郭良娟等	42.00	2013.1	2	pdf/ppt	
2	市政工程计价	978-7-301-22117-4	彭以舟等	39.00	2013.2	1	ppt/pdf	★
3	市政桥梁工程	978-7-301-16688-8	刘　江等	42.00	2012.10	2	ppt/pdf/素材	
4	路基路面工程	978-7-301-19299-3	偶昌宝等	34.00	2011.8	1	ppt/pdf/素材	
5	道路工程技术	978-7-301-19363-1	刘　雨等	33.00	2011.12	1	ppt/pdf	
6	城市道路设计与施工(新规范)	978-7-301-21947-8	吴颖峰	39.00	2013.1	1	ppt/pdf	★
7	建筑给水排水工程	978-7-301-20047-6	叶巧云	38.00	2012.2	1	ppt/pdf	
8	市政工程测量(含技能训练手册)	978-7-301-20474-0	刘宗波等	41.00	2012.5	1	ppt/pdf	
9	公路工程任务承揽与合同管理	978-7-301-21133-5	邱　兰等	30.00	2012.9	1	ppt/pdf/答案	
10	道桥工程材料	978-7-301-21170-0	刘水林等	43.00	2012.9	1	ppt/pdf	
11	工程地质与土力学(新规范)	978-7-301-20723-9	杨仲元	40.00	2012.6	1	ppt/pdf	★
12	数字测图技术应用教程	978-7-301-20334-7	刘宗波	36.00	2012.8	1	ppt	
13	道路工程测量(含技能训练手册)	978-7-301-21967-6	田树涛等	45.00	2013.2	1	ppt/pdf	
	建筑设备类							
1	建筑设备基础知识与识图	978-7-301-16716-8	靳慧征	34.00	2012.11	8	ppt/pdf	★
2	建筑设备识图与施工工艺	978-7-301-19377-8	周业梅	38.00	2011.8	2	ppt/pdf	★
3	建筑施工机械	978-7-301-19365-5	吴志强	30.00	2013.1	2	pdf/ppt	★
4	智能建筑环境设备自动化(新规范)	978-7-301-21090-1	余志强	40.00	2012.8	1	pdf/ppt	★

相关教学资源如电子课件、电子教材、习题答案等可以登录 www.pup6.com 下载或在线阅读。

扑六知识网(www.pup6.com)有海量的相关教学资源和电子教材供阅读及下载(包括北京大学出版社第六事业部的相关资源)，同时欢迎您将教学课件、视频、教案、素材、习题、试卷、辅导材料、课改成果、设计作品、论文等教学资源上传到 pup6.com，与全国高校师生分享您的教学成就与经验，并可自由设定价格，知识也能创造财富。具体情况请登录网站查询。

如您需要免费纸质样书用于教学，欢迎登录第六事业部门户网(www.pup6.com)填表申请，并欢迎在线登记选题以到北京大学出版社来出版您的大作，也可下载相关表格填写后发到我们的邮箱，我们将及时与您取得联系并做好全方位的服务。

扑六知识网将打造成全国最大的教育资源共享平台，欢迎您的加入——让知识有价值，让教学无界限，让学习更轻松。

联系方式：010-62750667，yangxinglu@126.com，linzhangbo@126.com，欢迎来电来信咨询。